国科协学科发展研究系列报告

中国科学技术协会／主编

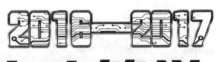

2016—2017

科技政策学学科发展报告

中国科学学与科技政策研究会 ｜ 编著

REPORT ON ADVANCES IN
SCIENCE OF SCIENCE POLICY

中国科学技术出版社

·北 京·

图书在版编目（CIP）数据

2016—2017科技政策学学科发展报告 / 中国科学技术协会主编；中国科学学与科技政策研究会编著 . —北京：中国科学技术出版社，2018.3

（中国科协学科发展研究系列报告）

ISBN 978-7-5046-7895-9

Ⅰ. ① 2… Ⅱ. ①中… ②中… Ⅲ. ①科技政策—学科发展—研究报告—中国— 2016-2017 Ⅳ. ① G322.0

中国版本图书馆 CIP 数据核字（2018）第 047485 号

策划编辑	吕建华 许 慧	
责任编辑	余 君	
装帧设计	中文天地	
责任校对	杨京华	
责任印制	马宇晨	

出　　版	中国科学技术出版社
发　　行	中国科学技术出版社发行部
地　　址	北京市海淀区中关村南大街16号
邮　　编	100081
发行电话	010-62173865
传　　真	010-62179148
网　　址	http://www.cspbooks.com.cn

开　　本	787mm×1092mm　1/16
字　　数	441千字
印　　张	19
版　　次	2018年3月第1版
印　　次	2018年3月第1次印刷
印　　刷	北京盛通印刷股份有限公司
书　　号	ISBN 978-7-5046-7895-9 / G·780
定　　价	98.00元

2016—2017

科技政策学
学科发展报告

首席科学家　方　新　穆荣平

专　家　组（按姓氏拼音排序）

陈　光　丁　堃　樊春良　李建民

李晓轩　李新男　李真真　罗　晖

邱均平　孙冬柏　王长峰　张士运

　　党的十八大以来，以习近平同志为核心的党中央把科技创新摆在国家发展全局的核心位置，高度重视科技事业发展，我国科技事业取得举世瞩目的成就，科技创新水平加速迈向国际第一方阵。我国科技创新正在由跟跑为主转向更多领域并跑、领跑，成为全球瞩目的创新创业热土，新时代新征程对科技创新的战略需求前所未有。掌握学科发展态势和规律，明确学科发展的重点领域和方向，进一步优化科技资源分配，培育具有竞争新优势的战略支点和突破口，筹划学科布局，对我国创新体系建设具有重要意义。

　　2016 年，中国科协组织了化学、昆虫学、心理学等 30 个全国学会，分别就其学科或领域的发展现状、国内外发展趋势、最新动态等进行了系统梳理，编写了 30 卷《学科发展报告（2016—2017）》，以及 1 卷《学科发展报告综合卷（2016—2017）》。从本次出版的学科发展报告可以看出，近两年来我国学科发展取得了长足的进步：我国在量子通信、天文学、超级计算机等领域处于并跑甚至领跑态势，生命科学、脑科学、物理学、数学、先进核能等诸多学科领域研究取得了丰硕成果，面向深海、深地、深空、深蓝领域的重大研究以"顶天立地"之态服务国家重大需求，医学、农业、计算机、电子信息、材料等诸多学科领域也取得长足的进步。

　　在这些喜人成绩的背后，仍然存在一些制约科技发展的问题，如学科发展前瞻性不强，学科在区域、机构、学科之间发展不平衡，学科平台建设重复、缺少统筹规划与监管，科技创新仍然面临体制机制障碍，学术和人才评价体系不够完善等。因此，迫切需要破除体制机制障碍、突出重大需求和问题导向、完善学科发展布局、加强人才队伍建设，以推动学科持续良性发展。

近年来，中国科协组织所属全国学会发挥各自优势，聚集全国高质量学术资源和优秀人才队伍，持续开展学科发展研究。从 2006 年开始，通过每两年对不同的学科（领域）分批次地开展学科发展研究，形成了具有重要学术价值和持久学术影响力的《中国科协学科发展研究系列报告》。截至 2015 年，中国科协已经先后组织 110 个全国学会，开展了 220 次学科发展研究，编辑出版系列学科发展报告 220 卷，有 600 余位中国科学院和中国工程院院士、约 2 万位专家学者参与学科发展研讨，8000 余位专家执笔撰写学科发展报告，通过对学科整体发展态势、学术影响、国际合作、人才队伍建设、成果与动态等方面最新进展的梳理和分析，以及子学科领域国内外研究进展、子学科发展趋势与展望等的综述，提出了学科发展趋势和发展策略。因涉及学科众多、内容丰富、信息权威，不仅吸引了国内外科学界的广泛关注，更得到了国家有关决策部门的高度重视，为国家规划科技创新战略布局、制定学科发展路线图提供了重要参考。

　　十余年来，中国科协学科发展研究及发布已形成规模和特色，逐步形成了稳定的研究、编撰和服务管理团队。2016—2017 学科发展报告凝聚了 2000 位专家的潜心研究成果。在此我衷心感谢各相关学会的大力支持！衷心感谢各学科专家的积极参与！衷心感谢编写组、出版社、秘书处等全体人员的努力与付出！同时希望中国科协及其所属全国学会进一步加强学科发展研究，建立我国学科发展研究支撑体系，为我国科技创新提供有效的决策依据与智力支持！

　　当今全球科技环境正处于发展、变革和调整的关键时期，科学技术事业从来没有像今天这样肩负着如此重大的社会使命，科学家也从来没有像今天这样肩负着如此重大的社会责任。我们要准确把握世界科技发展新趋势，树立创新自信，把握世界新一轮科技革命和产业变革大势，深入实施创新驱动发展战略，不断增强经济创新力和竞争力，加快建设创新型国家，为实现中华民族伟大复兴的中国梦提供强有力的科技支撑，为建成全面小康社会和创新型国家做出更大的贡献，交出一份无愧于新时代新使命、无愧于党和广大科技工作者的合格答卷！

2018 年 3 月

　　科学学是关于科学的科学，是研究科学和科学活动的发展规律、发展机制和科学对社会影响的一门综合性学科。如果说科学学是关于科学的基础理论性学科，那么科技政策学就应该是建立于该理论基础之上的重要应用性学科。二十世纪三十年代英国物理学家贝尔纳发表的专著《科学的社会功能》开启了通往科学学的道路，四十年代美国科学研究发展局主任V·布什发表的《科学——无止境的前沿》则可视为科技政策学的开山之作。冷战时期，科学学与科技政策学在东西方的不同阵营中都获得了极大的发展，1977年钱学森在我国较早提出创立"科学的科学"这门新学科，1982年中国科学学与科技政策研究会成立。在四十多年的发展历程中，科学学与科技政策学在八十年代的科技体制改革、九十年代的知识创新工程、二十一世纪初的科技中长期规划，以及近年一系列重大科技政策和规划的制定中发挥了重要的作用。

　　诚然，我国的科技政策学研究与实践已取得不少成就，但仍有很多不尽如人意之处。以问题为导向、一事一议的模板式解读多，以理论方法和经验数据为基准的实证性分析少，对本领域研究方法的体系性和基本共识不够，研究成果的系统化和累积性差，研究的规范性还有待提高，一些科技政策领域的重要问题，甚至是古老的主题，不断在较低水平上重复研究。这严重影响着我国的科技政策研究能力，不利于科技政策的高效制定和实施。最近十年，发达国家的政府及学界高度重视科技政策学的发展。2005年，美国科技政策办公室（OSTP）开始倡导和支持对科技政策学（Science of Science Policy，SoSP）的研究，欧洲和日本也在不断推进科技政策学的发展。从国内政策实践的需要以及国际学术界的关注来看，大力发展"科技政策学"的需求已然迫在眉睫。

在中国科学技术协会的支持下，研究会承担了"科技政策学"学科进展研究项目，利用这一难得的机会组织数十位专家对科学学及科技政策领域的学科发展进行了专门研究、分析和总结，在研究比较国内外学科发展状况的基础上，进一步分析了我国科学学及科技政策学科的战略需求，尝试提出未来几年的学科发展趋势。贝尔纳发表《科学的社会功能》迄今已近八十年，钱学森在我国提出发展科学学也有四十多年，对于科学学和科技政策学这样的学科来说，其成熟和发展仍有很长的路要走。恰在本书即将出版之际，就在两周之前（2018 年 3 月 2 日）*Science* 杂志刊发了一篇题为"Science of Science"的论文，对科学学的研究主题和未来发展方向做了专门的评述。也许这正昭示着科学学和科技政策学的发展即将进入一个新的阶段。

希望本书的出版能够带动更多学者进入到科技政策学的研究领域，希望科技政策学在中国能够进一步发扬光大，希望这一学科可以对创新型国家和世界科技强国的建设有所助益。

方　新　穆荣平

目录
CONTENTS

ABSTRACTS

Comprehensive Report

Reports on Special Topics

综 合 报 告

科技政策学研究现状与展望

一、引言

科技政策学是研究科技政策的性质、产生和发展及相关问题的学科领域，它具有核心学术问题、学科基础、制度和组织保障。随着科学技术在国家社会经济发展中发挥日益重要的作用，科技政策学日益受到各国的重视。

科技政策学诞生于 20 世纪 50 年代末。第二次世界大战以后，随着各国对科技政策的重视，科技政策成为一个专门的学术研究领域，研究人员从政策学、社会学和经济学等不同研究科技政策问题，取得丰富成果。[1] 经过半个多世纪的发展，科技政策学的学科基础和研究领域不断扩大，研究队伍也不断壮大，出现许多有影响的研究成果。2005 年，美国提出发展 "科技政策学"（Science of Science Policy），并在国家科学基金会设立专项基金（SciSIP）支持科技政策的发展，标志着科技政策发展成熟。[2] 美国的举措推动了国际科技政策学的发展，许多国家加强了科技政策学的研究，日本也设立了类似的专门支持科技政策发展的计划。[3] 这些发展不仅反映了科技政策在促进国家科学技术以及经济社会发展中的作用日益重要，还反映了新学科、新理论和新方法促进科技政策研究交叉融合和整体发展的趋势。

科技政策研究与创新政策研究交叉融合趋势日益增强。随着科学技术与创新越来越紧密地联系在一起，科技政策也与创新政策联系和结合在一起。国际学术界把传统意义上的科技政策扩展为科学、技术和创新政策（science，technology and innovation policy），把与科技政策相交叉的那部分创新包含进来。相应地，科技政策学也包括与科技政策相交叉的创新研究。本文所谓的科技政策学完整的含义是指科学、技术和创新政策学，本研究包含技术创新、区域创新等相关内容。

科技政策学具有以下特点：①科技政策学研究的学科基础广泛。科学政策学研究运用经济学、社会学、政治学、管理学、科学史、科技哲学、STS以及自然科学相关学科，从不同角度研究科技政策问题，大大扩展了科技政策的知识边界。[4]②重视研究方法、定量分析和数据。传统的科技政策研究方法有历史研究、案例分析和国际比较。近几十年，科技政策研究发展出大量的方法和工具。美国《科技政策科学路线图》根据文献综合、调查问卷和专家经验把科技政策研究方法和工具总结为定量分析、定性分析、可视工具和数据收集工具四种类型。[5]③应用性强。科技政策学是一门实践性很强的科学，其问题大多从政策实践中来，也面向实践，为解决政策问题提供理论、实践和方法。

改革开放以来，我国科技政策学研究得到很大的发展，成立于1982年的中国科学学与科技政策研究会把促进科技政策研究与学术交流作为其主要使命之一，中国科学技术促进发展研究中心（成立于1982年，现为中国科技战略研究院）、中国科学院科技政策与管理科学研究所（成立于1985年，现为中国科学院科技战略咨询研究院）等一批专门从事科技政策研究的专业研究机构产生，高等院校科技政策研究的力量也在增强。国家自然科学基金委成立伊始，即非常重视科技政策的研究。管理科学组对科技政策的资助占相当大的份额，设立了如"基础科学发展预测和评价系统的综合研究"这样的重大项目。四十年来，中国科技政策学研究不断发展，已经形成了相对系统的理论基础、学科体系和一支专业队伍，对中国科学技术以及社会经济发展起到了重要的作用。概括说来，有如下几个方面的作用：第一，深入聚焦现实问题，对于中国的科技发展和科技体制改革起到引导和支撑作用，如"国家中长期科学技术发展规划（2006—2020）"的战略研究；第二，通过对国际科技政策研究趋势研究，为中国科技政策提供借鉴，如国家创新系统思想的引入和发展；第三，探索科技政策的理论与前沿。

中国科技政策的研究已从国内走向国外，日益产生重要的影响。

二、科技政策学学科的最新研究进展

本研究根据以下方法确定科技政策研究的最近进展：①科学基金机构资助的科技政策研究项目；②学术期刊发表的文章。本研究在做必要的调研的同时，充分利用已有的相关研究成果。①

（一）国际研究前沿和热点

1. 美国国家科学基金会 SciSIP 资助的前沿方向

美国国家科学基金会自2006年设立了科技和创新政策学（SciSIP），对科技政策学持

---

① 国内科技政策界对国内外科技政策最新研究进展已有多项相关的研究，最近的研究有：李宁、杨耀武、郭华：美国科技政策学基金计划进展分析及其启示。见：《第十二届中国科技政策与管理年会会议论文》，2016年，成都。杜建、武夷山：我国科技政策学研究态势及国际比较。《科学学研究》[J]，2017，35（7）：1289–1300。

续资助，它资助的方向充分地反映了科学政策学研究的前沿进展。

根据对 SciSIP 自 2007 年到 2016 年十年间分析，[6]美国这一新兴领域的发展，重视交叉学科研究方法，聚焦科技政策的证据基础，如模式、框架、工具和数据集等。资助项目的研究内容涉及美国和其他国家有关投资、组织科学、工程和创新中长期存在的问题调研等，如投资回报率模型，增强科学生产力的组织结构，科学知识商业化与创造就业机会之间的联系，大学和政府在技术转移和创新中的作用，技术推广和经济增长，科学和创新支出的非经济影响，区域和全球网络知识生产和创新，创新激励机制和成果转化投入产出测量，科技活动数据开发、处理和可视化，等等。

2. 国际学术期刊发表论文反映的研究热点

根据科学技术政策学包含的范围，本研究以国际上十六种有代表性的科技政策学术期刊 ① 为样本，考察国际科技政策的研究热点。

2007—2016 年所有十六本科技政策学期刊发文 12268 篇，其中有中国大陆（不含香港、澳门、台湾地区）作者参与发文 917 篇。从两者的发文趋势来看，科技政策学研究的全球发表在这十年间较为稳定，十年期间的增幅不超过两倍，增幅较缓慢。

在科学计量学研究中，关键词频次和共现网络常用来展示某一学科或研究领域的结构与发展现状。本文首先对十六本国际科技政策学文献的关键词进行了去重、合并等标准化处理。根据关键词频次和关键词共现网络确定研究热点 ②。

根据关键词的总频率排序，高频关键词如表 1 所示。比较重要的国际高频关键词有：创新、文献计量、引文分析、专利、R&D、合作、开放型创新、H 指数专利、科学计量等。

表 1　2007—2016 年间十六本科技政策学期刊的高频关键词（全球）

排名	全球高频关键词	篇数
1	INNOVATION	671
2	BIBLIOMETRIC/BIBLIOMETRICS/BIBLIOMETRIC ANALYSIS/SCIENTOMETRCIS	615

---

① 交叉学科研究成果的界定有多种方法，最常见的可分为三类：1. 主流期刊界定法；2. 标题的关键词界定法；3. 主题词（包括标题、摘要、关键词、参考文献关键词）界定法。三种方法的覆盖范围依次递增，各有利弊。为了覆盖科技政策的范围，在本文中我们采取了第一种方法。我们参考借鉴了英国商学院协会（the Association of Business School）出版的高质量学术期刊指南（ABS Academic Journal Quality Guide），并咨询了多位国内外专家，最后选定了以下十六本 SSCI 期刊：1.*Industry and Innovation*；2.*Innovation：Management，Policy&Practice*；3 .*Journal of informetrics*；4.*R&D Management*；5.*Research evaluation*；6.*Research Policy*；7.*Research Technology Management*；8.*Science and public policy*；9.*Science，Technology & Human Values*；10.*Journal of the Association for Information Science and Technology*；11.*Scientometrics*；12.*Social Studies of Science*；13.*Technological Forecasting and Social Change*；14.*Technovation*；15.*Technology Analysis & Strategic Management*；16.*Industrial and corporate change* 。

② 这里的频率是指在多少篇文章中出现，而非共现次数，图 1 和图 2 的共现数值为共现次数。

续表

排名	全球高频关键词	篇数
3	CITATION/CITATIONS/CITATION ANALYSIS	400
4	PATEN/PATENTS/PATENT ANALYSIS	283
5	R&D	144
6	COLLABORATION	143
7	OPEN INNOVATION	134
8	H-INDEX	128
9	RESEARCH EVALUATION	120
10	INNOVATION POLICY	118
11	GOVERNANCE	117
12	NANOTECHNOLOGY	114
13	TECHNOLOGY TRANSFER	113
14	BIOTECHNOLOGY	97
15	FORESIGHT	97
16	TECHNOLOGY	96
17	ENTREPRENEURSHIP	88
18	EVALUATION	85
19	IMPACT FACTOR	85
20	PRODUCTIVITY	85

采取整数计数（whole counting）的方式，VosViewer 对于大于等于 30 次的关键词共现（DE），共计 127 个关键词，六个主题聚类分析。图 1 采用的是 VosViewer 提供的三种可视之一的"overlay visualization"（覆盖可视化）。

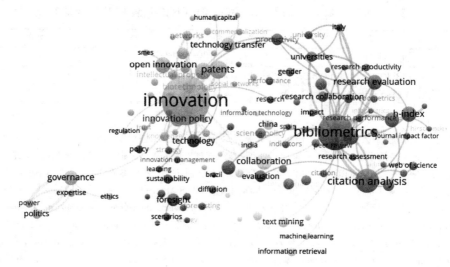

图 1　2007—2016 年间十六本科技政策期刊关键词共现图（全球）

图 1 是依据关键词出现的频率和共现网络所做的研究热点问题的可视化。节点的不同灰度代表不同的聚类关系，节点的面积大小与关键词在样本中出现的频次正相关。不同节点之间的连线代表着连线两端的关键词存在着共现关系。连线两端关键词联系强度越大（即同时出现的频率越多），则线条越粗。从图 1 中明显可以看到，"创新"（聚类一）和"文献计量"①（聚类二）是科技政策论文发表最重要的两个研究领域。

根据关键词频次，创新热点领域的内容包括创新、专利、R&D，合作、开放式创新、研究评价、治理、纳米技术、技术转移、生物技术、预见、技术、企业家精神。根据主题词聚类分析，创新热点领域可以分为三个大的部分：①创新、专利、开放创新和技术转移、创新政策、规制；②技术政策、技术预见；③治理，包括政治、权力、专业技能和伦理学。

根据关键词的频次，在"文献计量"热点领域的内容有引文分析、h- 指数、科研评估、合作等。根据主题聚类分析，"文献计量学"热点也可以分三个方面：①研究指向 / 问题：科研评估、研究生产力、合作；②研究指标：引文分析，影响因子、H-index 等 ③研究工具与数据：如前汤森路透的 Web of Science 数据库、信息检索、机器学习、数据挖掘等。

3. 国际上科技政策学研究前沿的最新进展

根据上面的研究，本文把国际上科技政策学研究的前沿和热点概括为四个方面：

①科技政策问题：科技投资与回报，科学知识的生产和生产力的组织结构，大学和政府在技术转移和创新中的作用，创新激励机制和成果转化；②科技与创新问题：创新、专利、开放创新和技术转移、创新政策、规制；③对科学技术和创新的治理，包括政治、权力、专业技能和伦理学；④方法、工具和数据收集及处理。

（二）中国科技政策学研究的最新进展

本研究从三个方面分析中国科技政策学研究的前沿和热点：①国家自然科学基金资助的"科技管理与政策"方向的项目；②国际期刊发表的论文；③国内期刊发表的论文。

1. 科学基金资助的前沿方向

根据杜建、武夷山的研究[7]，对 2011—2016 年国家自然科学基金委员会管理科学部"科技管理与政策"（G0307）资助的 924 项项目，对项目关键词进行了共词聚类分析。该

---

① 文献计量在科技政策研究中占很大的比重，反映了定量研究在科技政策受到重视，特别是九十年代后期各种数据挖掘和可视化软件的相继面世以及 Web of Science、WIPO 等论文和专利数据库建设发展，文献 / 科学计量学越来越多的应用到科技政策的研究之中，研究的问题科学评价、合作和产出绩效等。文献计量有狭义广义之分。在本文中，文献计量 bibliometrics、科学计量 scientometrics 和信息计量 informetrics 统称为文献计量。本研究所选的科技政策期刊虽然只有三份是科学计量学 / 文献计量学 / 信息计量学的期刊，但文章有 2700 篇，占了分析样本的 22%。

领域的研究主要包括：科学计量学、科技管理、技术创新与管理、高技术发展与管理以及知识产权管理。研究热点方向科学计量学、自主创新、协同创新、技术创新、科技政策、创新政策、知识产权、创新网络、战略性新兴产业、创新生态系统。

考察最近二年（2015—2016）新立项的概念/研究对象、方法、工具与模型等，可以了解科技政策研究前沿的变化，如表2所示。

表2　NSFC 2015—2016年资助科技管理与政策研究课题新出现主题

类别	新资助主题（2015—2016年立项）
新的概念/研究对象	众创/创业投资/创新创业政策/创新创业生态系统；创新地理/"新"新经济地理学；创新资源约束；制度供给/制度性战略；参与约束/激励约束；跨界知识吸收能力/跨界知识扩散双元搜索；双重心理契约；变革性研究、颠覆性技术创新城市群/后发区域；央地分权/权利平衡；技术共同体/互补性技术融合；政策协同机制/政策组合；派系；海归科学家；开放同行评议；睡美人文献 – 王子文献；学术链与传承效应；作者重名；引文失范；科技悬赏制；科研经费使用；全文引文分析
方法、工具与模型	Altmetrics；DSGE模型；MOA理论；SAO结构；Sei2工具包；二象对偶理论；六部门结构理论；多元科学指标；多层耦合；循证式评价框架；拓扑演化；时序结构模式；社会过滤器；仿真预测
专利/技术/产业/企业	专利 – 创新悖论；专利商业化战略/专利活动过程；专利导航；专利敏感度；专利竞争位势/专利竞赛；专利质量影响因素/专利质量评价标准；专利资产指数/专利运营；标准实施/标准必要专利；产业共性技术
创新体系/生态系统	产业创新体系/产业联盟/企业创新生态/企业协同创新生态系统；产学研协同创新；区域低碳创新系统/区域创新绩效/区域创新驱动/区域协同度/协同创新体系/协同创新子系统/协同创新概念模型/协同度测度模型；协同效应/协同演化机制；平台生态系统；跨产业创新网络

来源：杜建、武夷山：我国科技政策学研究态势及国际比较。《科学学研究》，2017，35（7）。

2. 国际期刊发表论文反映的研究热点

在本文所选的十六种期刊中，中国学者发表在2007年只有21篇，到最近四年都超过100篇。尽管总量不多，但增加速度较快，十年的增加幅度超过八倍。表明中国科技政策学研究成果在国际学术界不断增长。

通过对vosviewer对于大于等于5次的关键词共现（DE），共计74个关键词11个主题聚类分析（见表3、图2）。

表 3　2007—2016 年十年间十六本科技政策学期刊的高频关键词（中国）

排名	中国高频关键词	篇数
1	BIBLOMETRIC/BIBLIOMETRICS/BIBLIOMETRIC ANALYSIS/SCIENTOMETRIC	113
2	CHINA	111
3	CITATION/CITATIONS/CITATION ANALYSIS	41
4	PATENT/PATENTS/PATENT ANALYSIS	40
5	INNOVATION	36
6	RESEARCH TREND/RESEARCH TRENDS	23
7	TEXT MINING	21
8	H−INDEX	19
9	NETWORK ANALYSIS	18
10	COLLABORATION	16
11	WEB OF SCIENCE	16
12	NANOTECHNOLOGY	15
13	CO−WORD ANALYSIS	13
14	COLLABORATION NETWORK	12
15	SCI	11
16	SOCCIAL NETWORK ANALYSIS	11
17	INTERNATIONAL COLLABORATION	10
18	INNOVATION PERFORMANCE	9
19	KNOWLEDGE DIFFUSION	9
20	CLUSTER ANALYSIS	8

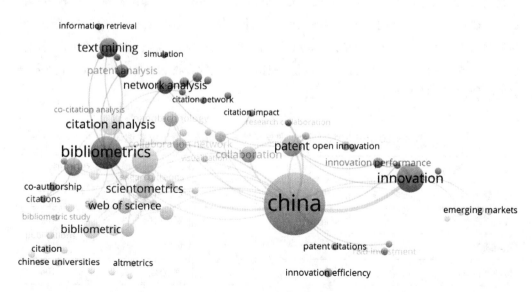

图 2　2007—2016 年十年间十六本科技政策学期刊关键词共现图（中国）

从图 2 中可以明显看到，创新"（聚类一）和"文献计量"（聚类二）是中国科技政策学论文发表最重要的两个研究领域。

根据关键词的频率，创新并不是中国科技政策学研究的重点（仅位列第五），这一点与全球范围内创新排名关键词第一的情形形成鲜明对比。主题词聚类进一步显示，我国为数不多的创新研究集焦在中国，可以两个部分：①创新绩效、新兴市场；②专利、开放性创新。

根据关键词频次，文献计量学领域的热点有文献计量分析、引文分析、科学计量学、文本挖掘、文献计量、h-index，网络分析、合作、web of science 等。根据主题聚类分析，中国在文献计量学领域的发表聚焦在传统的科学计量学指标测度和工具上。比如利用 web of science 做合著与引文分析。值得注意的是模拟、替代计量以及网络分析等先进的研究工具也在中国文献计量研究中出现。

3. 国内学术期刊论文反映的研究热点

根据科学学理论与学科建设专业委员会对《科学学研究》《科研管理》《科学学与科学技术管理》《科技管理研究》《科技进步与对策》《科学管理研究》《研究与发展管理》《中国软科学》《中国科技论坛》这几种重要期刊 2012—2016 年这五年间的期刊数据，运用文献计量学、网络分析的方法挖掘近五年来科技政策领域相关的研究主题。根据对以上期刊的主题分析，词频排在前十的关键词，前十的关键词为技术创新，影响因素，创新绩效，协同创新，战略性新兴产业，科技创新，创新，产业集群，知识产权，自主创新。

与 2009—2011 年的数据结果排在前十的关键词："技术创新""自主创新""产业集群""创新""对策""知识管理""影响因素""知识产权""指标体系""高校"相比，出现频次较高的关键词中，原本研究较热的"对策""指标体系""知识管理""高校"不再是研究热点，取而代之的是对"创新绩效""协同创新""战略性新兴产业""科技创新"等问题的研究。研究热点的变换，不但体现了时代背景对研究热点的影响，也可以看出科学学与科技管理研究更加重视产学研的协同创新，企业的吸收能力和创新绩效在企业科技管理中的作用（见表 4）。

表 4　2012—2016 年科学学与科技管理领域主要研究关键词

关键词	频次	关键词	频次	关键词	频次
技术创新	565	高校	137	结构方程模型	111
影响因素	390	创新驱动	137	实证研究	109
创新绩效	358	产学研合作	135	绩效	106
协同创新	331	专利	133	制造业	106

续表

关键词	频次	关键词	频次	关键词	频次
战略性新兴产业	261	企业绩效	133	吸收能力	102
科技创新	255	知识转移	130	商业模式	99
创新	242	开放式创新	127	层次分析法	96
产业集群	237	知识共享	127	技术进步	92
知识产权	198	系统动力学	124	研发投入	91
自主创新	178	高技术产业	124	DEA	88
创新能力	163	知识管理	118	低碳经济	87
对策	159	中小企业	117	演化博弈	86
经济增长	153	案例研究	116	产学研	85
评价	146	绩效评价	116	社会网络	85
指标体系	140	因子分析	114	技术转移	85

值得注意的是，虽然"技术创新""自主创新""知识产权"这些研究热点一直没有降温，但其研究内容却发生了一些转变。如近五年对于技术创新的研究，主要关注的是战略性新兴产业和高技术产业中的技术创新以及商业模式的创新，而产业集群，中小企业的技术创新相对不再是关注热点。

除此之外，近年来，国内科技政策界对科技政策学理论与方法的探讨取得一定的进展，包括科技政策研究问题、领域、工具与方法等方面[8-10]，提出了政策问题–政策过程中的关联性研究议程[11]以及科技政策学的知识构成和体系[12]。

（三）主要领域进展

1. 科学社会学

近五年来，国内科学社会学在理论研究方面的成果主要是围绕对于西方学术界理论的引介，可以大致地分为库恩、强纲领和SSK，以及当代多元视角下的理论研究等三个层面。库恩研究主要是对库恩的阐释；强纲领和SSK研究主要包括阐释SSK同默顿范式、曼海姆知识社会学、现象学社会学以及常人方法论、女性主义的比较等。而多元理论视野中的STS研究则包括诸如布迪厄、卢曼的科学社会学思想、拉图尔的科学实在论思想、哈里·柯林斯的专长规范理论、默顿关于科学自主性的理论等。

近五年国内科学社会学的经验研究议题集中在科学共同体研究、科学对社会的影响研究、科学传播研究等方面。其中，科学共同体研究包括中国科研人员的收入差距问题、中美学会比较、杰出科学家行政任职研究、中国科学院院士科研合作网络与创新机理、承担企业项目对科研人员的影响、我国科研人员工作时间的合理性分析、院士制度评价、女性科学家研究、科学家的社会形象和社会地位问题等。科学治理研究包括大科学装置的争论研究、人才流动政策、科研资助中的遴选和激励问题、科技的总体安全观、社会实验与技术治理、网络技术对社会的影响、对转基因技术的哲学思考等。科学传播研究包括公众对科学的信任态度、科学家的社会影响力、风险沟通中的专家知识民主化问题。

2. 科学计量学

国内科学计量学涉及领域较多，目前热点有五大方面：引文分析（引证行为与引文网络研究、基于内容的引文语义分析、引文分析与科学评价）；H型指数与科学评价（H指数的理论研究、应用研究、H指数的修正）；社交媒体环境下的Altmetrics（理论探讨、指标体系研究、数据来源分析、论文层面计量、相关应用探讨）；科学知识图谱方法与技术（科学知识图谱理论分析，科学知识图谱的方法、工具与应用）；专利计量与挖掘分析（专利计量与专利战略、专利计量与专利合作、专利计量与专利引文、专利计量的应用研究）。网络环境下，大数据与科学计量学相结合是主要趋势，科学计量学未来主要向自动化、实用化、集成化、智能化、综合化、网络化方向发展。

3. 科学评价

近五年来，科技评价的研究进展表现在五个方面：科技政策与科技体制改革评价、科技计划项目及成果产出评价、科研院所及高等教育机构评价、科技人力资源与科技期刊评价以及科技评价理论研究与方法实践。

科技政策与科技体制改革方向的进展包括，评价科技和创新系统的模型和工具、通过政策文本回溯分析与词频关联分析对科技政策实施的评价，对科技体制改革成效的评价，区域创新能力的评价。在科技计划项目及成果产出评价方面，主要的研究进展包括对中国特色科技评价体系的探讨以及对国立科研机构科技评价工作的探索，此以外，在评价方法与模型方面也有许多进展，如科技计划项目管理的技术成熟度评价模型、基于"投入－过程－产出－效果"的多层次绩效评价指标体系等。科研院所及高等教育机构评价的进展主要围绕科研体制与学术评价的关系、现代科研院所治理与创新发展评价、学科竞争力与教学评价、国家重点实验室评估与绩效管理等问题展开，如科研院所建立现代治理体系问题。在科技人才评价方面，主要进展是从应用的角度结合科技评价指标与方法商务的研究，如建立公平、合理、高效的科技人才评价体系。在国家科技评价理论与方法方面，较多采用的依然是层次分析、聚类分析、因子分析、主成分分析、灰关联分析以及模糊综合评价等传统评价方法。

4. 科技人才

近年来，我国科技人力资源研究体现了多学科交叉、研究议题广泛的特点，在方法和内容方面都取得了一系列进展。在科技人力资源总量与结构方面的研究，测度方法不断改进，使测度更加科学完善，结构、分布方面的研究主要以不同地区、机构、群体情况分析为主，尽管尚未形成相对稳定的分析框架，但已有的研究成果也体现了对我国科技人力资源发展水平、特点的共识性判断。科技人力资源质量的研究包括对科技人力资源自身属性和作用贡献两方面，主要通过心理学相关研究方法对科技人力资源的创新能力和思想状况等能力与素质等自身特质进行测量和分析，通过构建不同指标体系和改进生产函数等方法对科技人力资源在经济、科技等方面发展的作用进行定量分析。科技人力资源管理方面的研究主要集中在培养、流动、引进、评价、激励五个方面，最突出的变化就是履历分析方法和文献计量方法的结合和广泛使用。

5. 技术创新

近年来，国内学者在企业创新主体地位、创新能力、创新管理、创新评价、创新生态等方面，做了许多理论与案例研究，取得一些研究成果，主要有"二次创新—组合创新—全面创新"的中国特色技术创新理论体系，突破性创新，创新管理的知识体系，全面创新管理、协同创新、开放创新等理论与方法体系，创新型企业成长规律研究、企业技术创新依存度及评测指标模型。

李新男、刘东、康荣平在回顾总结世界典型工业化国家产业技术创新发展历程和特点的基础上，基于产业技术创新功能实现的维度，提出并阐述了"产业技术创新支撑体系"的概念内涵，构建了由"创新技术供给、创新技术产业化、技术创新服务"三方面基本功能及相应的"政策和社会环境"（简称"3+1"）构成的功能结构模型，并将这一理论模型运用到国家十四个重点产业的实证研究中，得到检验和完善。该理论成果为产业技术创新研究及政策制定提供一个新的理论视角和分析框架。

6. 区域创新

近五年，区域创新的研究进展主要集中在几个方面：区域创新能力、区域创新体系、区域创新网络三个方面。在区域创新能力方面主要有区域创新能力指标体系、结构和关系及实证研究，有关区域创新体系的主要进展主要有区域创新体系的类型、创新体系及其要素对区域创新绩效影响的理论与实证研究、区域创新体系的演化模式和演化路径进行动态；有关区域创新网络的研究进展主要是创新网络结构对区域创新绩效的影响及实证研究，网络特征、共生效率等网络绩效的机理及实证分析。

在区域创新研究中，各类有关区域创新的研究报告是突出的成果。1999 年开始发布的《中国区域创新能力评价报告》，由中国科技发展战略研究小组和中国科学院大学中国创新创业管理研究中心编著，至今已经出版了近二十年，2015 年被纳入国家创新调查制度系列报告。评价指标体系由知识创造、知识获取、企业创新、创新环境、创新绩效等五个一级指标、二十个二级指标、四十个三级指标和 137 个四级指标构成。该报告使用大量的统计数据动态地对各省（自治区、直辖市）的创新能力进行分析比较，为社会各界了解各地区的创新能力提供了一个很好的平台。自 2015 年开始，科技部每年出版《中国区域创新能力监测报告》。该报告根据国内各地区实施创新驱动发展战略的要求，在借鉴现有的国内外相关研究成果并广泛征求意见的基础上，构建了包括创新环境、创新资源、企业创新、创新产出和创新效率五个子系统的监测指标体系，共 124 个监测指标。还有具体区域的区域创新报告，例如由首都科技发展战略研究院课题组完成的《首都科技创新发展报告》，以及由上海市科学学研究所组织撰写的《上海科技创新中心指数报告》等。

7. 创新创业

创业、创新政策在推动创业企业成长的机制；创业、创新政策对双创影响的模型与假设；区域创业、创新政策的网络图谱分析；地方创业创新政策对策研究；高新区创业创新政策的历史进程、阶段特点和未来趋势；创业创新政策要素体系及政策供需匹配模型构建；创业政策环境和生态环境营造；双创政策措施落实情况评估；大学生创业创新的对策建议；创业者被动创业向主动创业转型对策；创业创新金融环境及完善的金融运行机制；创业创新人才政策覆盖范围拓展的对策建议；众创空间、创业创新平台等对创新创业的促进作用；公共服务政策体系对众创空间建设的支撑；众创空间区位分布集聚研究。

8. 科学基础设施

近五年国内围绕重大科技基础设施的研究主要针对其治理问题、经济和社会效应、设施集群和区域创新、开放共享和围绕设施开展的国际合作五个方面开展研究。在治理方面，相关研究有美国国家实验室的治理结构理论和实证的分析以及对中国的意义、全生命周期治理模型分析、重大科技基础设施建设运行模式分析等；在经济和社会效应方面，围绕成果转化模式、从相关利益主体角度研究大科学装置的经济和社会效应以及从理论和实证的角度区分考量重大科技基础设施对我国科学、经济和社会领域的重要影响、大科学工程为中心的创新链与产业链的结合等开展了相关研究；针对集群方面的研究，主要有设施集群的内涵和外延研究、组织生态角度的集群布局分析、国家重大创新基地效应研究等；开放共享方面，针对科技基础设施共享管理的立法框架、开放共享机制等进行了研究；国际合作方面，通过国外案例研究重大科技基础设施的国际合作模式以及从文化差异角度研究国际合作的困境和机制等。

9. 技术预见

近年来，国内技术预见活动注重更广泛的视角，更加重视学界、产业界、政府、其他社会利益相关方等多种角色的重要需求及影响。中国科学技术发展战略研究院在 2013 年开始的第五次国家技术预测研究中将技术评估和国家关键技术选择融合进广义的技术预见流程中并支持国家政策制定。同时，技术预见更加重视各种信息技术的应用探索，重视吸收计量学的研究方法。如中国科学技术发展战略研究院、上海市科学学等单位均建立了互联网调查渠道的调查平台系统。上海市科学学研究所在 2013 年开展的中长期技术预见中综合应用了文献分析、专利分析、聚类分析、节点分析等科学计量学方法，并支撑了德尔菲调查各层面技术项目的构建和结果的解读。

三、国内外科技政策学学科研究比较

（一）基本状况比较

1. 发文数量

本研究所选择的十六本科技政策学期刊 2007—2016 年所有发文 12268 篇中，发表最多的国家是美国，发文数量近三千篇，占比超过 20%。紧随其后的是英国，中国位居第四位，占比超过 7%（见表 5、表 6、图 3）。

表 5　2007—2016 年十年间十六本科技政策学期刊发文的国家分布

排名	国家 / 地区	篇数	百分比（%）
1	美国（USA）	2827	23
2	英国（UK）	1842	15
3	荷兰（NETHERLANDS）	1097	8.9
4	中国（PEOPLES R CHINA）	917	7.5
5	西班牙（SPAIN）	994	8.1
6	德国（GERMANY）	940	7.7
7	意大利（ITALY）	792	6.5
8	中国台湾（TAIWAN）	614	5
9	加拿大（CANADA）	523	4.3
10	法国（FRANCE）	476	3.9
总计		1102	89.8

备注：为展示整体国家分布，这里数据为全球（包含中国）的分析。同时数据量跟 wos 在线分析数据并不一致，来自于个人对下载后的地址栏中的国家进行清洗和提取之后计算的数据。另外，PEOPLES R CHINA 没有包含香港和澳门地区，同时中国的台湾地区单独列出。

表 6　2007—2016 年十年间十六本科技政策学期刊发表数量

	中国		全球	
出版年	文献数量	百分比（%）	文献数量	百分比（%）
2007	21	2.3	832	6.8
2008	34	3.7	881	7.2
2009	52	5.7	996	8.1

续表

出版年	中国		全球	
	文献数量	百分比（%）	文献数量	百分比（%）
2010	60	6.5	1094	8.9
2011	81	8.8	1096	8.9
2012	90	9.8	1158	9.4
2013	105	11.5	1169	9.5
2014	142	15.5	1270	10.4
2015	163	17.8	1386	11.3
2016	169	18.4	1469	12
总计	917	100%	11351	100%

注：如果未做特殊说明，以下数据分析中的国际发表数据均为不包含中国的情况。

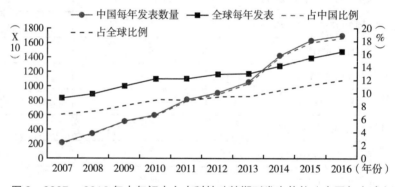

图3　2007—2016年十年间十六本科技政策期刊发表趋势（中国与全球）

在2007—2016年所有的科技政策学发文中，中国作者数量为917篇（不包括香港、澳门、台湾地区）。其中，第一作者为中国作者的数量为780篇，通讯作者为中国作者的数量为701篇。三种不同类型[①]的作者每年的发文趋势如表7所示。

---

①　三种类型的中国作者分别指的是：类型一：至少包含一个中国作者type 1（at least 1AU is Chinese）；类型二：第一作者为中国type2（FAU is Chinese）；类型三：通讯作者为中国type3（Correspondence AU is Chinese）。以下图表中的三种类型同理。

表7 2007—2016 年十年间十六本科技政策学期刊的三种不同中国作者类型发文

出版年	类型一 文献数量	类型二 文献数量	类型三 文献数量
2007	21	16	14
2008	34	27	21
2009	52	45	38
2010	60	48	38
2011	81	63	55
2012	90	78	68
2013	105	87	76
2014	142	128	118
2015	163	145	131
2016	169	143	142
总计	917	780	701

2. 作者数量分布

与当前国际上合作作为知识生产的主导方式一致，三种类型的中国作者发文中，论文合著的现象较为普遍，均大于 90%。且合作力度较大，三种作者类型的多人合作（大于等于三人）均占 60% 以上（见表 8）。

表8 2007—2016 年十年间十六本科技政策学期刊的三种不同中国作者类型作者数量

出版年	类型一 独作	两人	大于等于三人	类型二 独作	两人	大于等于三人	类型三 独作	两人	大于等于三人
2007—2008	8	26	21	8	19	16	6	15	14
2009—2010	12	32	68	12	31	50	12	26	38
2011—2012	13	48	110	13	42	86	13	36	74
2013—2014	18	54	175	18	48	149	18	43	133
2015—2016	19	82	231	19	73	196	19	66	188
总计	70（7.6%）	242（26.4%）	605（66%）	70（9%）	213（27.3%）	497（63.7%）	68（9.7%）	186（26.5%）	447（63.8%）

3. 引用概况

三种不同类型作者每年的总引用次数和篇均引用率。无论是从总的引用次数还是篇均引用率均较高，三种类型作者的平均引用率均大于等于八次（见表 9）。

表9 2007—2016 年十年间十六本科技政策学期刊的三种不同中国作者类型引用特征

出版年	类型一 引用次数（篇均引用率）	类型二 引用次数（篇均引用率）	类型三 引用次数（篇均引用率）
2007	513（24.43）	371（23.19）	303（21.64）
2008	637（18.74）	568（21.04）	502（23.9）
2009	1003（19.29）	788（17.51）	650（17.11）
2010	1428（23.8）	1134（23.63）	821（21.61）
2011	1208（14.91）	895（14.21）	720（13.09）
2012	884（9.82）	767（9.83）	675（9.93）
2013	1026（9.77）	850（9.77）	712（9.37）
2014	845（5.95）	760（5.94）	665（5.64）
2015	656（4.02）	576（3.97）	511（3.9）
2016	340（2.01）	285（1.99）	286（2.01）
总计	8540（9.31）	6994（8.97）	5845（8.34）

4. 基金支持类型

三种作者类型的基金支持近些年都在不断增加，且增长幅度较大。其中，仍然以中国基金支持项目占多数，例如中国国家自然科学基金是科技政策学领域发文的主要资助方。国际基金与中国基金联合支持的项目还处于萌芽阶段。到 2016 年，三种作者类型的中国与国际联合支持才超过十篇（见表 10）。

表 10 2007—2016 年十年期间十六本科技政策学期刊的三种不同中国作者类型基金支持

出版年	有基金支持（单位：篇数）			只有中国基金支持（单位：篇数）			中国 & 国际基金联合支持（单位：篇数）		
	类型一	类型二	类型三	类型一	类型二	类型三	类型一	类型二	类型三
2008	6	4	4	5	4	4	1		
2009	16	15	13	13	12	10	3	3	3
2010	26	21	18	19	17	16	4	2	
2011	31	25	23	18	17	16	8	6	6
2012	28	27	25	24	24	23	3	3	2
2013	53	46	45	44	40	39	6	5	5

续表

出版年	有基金支持（单位：篇数）			只有中国基金支持（单位：篇数）			中国 & 国际基金联合支持（单位：篇数）		
	类型一	类型二	类型三	类型一	类型二	类型三	类型一	类型二	类型三
2014	72	69	69	64	62	62	4	4	4
2015	113	102	94	97	91	86	9	8	6
2016	144	127	126	121	114	110	19	12	15
总计	489	436	417	405	381	366	57	43	41

注：2007 这年没有基金支持发表的文章，故在表格中略去。

5. 中国发表的基金支持各类型比重

目前中国的基金支持仍然以国内基金占绝对优势，占整个中国发文的 44%（见图 4）。

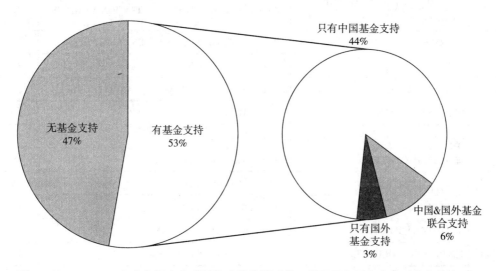

图 4　2007—2016 年十年间十六本科技政策学期刊的三种不同中国作者类型基金支持比重

（二）中国与国际研究热点的比较

通过对比本研究所选十六本期刊的高频关键词，可以看出中国科技政策学研究与国际研究之间的差异。从国际科技政策的热点看，创新是排在首位，从中国的热点来看，文献计量排在首位。创新只排在第五名。从排在前二十名的高频关键词来看，国际上研究热点与创新和科技有关的占一大半以上（超过十五项），而中国正相反，占一少半（只有五项左右），大多数是文献计量学的热点。不同于创新研究，文献计量学不特别强调背景、制度以及文化等国别间存在很大差异的因素，所以更容易与国外交流，易于追赶研究前沿。中国文献计量学研究近年来发展迅速。其中一个原因在于其在国际层面上与欧美国家展开了频繁学术交流合作关系，比如美国的佐治亚理工公共政策学院的 STIP（科技创新项目）、美国德雷塞尔大学信息科学与技术学院、英国萨塞克斯大学、荷兰莱顿大学等科技政策研究（见表 11）。

表 11　2007—2016 年十年间十六本科技政策学期刊的高频关键词（全球与中国）

排名	全球		中国	
	关键词	篇数	关键词	篇数
1	INNOVATION	671	BIBLIOMETRIC/BIBLIOMETRICS/ BIBLIOMETRIC ANALYSIS/SCIENTOMETRIC	113
2	BIBLIOMETRIC/BIBLIOMETRICS/ BIBLIOMETRIC ANALYSIS/ SCIENTOMETRIC	615	CHINA	111
3	CITATION/CITATIONS/CITATION ANALYSIS	400	CITATION/CITATIONS/CITATION ANALYSIS	41
4	PATENT/PATENTS/PATENT NALYSIS	283	PATENT/PATENTS/PATENT ANALYSIS	40
5	R&D	144	INNOVATION	36
6	COLLABORATION	143	RESEARCH TREND/RESEARCH TRENDS	23
7	OPEN INNOVATION	134	TEXT MINING	21
8	H-INDEX	128	H-INDEX	19
9	RESEARCH EVALIATION	120	NETWORK ANALYSIS	18
10	INNOVATION POLICY	118	COLLABORATION	16
11	GOVERNANCE	117	WEB OF SCIENCE	16
12	NANOTECHNOLOGY	114	NANOTECHNOLOGY	15
13	TECHNOLOGY TRANSFER	113	CO-WORD ANALYSIS	13
14	BIOTECHNOLOGY	97	COLLABORATION NETWORK	12
15	FORESIGHT	97	SCI	11
16	TECHNOLOGY	96	SOCUAL NETWORK ANALYSIS	11
17	ENTREPRENEURSHIP	88	INTERNATIONAL COLLABORATION	10
18	EVALUATION	85	INNOVATION PERFORMANCE	9
19	IMPACT FACTOR	85	KNOWLEDGE DIFFUSION	9
20	PRODUCTIVITY	85	CLUSTER ANALYSIS	8

根据关键词共线的聚类（见图 1 和图 2），在创新的聚类中，国际创新热点领域可以分为三个大的部分：①创新、专利、开放创新和技术转移、创新政策、规制；②技术政

策、技术预见;③治理,包括政治、权力、专业技能和伦理学。中国的创新聚类中,比较单一,没有涉及国际上的治理、技术预见、规制等内容,有些内容是国际上不是重点,如新兴市场、创新有效性,专利引证。

通过考察这十六本期刊全球每年度发表引用的 Top 1% 文章(126 篇)和中国每年度发表引用的 Top 10% 文章(92 篇)主题和摘要,可以发现全球创新研究的热点研究多样,如开放性创新、技术创新系统的功能动力、技术创新的预测、创造性毁坏和可持续发展转型、创新与可持续发展、吸收能力、大学与工业合作、政策决策系统、负责任性创新、创新类型,企业家创新等;且一些热点研究具体而深入,如对开放性创新的研究,有具体企业的开放式创新、开放性创新是怎样的、开放合作项目的科学研究组织、开放式创新的未来、开放式创新的模式、开放性创新的过程、中小企业的开放创新、开放性创新的现在状态和未来、开放性创新与封闭式创新、走向开放的 R&D 系统等。中国的创新研究集中在中国的经验和问题,如大学与公司合作的绩效、建设一流大学(评估国家"985"计划的影响)、政府资助企业 R&D 的效果、转型过程中国的区域创新等。

在文献计量的聚类中,国际研究的热点可以分三个方面:①研究指向 / 问题:科研评估、研究生产力、合作;②研究指标:引文分析,影响因子,H-index 等;③研究工具与数据:如前汤森路透的 Web of Science 数据库、信息检索、机器学习、数据挖掘等。与国际的热点中国的研究在文献计量研究还比较单一,虽然在议题上紧追国际前沿议题(例如,当前科学计量领域的新生指标 Altmetrics 在中国学者的研究中也呈现增长趋势),但中国在该领域的研究主要局限在焦在方法、工具和传统指标的分析上,尚未形成国际上"问题导向"的研究范式,计量用于科研评估的实践上目前还很缺乏。

(三)科技政策学科在世界上的地位

与国外相比,中国科技政策学科发展较晚,但已经取得突出的成就,在本研究所选的十六种期刊中,中国学者发表的文章数量在 2007 年只有二十一篇,到最近四年都超过100 篇。尽管总量不多,但增加速度较快,十年的增加幅度超过八倍。同时,论文的研究内容和方法亦呈现出多样化的趋势,表明中国科技政策研究成果在国际学术界不断增长。一批中国科技政策研究者也取得了高质量的研究成果,在世界科技政策界产生很大的影响。

从国际研究热点看,中国科技政策研究热点与国际研究热点有相同之处,也有不小的差异,反映了中国科技政策在努力追赶国际前沿取得了不小的成绩,但也表明存在着很大的差距。

概括地说,中国科技政策研究在理论研究和实证研究上都存在着不足。在理论研究方面原创性不足,在实证研究中关注的问题比较窄、高信度的数据支持不足等缺点。中国科技政策研究在国际上有影响的大多是本国研究议题,这反映了中国科技创新实践的独特意义和研究价值,但是若要在国际科技政策界产生很大的影响,需要超越这一阶段,更加关注国际科技政策更广泛的研究议题。

四、科技政策学的发展趋势及展望

（一）科技政策学的发展趋势

科学技术的发展、国际科技政策的变化以及中国社会主义时期新时代发展的要求为科技政策的发展提供了动力和需求。

近年来，科学技术取得飞速发展，物联网、大数据、人工智能、纳米技术、合成生物学等一系列前沿科学技术不仅给社会和经济发展带来新的机会，也为科技政策的研究提出了新的课题。同时，全球性发展问题，如气候变化、能源短缺、环境问题和传染疾病等问题，也为科技政策研究提供新的动力。

自 2008 年世界经济危机，西方国家更加重视科学技术，重视国家科学技术的发展战略与政策，"以证据为基础的政策"等一些新的理念出现，推动科技政策的发展。

中国自 2012 年党的十八大提出实施创新驱动发展战略，指出未来经济社会和发展要更加依靠科技和创新，把全社会的智慧和力量凝聚在创新发展上来。创新驱动发展战略对科技政策的发展提出了更高的要求。

在国内外发展的新形势下，科技政策学未来发展将呈现如下几个方面的发展趋势。

（1）重视科学技术前沿问题政策的研究。科学前沿和新兴技术，如人工智能、纳米技术、合成生物学会在科技政策研究占有更加重要位置，政策研究、伦理研究和法律研究越来越交叉融合在一起。

（2）科技政策研究与创新研究的交叉融合日益密切。随着创新和创新政策在世界各国发展中日益重要的作用，科技政策研究与创新政策研究的交叉融合会日益密切。科技政策研究的重点主要由面向科学技术本身转向面向科学技术的经济和社会效益，对经济效益的关心仍然会占据主导地位。

（3）对社会、环境和可持续发展的关注将会占越来越重要的位置。随着全球气候变化、能源和环境问题、老龄化社会等问题日益引起世界各国的重视，对这些问题的解决在世界各国科学技术和创新的议程将占据日益重要的位置，相应地，它们在科技政策研究中也会占有日益重要的位置。

（4）多科学交叉研究趋势增强。当今科技政策研究从研究议题和研究领域涉及的内容广泛，从政策制定的基础、对象、问题、过程到效果，涉及科学、技术和创新各个方面，多学科交叉研究的趋势将增强。

（5）定性与定量方法的结合增强。当代科技政策的制定和实施越来越需要依据坚实的证据和数据支撑，因此需要根据不同的研究需要，结合定量定性方法开展研究。

（6）面向中国实践的研究会进一步加强。中国科技创新的实践提出了许多急需解决的问题，需要理论上和政策上给予解答。例如，近年来中国科技投入持续增加、中国科技投入的效率和效益问题等。政府各部门应该如何有效地管理这规模巨大科技的投资，如何评估这些投入的效益，各个部门、领域之间的科技活动如何协调等问题日益重要。同时，创新驱动新的发展为政策制定和实施提出了新的要求。这些问题需要科技政策的研究提供支撑。

（二）科技政策学发展的未来重点方向

（1）科技强国战略之下的科技政策发展模式。在科技强国"三步走"战略下，科技政策制定、实施和评估模式应该如何调整和创新是中国科技政策研究一个重要问题。在这个问题需要从理论论述、国际比较、历史和实现分析、前景分析等多方面开展研究，在理论和经验分析上都会丰富科技政策研究学的研究。

（2）科技投入的模式、管理及效益。在国家对科技创新投入持续增加的发展情况，对科技投入的模式、管理及效益的研究将会成为科技政策学研究中占据日益重要的位置。什么样的投入模式是合理的、如何管理科技经费和科技计划、科技投入的效益应该如何评估，这些问题迫切需要从理论和政策研究给予解答。

（3）国家创新系统的建设和治理。在新的形势下，国家创新系统如何建设和治理才能现代科技发展的需求，才能适应社会主义新时代发展需求的，是一个持续需要探讨的问题，包括：新型创新主体的创新，各种创新主体的定位、功能和关系，区域创新系统与国家创新系统的关系，军民融合，国家创新系统与国际创新系统关系。

（4）科技创新型人才的培养、使用及政策。人才是科技创新的根本，如何培养创新型人才、如何创造一个创新性人才辈出的环境、如何使用创新人才以及相应的政策是如何制定和改进，是科技政策始终需要关心的问题。

（5）科技政策学的学科基础和方法论。科技政策学是多学科交叉的研究领域，研究方法包括定量分析、定性分析、可视工具和数据收集工具等四种类型多种方法。要促进各种相关的学科从不同的角度开展科技政策研究，促进交叉融合；促进各种研究方法的发展与完善，开展数据收集和积累工作。

（三）发展科技政策学的措施

中国正进入社会主义现代化建设的新时代。2016年5月，中共中央和国务院印发《国家创新驱动发展战略纲要》，明确了实施创新驱动发展战略的要求、部署、任务和保障措施等，提出了到2020年进入创新型国家行列、到2030年跻身创新型国家前列、到2050年建成世界科技创新强国的"三步走"战略目标。习近平总书记在十九大报告中指出："创新是引领发展的第一动力，是建设现代化经济体系的战略支撑。要瞄准世界科技前沿，强化基础研究，实现前瞻性基础研究、引领性原创成果重大突破。加强应用基础研究，拓展实施国家重大科技项目，突出关键共性技术、前沿引领技术、现代工程技术、颠覆性技术创新，为建设科技强国、质量强国、航天强国、网络强国、交通强国、数字中国、智慧社会提供有力支撑。加强国家创新体系建设，强化战略科技力量。"① 科学技术和创新在中国未来发展将起到日益重要的作用，对科技政策研究提出了更高的要求，必须大力推动科技政策研究的发展。

（1）从国家长远发展需求，研究和制定中国科技政策研究的长远规划和路线图。根据国家建成世界科技创新强国的"三步走"战略目标，研究国际科技政策发展的趋势和中国科技政策的需求，设置研究议程和主要科学问题，指导全国科技政策研究队伍开展研究。

（2）设立专门的资助计划，支持科技政策研究。在国家自然科学基金设立专门资助计划，长期稳定地支持科技政策研究。

（3）加强学科基础建设，促进学科交叉融合。加强科技政策的前沿问题研究。采取各种措施，促进更多的相关学科参与科技政策研究，促进各学科的交叉融合。

（4）加强中国实践问题研究，促进中国学派产生。中国科技和经济改革的发展提出许多新颖问题，为中国科技政策学的提供了丰富的源泉。加强中国实践问题的理论与实践研究，促进中国科技政策研究学派产生。

（5）加强科技政策研究队伍建设，加强科技政策教育。通过国家、部门、地方和研究机构等各种科技政策研究计划，凝聚科技政策研究队伍。促进科技政策研究者开展各种形式的学术交流。在高等教育中，加强科技政策的教育，设立专门的博士和硕士学位，设立专门的课程。

（6）加强与科技政策制定者的交流与合作。通过学术会议、学术报告与座谈等形式，加强与科技政策制定者的交流与合作，使科技政策学的研究更有针对性，提高科技政策学研究成果的可使用性。

（7）加强科技政策的平台建设。建设科技政策数据基础设施平台，系统地和连续地收集在各种调查、分析和研究中积累的数据，为国家科技政策学研究提供数据。

（8）发挥学术团体的作用。目前，中国科协下的一级学会中，中国科学学与科技政策研究会从事与科技政策学研究相关的活动，其他学会如中国自然辩证法研究会以及各个自然科学和工程技术领域的学会都开展相关的科技政策研究。要积极鼓励学术团体积极承担科技政策研究任务，举办学术会议，促进学术交流和学术普及。

（9）加强国际交流与合作。加强与世界各主要国家和国际科技组织的学术交流与合作。通过参与和举办国际学术会议，促进学术交流和合作；举办科技政策培训班的形式，加强科技政策研究队伍的培训；加强与发展中国家科技政策研究的交流与合作，为发展中国家培养人才。

---

① 习近平：决胜全面建成小康社会，夺取新时代中国特色社会主义伟大胜利——在中国共产党第十九次全国代表大会上的报告。中国政府网：http://www.gov.cn/zhuanti/2017-10/27/content_5234876.htm。

参考文献

［1］ Crane D. Science Policy Studies［A］.In A Guide to The Culture of Science，Technology，and Medicine［C］. Ed. Durbin，P. Collier Macmillan Publishers.1980.

［2］ 樊春良，马小亮.美国科技政策科学的发展及其对中国的启示［J］.中国软科学，2013（10）：168-181.

［3］ 樊春良.日本科技创新政策科学的实践及启示［J］.中国科技论坛，2014（4）：20-26.

［4］ Martin Ben R.The evolution of science policy and innovation studies［J］. Research Policy，2012，41（7）：1219-1239.

［5］ National Science and Technology Council. The Science of Science Policy：A federal research roadmap［R］.2008.

［6］ 李宁，杨耀武，郭华.美国科技政策学基金计划进展分析及其启示［C］.第十二届中国科技政策与管理年会会议论文.2016.成都.

［7］ 杜建，武夷山.我国科技政策学研究态势及国际比较［J］.科学学研究，2017，35（7）：1289-1300.

［8］ 周华东.科技政策研究：嬗变、分化与聚焦［J］.科学学与科技管理，2011（11）：5-13.

［9］ 方新.科技政策研究的问题与方法［J］.创新科技，2014（7）：16-18.

［10］ 陈凯华，寇明婷.科技与创新研究：回顾、现状与展望［J］.研究与发展管理，2015（8）：1-15.

［11］ 陈光方新.关于科技政策学方法论研究［J］.科学学研究，2014（3）：321-326.

［12］ 樊春良科技政策学的知识构成和体系［J］.科学学研究，2017（2）：161-168，254.

撰稿人：樊春良　唐　莉

参考文献

专题报告

科学学与科技管理

一、引言

科学学是"科学的科学"，[1] 它是一门利用科学的研究方法来研究科学本身的学科。波兰学者首倡"科学的科学"，是波兰对科学学的开创性贡献。[2] 科学学以科学为研究对象，研究科学的性质特点、关系结构、运动规律和社会功能，并在认识的基础上研究促进科学发展的一般原理、原则和方法。它探讨科学的社会性质、作用和发展规律以及科学的体系结构、规划、管理和科学政策等。如果我们把研究自然界各种物质运动形式的学科视为硬科学的话，科学学则属于软科学，它是介于自然科学与社会科学之间的软科学中的一个门类。[3—5]

科学学的产生源自于对自然科学的社会性研究。从 20 世纪 20 年代波兰、俄国提出学科名称算起，科学学至今已有了八十多年的演化发展史，目前已经建立和正在形成的分支学科超过三十门。[6] 20 世纪 40 年代科学学著作被陆续翻译到我国。从改革开放起到 20 世纪 80 年代，科学学随着科学春天的到来而迅速兴起，特别是 1980 年创办《科学学与科学技术管理》杂志后更是突飞猛进。[7] 在钱学森等学者的呼吁和倡导下，科学学在我国得到了蓬勃的发展。20 世纪 90 年代，诸多原因造成我国科学学的发展出现了徘徊的趋势。

2000 年以来，一方面，学科专业调整将"科学学和科技管理"并入"管理科学和工程"中，给本已处于低潮中的科学学以更大的冲击；另一方面，我国的经济社会发展迈入崭新的 21 世纪，新的时代背景给科学学研究带来了新的发展机遇。侯海燕等总结出新世纪以来大学科学学与科技管理相关学科研究呈现面向自主创新的科技管理、科学计量学的可视化转向、从科学学走向科学技术学三大特色[8]。胡志刚等对 1999 年到 2008 年近十年间的九种科学学类期刊的科学计量研究，认为我国科学学研究已经初步形成了理论研究 – 知识管理、应用研究 – 技术创新、方法研究 – 指标体系三个层次和企业 – 技术创新、

高校 – 科研管理、政府 – 产业集群三个领域的研究格局。[9] 2009 到 2011 年间，科学学与科技管理领域研究热点基本保持不变，"技术创新"、"自主创新"和"产业集群"问题仍然是科学学与科技管理领域最热的课题。与此同时，一些反映当前时代背景的新研究热点出现，比如"金融危机"、"低碳经济"、"战略性新兴产业"等。[10]

在科学知识图谱与知识可视化的基础上，科学学的理论探索与学科建设取得新的进展，形成一股科学学向前迈进的强大潮流。最近五年，在中国科学学与科技政策研究会的推动下，在老一代和新一代科学学学者的共同努力下，科学学研究领域又有了新的进展。我们首先运用文献计量学的方法对科学学与科技管理这一领域国内 2000—2016 年的文献进行概述分析，其次对近五年的国内外期刊文献中的高产作者、高产机构进行归纳与总结，并与基于 2009—2011 年数据的结果[10]进行对比，全面了解科学学与科技管理领域研究现状。

二、数据与方法

本研究的中文数据来源于《科学学研究》《科研管理》《科学学与科学技术管理》《科技管理研究》《科技进步与对策》《科学管理研究》《研究与发展管理》《中国软科学》《中国科技论坛》这九本期刊。时间跨度为 2000—2016 年，删除了无机构或无作者的寄语、发刊词、会讯、研讨会等文章，共筛选出文章 57497 篇。如图 1 所示，2012—2016 这五年间发表在这九种期刊中的所有论文，共计 17381 篇，近五年平均发文量 3476 篇，相比于 2009—2011 年三年的平均发文量 4200 篇，发文量有所下降。

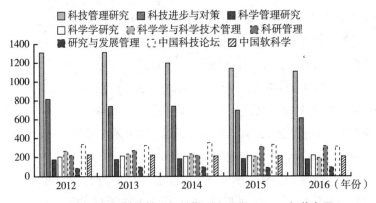

图 1　科学学与科技管理相关期刊 2012—2016 年载文量

英文数据来源于 *Social Studies of Science*、*Science Technology & Human Values*、*Scientometrics*、*JASIST*、*Research Policy*、*R&D Management*。在 WOS 数据库中下载了 2012—2016 这五年间，发表在这六本期刊中的所有论文，共计 4115 篇。选择这六个代表性期刊的原则是因为它们在国际科学学界被公认为具有代表性和权威性，并且所载论文在相应领域被引频次位居同类期刊前列[11]。如图2所示，从2014年第1期，情报学界最重要刊物之一 *JASIST*，从 *Journal of the American Society for Information Science and Technology* 更改为 *Journal of the Association for Information Science and Technology*。

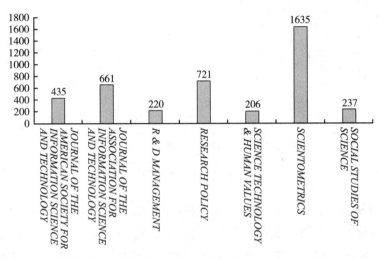

图2　科学学与科技管理国外相关期刊2012—2016年载文量

本文首先对中文57497篇相关文献的关键词和摘要进行聚类分析，分析出本领域研究主题的分布，同时根据被引次数对2000年以来Top200的高被引文献进行统计与分析，通过对高质量的文献进行分析，探究研究主题的变迁。其次本文通过关键词、研究作者、研究机构以及近五年文献的受欢迎度（近五年文献的下载次数）四个角度分析近五年来（2012—2016年），科学学与科技管理研究的新特点和新趋势，运用文献计量学、网络分析的方法挖掘近五年来科学学领域相关的研究主题，统计近五年来发文量最高的研究者和研究机构。从而为全面了解科学学与科技管理领域研究现状，有效推进科学学与科技管理的研究发展，提供借鉴和参考。

三、国内研究概述

（一）高被引文献分析

论文被引次数是评价科研工作者研究成果的一项重要指标，而入选"高被引"的研究者，毋庸置疑，在其所在的学科领域内做出了重大贡献，具有较高的影响力。对2000—2016年间，科学学与科技管理相关期刊文献被引次数进行统计和排序，选取Top200的文献进行分析。

如图3所示，按被引次数排序Top200的文章在2000—2016年间，大致呈递减的趋势，这一方面由于从文献的发表到被引用需要时间的累积，另一方面也与科学学与科技管理领域特性有关。就具体年份而言，2003、2004、2005 年是科学学与科技管理高水平、高质量论文数量爆发的三年。

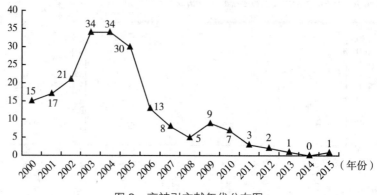

图 3　高被引文献年代分布图

进一步分析各年份高被引文献作者和主题分布，取每年被引频次排在前五的作者，如表 1 所示。2000—2005 年，高被引文献数量大幅增长，其主题集中于"产业经济""品牌价值""国际竞争""风险管理""企业集群""城乡一体化""全球化""技术创新""区域经济发展""服务业""生态工业""知识创新"等。这一时期，在国际上，随着中国加入世界贸易组织，中国经济与国际逐步接轨，面临诸多严峻挑战如提高国际竞争力、控制扩大开放所带来的经济风险等；在国内，"十五"计划背景下，生态建设、经济与社会的可持续发展得到更多重视，关注城乡发展、教育等社会事业，推进各行各业协调发展，提高经济效益。这一时期的高被引作者为魏江、陈劲、王兆华、范柏乃、蔡宁、常荔、池仁勇、黄鲁成、王毅、许庆瑞等。

2006—2008 年，高被引文献数量下降，除"产业集群""技术创新""开放式创新""产学研合作""知识管理"等主题依旧不变外，另增加了"低碳经济""知识产权""专利价值"等新主题。高被引作者为魏江、陈劲、陈钰芬、冯之浚、林嵩、刘凤朝、鲁耀斌、任海云等。

2010—2015 年主题较为分散，一方面仍关注"公共政策""技术创新""产学研合作""协同创新"等主题，另一方面紧跟时代潮流，关注"科技金融""高新技术产业""城市发展""物联网""气候保护"等主题。这一时期除了陈劲等该领域权威人士，何郁冰、任海云、刘绍娓、陈悦等作为本领域新的高被引作者，在"产学研""系统创新""知识图谱"等研究方向的潜力可期。

表 1　高被引文献年代关键词

年份	作者	关键词
2000	黄鲁成 633、周星 298、甄峰 292、范秀成 269、江辉 242	产业国际竞争力、技术创新、技术创新网络、产业技术能力、技术外包、研究开发全球化、品牌价值、国有企业、区域经济学、技术创新、知识管理、核心竞争力、战略对策、知识创新、知识链
2001	张望军 1810、王毅 526、叶裕民 477、蒋春燕 476、王大洲 356	产学研合作、城乡一体化、风险企业、供应链管理、技术创新、创新网络、企业技术创新能力、激励模式、知识链、知识扩散、知识转移成本、人力资源管理
2002	陈红儿 438、陈劲 464、范柏乃 245、黄艾舟 351、黄鲁成 208	公共基础设施、财务政策、风险管理、集成创新、技术创新、企业集群、区域产业竞争力、区域经济发展、工业生态学、突破性创新人力资源管理、文化整合、集群式创新
2003	张辉 736、魏江 638、赵西萍 619、杨淑娥 523、范柏乃 401	产业集群、集群过程、创新优势、集群学习、产业集群、绩效管理、因子分析法、农产品质量安全体系、企业价值、全面创新管理、海尔集团、全员创新、生态工业园、生态产业链、知识管理
2004	池仁勇 655、陈宪 595、彭国甫 530、陈云川 475、陈信勇 433	产业集群、区域经济发展、知识溢出、高新技术企业、科技投入、企业绩效、价值创新、国际技术溢出、技术创新、创新效率、区域经济、食品安全、战略管理、项目管理模式
2005	朱晓妹 502、陈悦 460、刘凤朝 457、许治 430、官建成 402	产业集群、创业机会、机会识别、科技投入、科学知识图谱、科学计量学、农民市民化、区域创新系统、区域经济、技术创新效率、生态工业园、工业共生网络、自主创新、组织公民行为
2006	陈劲 814、程宏伟 446、冉光和 373、王子龙 308、赵一平 262	产业集聚、城市发展、技术创新绩效、信息技术、结构方程模型、经济与能源、开放式创新、全面创新投入、创新资源配置、区域创新能力、知识管理、自主知识产权
2007	邢继俊 270、李志刚 268、冯明 226、刘伟 210、魏江 201	产业集群、城镇化、城市化、低碳经济、高新技术企业、创新环境、管理层激励、知识密集型服务业
2008	陈钰芬 209、谢凤华 203、王文岩 201、万小丽 193、岳书敬 192	产学研合作模式、技术创新绩效、民营企业、开放式创新、专利价值、层次分析法、模糊综合评价
2009	亓霞 466、冯之浚 369、李胜 250、陈钰芬 238、仲伟俊 213	风险管理、产学研合作、技术创新模式、低碳经济、公共政策、盈余管理、开放式创新、创新绩效、结构方程模型、社会成本、农民工、文化产业
2010	房汉廷 285、姜大鹏 244、韩晶 234、任海云 226、朱永彬 220	城市化质量、高技术产业、科技金融、区域创新能力、区域经济差距、碳税、气候保护、减排效果、战略性新兴产业、高技术产业
2011	史璐 201、刘洪昌 196、李航 194	物联网、智慧城市、城市发展、战略性新兴产业
2012	陈劲 943、何郁冰 735	产学研协同、协同创新、协同创新系统框架
2013	刘绍娓 205	高管薪酬、公司绩效、国有上市公司、非国有上市公司
2015	陈悦 190	科学知识图谱、方法论、CiteSpace

注：作者姓名后数字为当年高被引文献被引频次。

　　总结来看，早期科学学与科技管理专业期刊高被引文献逐年增加，对经济社会主题交流的贡献力稳步增长；近十年高被引文献数量减少，除发表年限较近之外，究其原因，科学学与科技管理重视理论的提出，研究主题本身理论结构已趋完整后，理论补充相对不会有太多变化，被引目标群主要集中于早期的权威理论提出者，近期被引次数不如早期。另外也存在本领域研究主题过于落后，观点不够新颖，也会导致被引频次的减少。

　　对高被引文献的来源机构进行统计分析，这里取高被引文献数量排在前十的机构。如表2所示，高被引文献最多的来源机构是浙江大学，下载次数也高达84497次，是排名第二的清华大学两倍之多，足见浙江大学在本领域的实力之强。其中浙江大学管理学院发文量最多，主题多集中于"企业集群""开放式创新""区域经济"等。清华大学高被引文献最多的是经济管理学院，关注"生态产业""区域创新""产学研合作""财务政策"等主题。大连理工大学高被引文献主题集中于"供应链管理""应急物流系统""ERP""知识图谱"等，虽然大连理工的高被引文献数量比清华大学少，与排名第四的华中科技大学数量相当，但其下载次数却比清华大学多，且远高于华中科技大学。华中科技大学主题集中于"知识链""专利价值""低碳经济""盈余管理"等。排在第五的中国人民大学虽然数量比华中科技大学少，但被引频次和下载次数却远高于华中科技大学，说明其高被引文献质量较高，发文多切合时代主题多，集中于"城镇化""社会保障""知识经济""农民市民化""城市现代化"等。重庆大学高被引文献多来源于工商管理学院，关注"盈余管理""产业集群""城乡一体化"等。湖南大学、南京大学、北京大学、南开大学论文量较为接近，其主题也多是"知识管理""低碳经济""产业集群""公共政策"等。

表2　高被引文献数量前十机构来源

序号	机构	高被引文献数	被引频次	下载次数
1	浙江大学	30	8770	84497
2	清华大学	14	3799	41782
3	大连理工大学	11	3168	42065
4	华中科技大学	10	2450	28411
5	中国人民大学	8	3724	35912
6	重庆大学	7	1772	18765
7	湖南大学	5	1675	24710
8	南京大学	5	1379	14145
9	北京大学	4	1456	12703
10	南开大学	4	880	12766

对高被引文献的来源作者进行统计分析，这里取发表高被引文献数量在两篇以上的作者进行排名，如表3所示。

表3 高被引文献作者来源

序号	作者	所属机构	论文数量	论文题目	关键词	被引频次	下载次数
1	魏江	浙江大学管理学院	7	小企业集群创新网络的知识溢出效应分析、企业集群的创新集成：集群学习与挤压效应、产业集群学习机制多层解析、基于模糊方法的核心能力识别和评价系统、产业集群学习模式和演进路径研究、个体、群组、组织间知识转移影响因素的实证研究、知识密集型服务业的概念与分类研究	企业集群、创新网络、知识溢出、集群学习、知识管理、知识转移、结构方程模型	1777	13461
2	陈劲	清华大学经管学院	6	协同创新的理论基础与内涵、企业技术创新绩效评价指标体系研究、开放创新体系与企业技术创新资源配置、社会资本：对技术创新的社会学诠释、集成创新的理论模式、突破性创新及其识别	协同创新、技术创新、开放式创新、集成创新、突破性创新	1513	32219
3	王兆华	大连理工大学管理学院	4	生态工业园中的生态产业链结构模型研究、主要发达国家食品安全监管体系研究、基于交易费用理论的生态工业园中企业共生机理研究、生态工业园中工业共生网络运作模式研究	生态产业链、食品安全、工业生态学、工业共生网络	978	10281
4	范柏乃	浙江大学经济学院	3	中小企业信用评价指标的理论遴选与实证分析、中国风险企业成长性评价指标体系研究、城市技术创新能力评价指标筛选方法研究	风险企业、评价指标体系、技术创新	937	5853
5	蔡宁	浙江大学经济学院	2	企业集群竞争优势的演进：从"聚集经济"到"创新网络"、产业集群的网络式创新能力及其集体学习机制	产业集群、企业集群、聚集经济、创新网络	456	4230
6	常荔	华中科技大学管理学院	2	基于知识链的知识扩散的影响因素研究、知识管理与企业核心竞争力的形成	知识管理、知识链、价值增值、知识扩散、知识转移成本	509	3221

续表

序号	作者	所属机构	论文数量	论文题目	关键词	被引频次	下载次数
7	陈钰芬	浙江工商大学统计与数学学院	2	开放式创新促进创新绩效的机理研究、开放度对企业技术创新绩效的影响	开放式创新、创新绩效、结构方程模型	447	7529
8	陈悦	大连理工大学科学学与科技管理研究所	2	悄然兴起的科学知识图谱、CiteSpace知识图谱的方法论功能	科学知识图谱、CiteSpace、科学计量学	650	13565
9	池仁勇	浙江工业大学中小企业研究所	2	基于投入与绩效评价的区域技术创新效率研究、我国东西部地区技术创新效率差异及其原因分析	技术创新、区域经济、创新政策	655	4775
10	冯之浚	民盟中央	2	低碳经济与科学发展、论循环经济	低碳经济、经济发展模式、循环经济	642	4814
11	黄鲁成	北京工业大学经济管理学院	2	关于区域创新系统研究内容的探讨、宏观区域创新体系的理论模式研究	区域创新体系、区域经济学、技术创新	841	3450
12	林嵩	清华大学经济管理学院	2	结构方程模型理论及其在管理研究中的应用、创业机会识别：概念、过程、影响因素和分析架构	机会识别、结构方程模型	470	10287
13	刘凤朝	大连理工大学经济系	2	基于集对分析法的区域自主创新能力评价研究、我国科技政策向创新政策演变的过程、趋势与建议——基于我国289项创新政策的实证分析	创新政策、自主创新、集对分析法	647	7934
14	鲁耀斌	华中科技大学管理学院	2	技术接受模型及其相关理论的比较研究、技术接受模型的实证研究综述	知识管理系统、信息技术、行为理论、技术接受模型	469	7441
15	任海云	西北大学经济管理学院	2	股权结构与企业R&D；投入关系的实证研究——基于A股制造业上市公司的数据分析、公司R&D；投入与绩效关系的实证研究——基于沪市A股制造业上市公司的数据分析	上市公司、研发投入、绩效；股权结构、R&D投入、股权集中度、机构投资者	422	4933
16	王毅	清华大学经济管理学院	2	产学研合作中黏滞知识的成因与转移机制研究、企业核心能力测度方法述评	产学研合作、转移机制	739	3252

续表

序号	作者	所属机构	论文数量	论文题目	关键词	被引频次	下载次数
17	许庆瑞	浙江大学管理学	2	全面创新管理（TIM）：企业创新管理的新趋势——基于海尔集团的案例研究、21世纪的战略性人力资源管理	人力资源管理、全面创新管理、	470	6737
18	许治	西北大学经济管理学院	2	基于DEA方法的我国科技投入相对效率评价、政府科技投入对企业R&D；支出影响的实证分析	杠杆效应、科技投入、相对效率	430	3568
19	张宗益	重庆大学经济与工商管理学院	2	我国上市公司首次公开发行股票中的盈余管理实证研究、关于高新技术企业公司治理与R&D；投资行为的实证研究	高新技术企业、创新环境、盈余管理	478	3533
20	周立	清华大学经济管理学院	2	自由现金流代理问题的验证、中国区域创新能力：因素分析与聚类研究——兼论区域创新能力综合评价的因素分析替代方法	区域创新能力、因素分析、财务政策	410	5320

（二）聚类分析

除了关键词，考虑到文字背后的语义关联，为了揭示文档内容的潜在语义信息。本文对2000—2016年国内期刊的57497篇相关文献进行聚类分析，以文本聚类的方法探究科学学与科技管理领域的研究主题。首先将每篇文献的关键词进行统计，选取词频Top300的关键词，作为中文分词的自定义词典，提高分词的准确性。然后通过自定义词典以及python程序对文章摘要和标题进行分词处理，对分词之后的摘要信息进行TFIDF词语权重计算，提取标题摘要中的关键词信息，每篇文献二十个关键词作为聚类的基础词汇，最后采用LDA聚类方法对文章摘要和标题文本信息进行聚类分析。

将文献标题和摘要中的关键词作为每篇文档的主题内容信息，利用LDA模型分析文献主题。如表4所示，在本文研究中，LDA模型中设定聚类的个数为六。其中每一行是一个主题，主题词是属于该主题的概率最高的前十个关键词表示。通过文献LDA聚类的结果，可以从一个侧面总结出科学学与科技管理六个主题的内容：①知识管理，技术创新的系统和过程；②创新对实体的影响，如企业、区域、产业等；③科研、人才、项目评价指标体系及方法；④企业研发过程中存在的风险、项目投资、公司决策等；⑤围绕我国科技现状、发展的探讨和分析；⑥知识产权保护及其相应政策。

表 4　2000—2016 年主题分布

编号	主题词
1	0.008*" 知识 " + 0.007*" 科学 " + 0.007*" 组织 " + 0.007*" 企业 " + 0.006*" 管理 " + 0.006*" 创新 " + 0.006*" 技术 " + 0.005*" 过程 " + 0.004*" 系统 " + 0.004*" 网络 "
2	0.009*" 影响 " + 0.008*" 企业 " + 0.007*" 创新 " + 0.007*" 关系 " + 0.006*" 效应 " + 0.006*" 技术 " + 0.005*" 区域 " + 0.005*" 产业 " + 0.005*" 网络 " + 0.005*" 地区 "
3	0.013*" 评价 " + 0.011*" 科技 " + 0.007*" 指标 " + 0.006*" 人才 " + 0.006*" 项目 " + 0.005*" 科研 " + 0.005*" 评价指标体系 " + 0.005*" 方法 " + 0.004*" 评估 " + 0.004*" 综合 "
4	0.015*" 企业 " + 0.007*" 风险 " + 0.006*" 投资 " + 0.005*" 模型 " + 0.005*" 选择 " + 0.005*" 研发 " + 0.005*" 项目 " + 0.005*" 文献 " + 0.004*" 决策 " + 0.004*" 公司 "
5	0.017*" 发展 " + 0.014*" 提出 " + 0.014*" 分析 " + 0.011*" 我国 " + 0.010*" 科技 " + 0.009*" 对策 " + 0.008*" 研究 " + 0.008*" 建设 " + 0.007*" 探讨 " + 0.006*" 现状 "
6	0.008*" 专利 " + 0.004*" 保护 " + 0.004*" 带来 " + 0.003*" 企业 " + 0.003*" 知识产权 " + 0.003*" 消费者 " + 0.002*" 政策 " + 0.002*" 冲击 " + 0.002*" 技术 " + 0.002*" 知识产权保护 "

四、近五年国内研究分析

（一）基于发文量的分析

1. 关键词分析

九本中文期刊所载文献一共有 28938 个关键词，对其进行词频统计，如表 5 所示，列出了排在前四十五个关键词，作为近五年科学学与科技管理的研究热点。这些关键词有的直接反映了当前经济和企业发展的新趋向和新举措，比如加大"产学研合作"，发展"战略性新兴产业""高技术产期""低碳经济"等；有的关注企业间的"知识共享""知识转移"等，同时也关注对于"企业绩效""创新绩效"的评价问题。在研究方法中"案例研究""因子分析""结构方程模型""层次分析法""DEA 包络分析法""社会网络"依旧是主流的分析方法。

表 6 列出了词频排在前十的关键词，同时将与其关联的研究作者，主要研究机构，其他主要关键词一并列出。2012—2016 年的排在前十的关键词为"技术创新""影响因素""创新绩效""协同创新""战略性新兴产业""科技创新""创新""产业集群""知识产权""自主创新"。

与 2009—2011 的数据结果排在前十的关键词："技术创新""自主创新""产业集群""创新""对策""知识管理""影响因素""知识产权""指标体系""高校"相比，出现频次较高的关键词中，原本研究较热的"对策""指标体系""知识管理""高校"不再是研究热点，取而代之的是对"创新绩效""协同创新""战略性新兴产业""科技创新"

等问题的研究。研究热点的变换，不但体现了时代背景对研究热点的影响，也可以看出科学学与科技管理研究更加重视产学研的协同创新，企业的吸收能力和创新绩效在企业科技管理中的作用。

表 5　2012—2016 年科学学与科技管理领域主要研究关键词

关键词	频次	关键词	频次	关键词	频次
技术创新	565	高校	137	结构方程模型	111
影响因素	390	创新驱动	137	实证研究	109
创新绩效	358	产学研合作	135	绩效	106
协同创新	331	专利	133	制造业	106
战略性新兴产业	261	企业绩效	133	吸收能力	102
科技创新	255	知识转移	130	商业模式	99
创新	242	开放式创新	127	层次分析法	96
产业集群	237	知识共享	127	技术进步	92
知识产权	198	系统动力学	124	研发投入	91
自主创新	178	高技术产业	124	DEA	88
创新能力	163	知识管理	118	低碳经济	87
对策	159	中小企业	117	演化博弈	86
经济增长	153	案例研究	116	产学研	85
评价	146	绩效评价	116	社会网络	85
指标体系	140	因子分析	114	技术转移	85

值得注意的是，虽然"技术创新""自主创新""知识产权"这些研究热点一直没有降温，但其研究内容却发生了一些转变。如近五年对于技术创新的研究，主要关注的是战略性新兴产业和高技术产业中的技术创新以及商业模式的创新，而产业集群，中小企业的技术创新相对不再是关注热点。知识产权方面近五年开始了对于知识产权质押融资的研究，这种相对新型的融资方式，区别于传统的以不动产作为抵押物向金融机构申请贷款的方式，开始进入研究者们的视野。前十个主题中，研究者们相对比较分散，但依旧可以看到一些学者集中于一个领域进行研究，如对于产业集群研究的胡蓓，创新绩效和协同创新研究的陈劲等。

表6 2012—2016年科学学与科技管理领域最热的十个研究主题

序号	研究关键词	相关研究主题 （共现次数）	主要研究作者 （发文量）	主要研究机构 （发文量）
1	技术创新	商业模式创新 18 战略性新兴产业 13 影响因素 13 制度创新 13 高技术产业 12	党兴华 5 刘志迎 5 李平 4 李廉水 4 刘洋 4	华南理工大学工商管理学院 14 西安理工大学经济与管理学院 11
2	影响因素	实证研究 16 技术创新 13 扎根理论 9 因子分析 9 知识转移 8	綦良群 4 赵黎明 4 尹航 3 徐升华 3 党兴华 3	哈尔滨工程大学经济管理学院 13 哈尔滨理工大学管理学院 10 天津大学管理与经济学部 8
3	创新绩效	吸收能力 20 开放式创新 16 动态能力 10 产业集群 9 知识转移 7	陈劲 8 赵炎 6 杨震宁 6 魏江 5 高照军 4	西安交通大学管理学院 19 浙江大学管理学院 16 浙江工业大学经贸管理学院 15
4	协同创新	产学研 21 产学研合作 18 产业集群 14 高校 12 战略性新兴产业 11	陈劲 8 李燕萍 4 王海军 4 胡瑶瑛 3 余晓钟 3	浙江大学管理学院 6 四川大学商学院 5 上海大学管理学院 5
5	战略性新兴产业	技术创新 13 协同创新 11 传统产业 9 知识产权 7 产业政策 7	贺正楚 6 吴绍波 5 赵玉林 4 马军伟 4 王宏起 4	武汉理工大学经济学院 7 上海交通大学安泰经济与管理学院 7 四川大学商学院 6
6	科技创新	科技金融 14 创新驱动 9 政策建议 6 景气指数 5 新型城镇化 5	杨武 8 陈宝明 4 丁明磊 4 解时宇 4 张玉喜 4	中国科学技术发展战略研究院 8 中国科学技术信息研究所 8 天津大学管理与经济学部 6
7	创新	创业 11 科技 10 商业模式 6 中小企业 6 评价 5	龙静 3 苏敬勤 3 张建华 2 张振山 2 陈玮 2	中国科学技术发展战略研究院 7 南京大学商学院 6 同济大学经济与管理学院 6

序号	研究关键词	相关研究主题 （共现次数）	主要研究作者 （发文量）	主要研究机构 （发文量）
8	产业集群	协同创新 14 技术创新 11 创新绩效 9 创业 8 中小企业 7	胡蓓 11 梅强 5 杨皎平 5 胡汉辉 5 喻登科 5	华中科技大学管理学院 11 华侨大学工商管理学院 7 浙江大学管理学院 7
9	知识产权	质押融资 8 协同创新 8 战略性新兴产业 7 专利 7 高校 5	胡允银 6 李良成 4 李伟 4 刘雪凤 3 唐恒 3	中国科学院科技政策与管理科学研究所 6 台州学院 5 江苏大学管理学院 4
10	自主创新	模仿创新 7 知识产权 5 经济增长 5 创新驱动 5 创新主体 4	李金生 4 危怀安 3 宋河发 2 张付安 2 杨静 2	华中科技大学公共管理学院 5 天津大学管理与经济学部 4 西安交通大学管理学院 4

通过对关键词的共现，构建关键词的无向网络，对关键词进行分析。如图 4 所示，根据各节点在网络中的度值对 28938 个节点进行了筛选，留取 1058 个节点，16252 个边，对此关键词共现网络进行分析。根据聚类结果进行梳理，近五年的研究热点大体上可以分为七类：①国家知识产权战略和专利战略的研究，其中包括企业及高校知识产权的创造，保护，运用等。主要关键词有："专利战略""知识产权""知识产权管理""专利""专利制度""发明专利""专利地图""专利布局"等。②科技成果转化，技术转移相关研究。③国家创新体系和科技体制改革、科技政策制定。④科学计量、文献计量、专利分析、专利分析。⑤创新绩效、科研绩效的评价。⑥产业分析，主要有："互联网产业""装备制造业""科技服务业""新能源汽车""战略性新兴产业""高科技产业"等。⑦产学研合作与创新。

2. 机构分析

如表 7 所示，列出了排在前三十的高产机构和其发文量。其中西安交通大学管理学院、华南理工大学工商管理学院、同济大学经济与管理学院、哈尔滨工程大学经济管理学院、天津大学管理与经济学部排在前五位，近五年发文量均上了二百篇。从机构名称不难看出，科学学与科技管理相关领域的研究主要集中于各大高校、研究院所的管理学院、经济与管理学院或商学院。

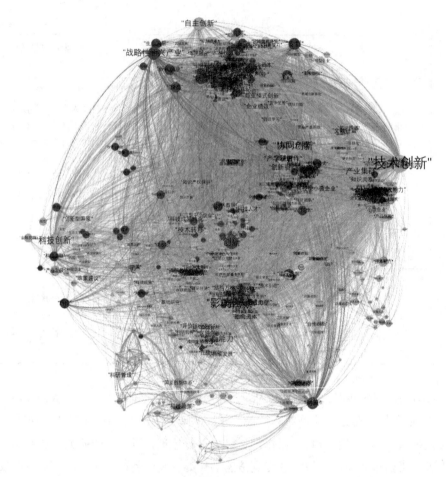

图 4　2012—2016 年科学学与科技管理领域核心关键词共现网络

表 7　2012—2016 年科学学与科技管理领域主要研究机构

机构	发文数	机构	发文数
西安交通大学管理学院	277	武汉大学经济与管理学院	151
华南理工大学工商管理学院	269	清华大学经济管理学院	147
同济大学经济与管理学院	205	河海大学商学院	142
哈尔滨工程大学经济管理学院	200	南京航空航天大学经济与管理学院	137
天津大学管理与经济学部	200	北京工业大学经济与管理学院	133
中国科学技术发展战略研究院	184	中南大学商学院	132
中国科学院科技政策与管理科学研究所	182	北京理工大学管理与经济学院	124
西安理工大学经济与管理学院	179	南京大学商学院	120

续表

机构	发文数	机构	发文数
中国科学技术信息研究所	178	南开大学商学院	113
浙江大学管理学院	169	哈尔滨理工大学管理学院	113
华中科技大学管理学院	161	东南大学经济管理学院	107
重庆大学经济与工商管理学院	160	哈尔滨工业大学管理学院	107
上海交通大学安泰经济与管理学院	157	西北大学经济管理学院	104
江苏大学管理学院	153	中国科学技术大学管理学院	98
大连理工大学管理与经济学部	152	华侨大学工商管理学院	96

如表 8 所示，排在前十的研究机构，研究主题一般为"创新绩效"、"技术创新"、"科技创新"等主流问题。但个别机构侧重比较明显，比如华南理工大学工商管理学院侧重产学研合作的研究，哈尔滨工程大学经济管理学院近年来侧重于装备制造业的研究，中国科学技术发展战略研究院对于科技成果的转化研究较多，而中国科学技术信息研究所侧重于基于专利数据的分析。

表8 2012—2016 年科学学与科技管理领域发文最多的十个研究机构

序号	研究关键词	研究主题（发文量）	主要研究作者（发文量）	主要合作研究机构（共现次数）
1	西安交通大学管理学院	创新绩效 19 知识共享 9 市场导向 9 企业家导向 9 组织创造力 8	高山行 23 蔡虹 19 原长弘 15 杨建君 15 刘新梅 13	过程控制与效率工程教育部重点实验室 22 西安交通大学过程控制与效率工程教育部重点实验室 18 西安理工大学经济与管理学院 15
2	华南理工大学工商管理学院	产学研合作 18 技术创新 14 创新绩效 9 吸收能力 7 产学研 7	朱桂龙 35 张振刚 30 简兆权 19 许治 15 刘洋 13	广东工业大学管理学院 10 华南理工大学经济与贸易学院 6 浙江财经大学工商管理学院 6
3	同济大学经济与管理学院	创新绩效 9 团队创造力 8 知识图谱 6 创新 6 技术创新 5	陈强 25 罗瑾琏 24 任浩 14 陈松 10 钟竞 10	上海交通大学安泰经济与管理学院 6 复旦大学管理学院 5 同济大学法学院 5

续表

序号	研究关键词	研究主题（发文量）	主要研究作者（发文量）	主要合作研究机构（共现次数）
4	哈尔滨工程大学经济管理学院	影响因素 13 装备制造业 10 区域创新系统 9 原始创新 8 结构方程模型 7	苏屹 20 毕克新 19 陈伟 17 李柏洲 16 曹霞 14	哈尔滨理工大学管理学院 26 哈尔滨工程大学企业创新研究所 12 清华大学经济管理学院 6
5	天津大学管理与经济学部	科技企业孵化器 10 影响因素 8 科技创新 6 经济增长 6 区域科技孵化网络 5	赵黎明 23 李健 11 张慧颖 11 齐二石 11 吴文清 10	天津理工大学管理学院 12 天津市科学学研究所 8 内蒙古工业大学管理学院 4
6	中国科学技术发展战略研究院	科技创新 9 创新 7 政策建议 6 科技成果转化 6 美国 6	丁明磊 16 张明喜 13 张赤东 11 刘冬梅 11 许晔 10	南开大学经济与社会发展研究院 14 科学技术部中国科学技术发展战略研究院 8 中国人民大学农业与农村发展学院 4
7	中国科学院科技政策与管理科学研究所	产学研合作 9 创新绩效 7 知识产权 6 科研项目 5 国际比较 5	李晓轩 16 杨国梁 15 陈凯华 15 王铮 12 刘海波 11	中国科学院创新发展研究中心 8 中国科学技术大学管理学院 7 中国科学院大学 7
8	西安理工大学经济与管理学院	技术创新网络 11 技术创新 11 创新网络 8 网络位置 7 创新绩效 7	党兴华 57 陈菊红 12 赵立雨 11 胡海青 10 李随成 10	西安交通大学管理学院 15 西安石油大学经济管理学院 12 西安工业大学经济管理学院 8
9	中国科学技术信息研究所	科技创新 8 专利分析 8 英国 7 美国 6 专利 6	彭洁 18 赵志耘 16 潘云涛 13 贺德方 11 武夷山 9	南京大学信息管理学院 5 中国科学技术发展战略研究院 4 北京大学 3
10	浙江大学管理学院	创新绩效 16 产业集群 7 创新能力 7 动态能力 6 吸收能力 6	魏江 37 陈劲 16 吴晓波 11 刘洋 10 许庆瑞 9	浙江大学公共管理学院 10 杭州电子科技大学管理学院 8 四川大学商学院 8

通过数据中的机构名共现，构建研究机构间合作网络。一共5378个节点，对网络中的节点按照度值排序，去除度数小于5的节点，最终保留488个机构，构建新的合作网络图。如图5所示，节点的大小由节点的Betweenness Centrality确定，Betweenness Centrality越高，节点经过其他两个结点之间最短路的次数越高，一个节点充当"中介"的次数也就越高，图中节点半径就越大。可以看到清华大学经济管理学院、中国科学院科技政策与管理科学研究所、浙江大学管理学院在整个研究机构网络中起到了桥梁作用。

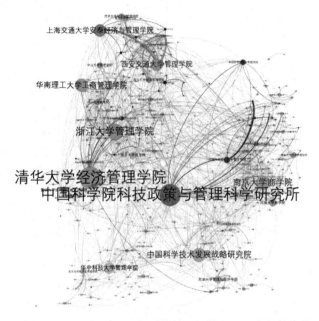

图5　2012—2016年科学学与科技管理领域主要研究机构合作网络

3. 作者分析

表9列出了近五年在科学学与科技管理研究领域发文量最高的前十位作者，其中发文量最高的是西安理工大学经济与管理学院党兴华，他在2012—2016年一共发表了61篇论文，主要研究方向为技术创新网络，主要合作作者有韩瑾、肖瑶、石琳、陈敏灵、王育晓等。排在第二的是清华大学陈劲，主要研究方向为协同创新、创新绩效等。第三是北京工业大学经济与管理学院黄鲁成主要研究方向为专利分析、战略性新兴产业等。与2009—2011年的数据相比，近五年发文最多排名前十的作者中，除黄鲁成、顾新、王宏起，其他人都未在2009—2011年发文前十名中出现过。这与胡志刚[9]等人的研究结果是一致的，一个领域的作者群保持着一定程度的新陈代谢，新高产作者终将代替老高产作者。值得一提的是华侨大学的张向前，在2009—2011年的数据研究中其作为新晋的高产作者，主要研究海峡两岸经济区的问题，近五年发文量跻身前十，依旧围绕着海峡两岸经济区展开研究。

表9　2012—2016 年科学学与科技管理领域发文最多的十位作者

序号	作者	发文量	研究主题 （发文量）	主要合作研究作者 （发文量）	主要合作研究机构 （发文量）
1	党兴华	61	技术创新网络 10 创新网络 6 网络位置 6 风险投资 6 知识权力 6	韩瑾 5 肖瑶 4 石琳 4 陈敏灵 4 王育晓 4	西安理工大学经济与管理学院 57 西安工业大学经济管理学院 7 西安石油大学经济管理学院 7
2	陈劲	54	协同创新 8 创新绩效 8 开放式创新 4 新兴产业 3 演化稳定性 3	吴航 7 梁靓 5 王元地 5 梅亮 4 阳银娟 4 刘洋 13	清华大学经济管理学院 25 浙江大学公共管理学院 24 浙江大学管理学院 16
3	黄鲁成	47	专利 9 专利分析 6 新兴技术 6 新兴产业 4 战略性新兴产业 3	吴菲菲 27 苗红 17 李欣 6 娄岩 6 石媛嫄 3	北京工业大学经济与管理学院 38 北京工业大学经济与管理学院 5 首都社会建设与社会管理协同创新中心 4
4	顾新	46	知识流动 5 知识网络 4 创新生态系统 4 合作创新 4 专利实施 3	王涛 7 吴绍波 5 胡园园 5 张莉 5 夏阳 4	四川大学商学院 34 四川大学创新与创业管理研究所 16 四川大学软科学研究所 12
5	王宏起	42	区域创新平台 6 战略性新兴产业 4 创新资源 4 干细胞产业 3 技术标准化 3	王雪原 13 王珊珊 9 武建龙 9 李玥 8 高翔 4	哈尔滨理工大学管理学院 36 哈尔滨理工大学高新技术产业发展研究中心 4 黑龙江科技大学管理学院 1
6	张向前	39	海峡西岸经济区 7 科技人才 6 福建 5 创新驱动 5 知识型人才 4	罗兴鹏 6 许梅枝 3 银丽萍 3 徐秋韵 3 刘璇 2	华侨大学工商管理学院 16 华侨大学工商管理学院 9 华侨大学人力资源管理系 4
7	魏江	39	创新能力 5 创新绩效 5 战略导向 3 服务模块化 3 集群企业 3	周丹 6 刘洋 6 张妍 5 戴维奇 4 应瑛 4	浙江大学管理学院 37 杭州电子科技大学管理学院 4 浙江财经大学工商管理学院 3
8	牛冲槐	36	科技型人才 7 人才聚集效应 6 人才聚集 5 科技人才聚集 4 科技型人才聚集 3	牛彤 6 唐朝永 5 陈万明 4 王聪 3 姚西龙 3	太原理工大学经济管理学院 35 南京航空航天大学经济与管理学院 4

续表

序号	作者	发文量	研究主题 （发文量）	主要合作研究作者 （发文量）	主要合作研究机构 （发文量）
9	朱桂龙	35	产学研合作 8 吸收能力 5 创新绩效 3 技术创新 3 知识转移 2	肖丁丁 5 刁丽琳 4 张艺 3 付敬 3 陈凯华 3	华南理工大学工商管理学院 35 华南农业大学经济管理学院 4 广东工业大学管理学院 3
10	苏敬勤	33	复杂产品系统 5 动态能力 4 创新 3 惯性 3 案例研究 3	刘静 8 李晓昂 4 曹慧玲 4 林海芬 4 王鹤春 3	大连理工大学管理与经济学部 30 东北财经大学旅游与酒店管理 学院 3 沈阳师范大学管理学院 3

　　通过数据中的作者名共现，构建作者间合作网络。一共 18810 个节点，整个网络的平均度为 2.94，对网络中的节点按度数进行删减，最终保留 480 个节点。如图 6 所示，作者间合作除中介节点之外，主要体现为一个研究团体之间的内部合作。如北京工业大学黄鲁成团队、北京理工大学朱东华团队、大连理工大学刘则渊团队等。

图 6　2012—2016 年科学学与科技管理领域主要作者合作网络

（二）基于下载次数的分析

由于 2012—2016 年间文献的被引频次普遍偏低，选择按总的下载次数对近五年的文章进行排列，根据排序结果选出国内科学学与科技管理领域最受欢迎的作者，排在前几位的作者有陈劲、魏江、苏敬勤、党兴华、俞立平、王宏起、朱桂龙、何郁冰、刘凤朝等。这几位作者的代表作被下载总次数均已在两万以上，表明 2012—2016 年间，这几位作者撰写的文章获得了较高的关注度，被众多学术研究者下载浏览。下面就这几位作者及其代表作分别做简要分析。

第一位作者陈劲，清华大学经管学院教授，主要研究方向为技术创新管理。在近五年的文章中，陈劲教授的文章占有 54 篇，总下载次数为 63516 次。在下载次数最多的前200 篇文献中，陈劲以第一作者身份撰写的文章占有两篇，分别是 2012 年发表的《协同创新的理论基础与内涵》以及 2013 年发表的《开放式创新背景下产业集聚与创新绩效关系研究——以中国高技术产业为例》，总下载量达到 20047 次。陈劲教授 2012 年所发表的文章，研究内容为协同创新，从整合维度与互动强度两个维度探索构建协同创新的框架，并论述了协同创新的理论框架与内涵，最后针对协同创新的组织和平台构建提出了几点建议。[12] 2013 年的文章中，陈劲教授研究的是开放式创新，在开放式创新的背景下，整合集聚经济理论、资源理论和制度理论三种理论视角，选取了中国高技术产业作为研究对象，对产业集聚程度和创新的关系进行了探索。[13] 由此可以发现不论是"协同创新"还是"开放式创新"，从下载量上看，均获得了较多的关注度，从一个侧面表明了"协同创新"和"开放式创新"研究主题比较受欢迎。

第二位作者魏江，浙江大学管理学院教授，博士研究生导师，主要研究方向为服务创新和技术创新等。在近五年的文章中，魏江教授的文章占有 39 篇，总下载次数为 38973次。其在 2015 年发表的文章《创新驱动发展的总体格局、现实困境与政策走向》中，对创新驱动发展的总体格局、深层次矛盾作了分析，提出了"十三五"时期优化国家和地方创新驱动政策，推进区域协同创新，内在激发创新主体的动力和活力，并给出相应的政策建议。[14] 可以看出排名前两位的作者不仅文章的下载量非常高，而且研究方向都偏于"协同创新"。

第三位作者苏敬勤，大连理工大学管理与经济学部教授，研究方向为创新管理与技术管理。在近五年的文章中，苏敬勤教授的文章占有 33 篇，总下载量为 37351 次。其中2014 年发表的《中国企业管理创新理论研究视角与方法综述》单篇下载量为 5413 次，文章根据近年来国内学者基于中国企业管理创新实践开展的研究，从研究基础、主要视角与研究方法等方面对中国企业管理创新理论研究进行系统概述并提出未来研究方向，旨在初步构建中国企业管理创新理论体系，并为相关主题研究尤其是中国式管理理论研究提供参考。[15] 不难看出排名第三位的作者的主要研究紧紧围绕着"创新管理"，更说明了"创新"不可避免地成为研究热点主题。

第四位作者党兴华，西安理工大学经济与管理学院教授，主要的研究方向为技术创新理论与管理。在近五年的文章中，党兴华教授的文章占有 61 篇，总下载次数为 32666 次。其中 2013 年发表的文章《技术创新网络位置对网络惯例的影响研究——以组织间信任为中介变量》主要研究技术创新网络中不同类型的网络位置和组织间信任对网络惯例产生的差异性影响，在相关文献梳理的基础上，提出理论假设，以西安高新区高技术企业网络等为对象进行问卷调查，运用层级回归方法进行实证检验，研究结果表明网络位置和组织间信任与网络惯例之间都存在着显著的正向相关关系。[16]

第五位作者俞立平，宁波大学商学院教授，主要研究方向为计量经济和科学计量。其 2013 年以第一作者也是唯一作者发表的《大数据与大数据经济学》截至目前下载量已达到 21549 次。该篇文章主要从大数据的发展现状分析入手，讨论了大数据对传统经济学的挑战。[17] 大数据自 2008 年被提出以后，日益成为研究的热点主题，俞立平教授将大数据很好地与自己所擅长的经济学结合研究，并首次提出"大数据经济学"的概念，俞立平教授认为大数据经济学包括大数据计量经济学、大数据统计学和大数据领域经济学，并分析了大数据经济学与信息经济学、信息技术等相关学科的关系，最后在文章里对大数据经济学发展前景进行了展望。俞立平教授对于大数据经济学的建构与解析开辟了经济学的新视野，也刷新了诸多学者对大数据的认知，获得了较高的下载量，预计未来一段时间内该篇文章依旧会获得较多的关注度。

第六位作者王宏起，哈尔滨理工大学管理学院教授，主要研究方向为高新技术发展与战略管理。在近五年的文章中，王宏起教授的文章占有 42 篇，总下载次数为 30336 次。其中 2012 年王宏起教授以第一作者身份发表的《科技创新与科技金融协同度模型及其应用研究》单篇下载量为 6904 次。文章通过科技金融内涵的界定和科技创新与科技金融相互作用分析，揭示了科技创新与科技金融协同发展机理，构建出科技创新与科技金融子系统有序度模型与复合系统协同度模型，并基于 2000—2010 年我国科技创新与科技金融发展数据进行了实证分析。[18]

第七位作者朱桂龙，华南理工大学工商管理学院教授，主要研究方向为技术与创新管理。在近五年的文章中，朱桂龙教授的文章占有 35 篇，总下载次数为 30004 次。其中 2013 年发表的《产学研合作创新效率及其影响因素的实证研究》以广东省部产学研合作为背景，应用随机前沿模型实证测评了 260 家合作企业的产学研创新效率，并基于系统视角考察了影响合作效率的关键因素。[19]

第八位作者何郁冰，福州大学公共管理学院副教授，主要研究方向是创新管理。何郁冰老师在近五年的文章中一共发文 12 篇，总下载量为 28934 次。其中 2012 年发表的《产学研协同创新的理论模式》单篇下载量为 19079 次，文章中提出了针对"战略—知识—组织"三重互动的产学研协同创新模式，并探索了构建初步的产学研协同创新的理论框架。

与陈劲教授研究的协同创新所不同的是，何郁冰老师重点关注的是产学研协同创新，并提出了产学研协同创新的新模式与操作要点，指出了加强产学研合作各方的战略协同。[20]由此可知在"协同创新"这一主题所衍生出的"产学研协同创新"等主题也是诸多学者所关注的研究热点。

第九位作者刘凤朝，大连理工大学管理与经济学部教授，主要研究方向为科技评价与科技政策。在近五年的文章中，刘凤朝教授共发文33篇，总下载量为28764次。其中2015年发表的文章《华为、三星研发国际化模式演化比较研究——基于USPTO专利数据的分析》以华为、三星为样本，基于USPTO专利数据中的专利权人与专利发明人信息提出两个研发国际化指标，并利用该指标从组织模式和空间—领域分布模式两方面对比分析了两公司研发国际化模式的演化[21]。

通过分析前几位作者及其主要代表作可以发现，九位作者中有七位作者的研究方向与"创新"相关，其中主要的研究主题包括"技术创新""管理创新""服务创新"等，很大程度上说明了2012—2016年间的热点研究主题紧紧围绕着"创新"。

按总的下载次数对近五年的文献发表机构进行排序，根据排序结果选出国内最受欢迎的机构，排在前十名的机构分别是华南理工大学工商管理学院，总下载量为164971次；浙江大学管理学院，总下载量为164100次；西安交通大学管理学院，总下载量为145001次；清华大学经济管理学院，总下载量为119572次；大连理工大学管理与经济学部，总下载量为119279次；同济大学经济与管理学院，总下载量为114481次；中国科学院科技政策与管理科学研究所，总下载量为112832次；华中科技大学管理学院，总下载量为110452次；哈尔滨工程大学经济管理学院，总下载量为107793次；天津大学管理与经济学部，总下载量为101192次。

五、国外研究分析

（一）主题词共现分析

在关键词共现图谱中，节点的大小代表中心性的大小，节点之间的连线代表两个主题词之间的关系，连线的粗细代表主题词之间联系的紧密程度，本研究探究2012至2016年间外文期刊中各主题词之间的关系（主题词来源包括引文、摘要、关键词），生成的共词网络如图7所示。

2012的关键词共现网络中，主要围绕着信息检索、科研合作、文献计量学、网络信息计量学、三螺旋等研究领域展开。其中信息科学中领域词汇的分析和信息采集是研究的热点。总体上2012年国外科学学与科技管理领域主要针对信息科学、社会科学、作者合作、科学计量领域等问题展开研究。2013年的关键词共现网络中，有一大类主要围绕着"技术创新""策略""科研"等关键词进行研究，还有一类主要对于信息检索中的"自

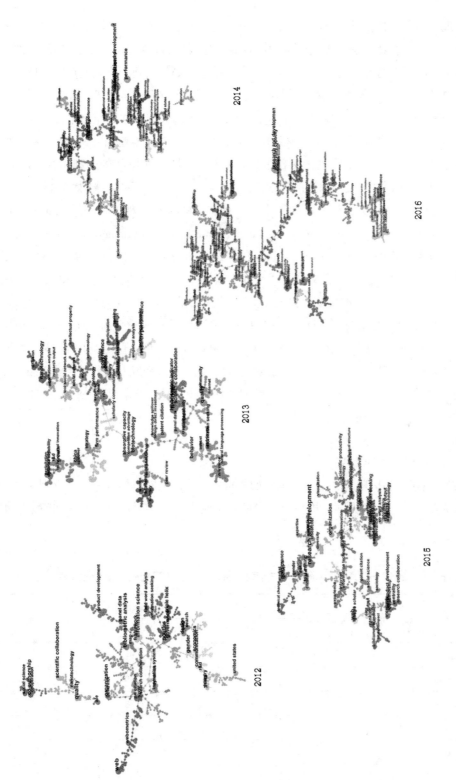

图 7　2012—2016 年国外科学学与科技管理领域主要关键词共现网络

然语言处理""社交网络分析"等主题进行研究。同时"纳米技术""知识产权""知识溢出""专利引用""生物科学"等关键词频次较高,为当年的研究热点。2014年的关键词共现网络中,前两年的关键词"科研合作""合作关系"等依然处于研究热点的地位。与此同时"科学计量学""技术转移""创业"等关键词也已经开始逐渐获得较多关注与研究,相比于前两年,2014年研究热点相对集中。2015年的关键词共现网络中,研究依旧从信息科学、科学计量学、科研合作中展开,主要关键词有"文本挖掘""科研合作""可视化""科研生产力"等,研究主题内容相对更加丰富。基于2016年的关键词共现网络,除了前几年的研究内容之外,主要研究热点为"专利""专利引用""合作网络"等。

2012—2016年间的关键词共现图谱中,排在前十位的关键词有 science、innovation、impact、Performance、research and development、knowledge、bibliometrics、technology、citation、network。其中对于 science、knowledge、citation analysis、citation 等研究发文量较多,说明对于科学、知识、引文分析等研究在近五年依然是研究热点。Performance 一般与 innovation、industry 共同出现,并且有较高的发文量,表明在产业创新、绩效方面依然获得持续关注。与此同时,近五年的期刊中也出现了一些关键词,如 patent、web、index、h index,等等,相较于过去,近些年对于专利研究发文量一直处于上升趋势,并且专利与引文,科学计量等关键词共同出现频次较高,也有通过研究专利分析产业创新,故而"专利"通常不会单独出现,与其他关键词共现率较高。在科研过程中,近五年对于"index""h index"等相关指数的研究日趋增多。

(二)国家(地区)、机构分析

如表10所示,在国际发文量排在前十的机构中,中国大陆机构有三个,分别为中科院、武汉大学、大连理工大学。排在第一名的是鲁汶大学,其次是台湾大学和印第安纳大学。

表10　2012—2016年国际科学学与科技管理领域主要研究机构发文量排序

机构	发文量
Katholieke Univ Leuven	133
Taiwan Univ	94
Indiana Univ	80
Univ Amsterdam	78
Georgia Inst Technol	75
Univ Granada	66
Chinese Acad Sci	56

续表

机构	发文量
Univ Antwerp	56
Wuhan Univ	55
Dalian Univ Technol	55

通过机构共现数据，构建机构合作网络，如图 8 所示，按照合作密集程度，机构合作大致可以分为四个合作团体。四个团体之间也存在较为频繁的合作，Indiana University 位于第一个聚类的中心，表明 Indiana University 发文量最多，并且与其他机构合作密切。Chinese Acad Sci 位于聚类一的中心，并且与 Indiana University 存在合作关系，Univ Amsterdam 位于聚类二的中心，与 Chinese Acad Sci 和 Indiana University 均存在合作关系，并且与处于聚类三中心的 Univ Sussex 也存在合作关系。

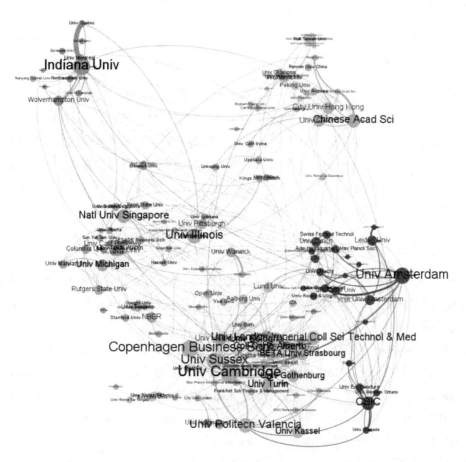

图 8　2012—2016 年国际科学学与科技管理领域主要研究机构合作网络

如表 11 所示，国际发文量排在前十的国家和地区中，中国（不包括台湾、香港、澳门地区）位居第二位，美国位居第一位，英国第三，其次是西班牙、德国等国。

表 11　2012—2016 年国际科学学与科技管理领域主要国家（地区）发文量排序

国家	发文量
USA	1546
China	819
England	690
Spain	537
Germany	535
Netherlands	412
Italy	365
Taiwan，China	323
Belgium	316
Canada	275

如图 9 所示，对于国家（地区）的合作，美国，英国，德国、西班牙明显处于网络的中心位置，这些国家发文数量多，并且与其他各个国家合作密切，尤以美国为例，其国内自身合作较强，并与加拿大、韩国、中国、澳大利亚等存在明显较为频繁的合作。观察中国可以看出，中国已经趋于合作网络的中心位置，说明中国的科研实力有了很大提高，但相较于美国、英国等国家，还处于落后位置，并且中国的合作对象还不够广泛，这与"作者合作"关系图谱的结果相呼应，我国与外国科研合作还有待提高。

（三）作者分析

表 12 列出了近五年在国际科学学与科技管理研究领域发文量最高的前三十位作者，其中发文量最高的是马克思·普朗克学会 Luz Bornman，他在 2012—2016 年一共发表了 70 篇论文，主要研究方向为 "citation analysis" "peer review" "altmetrics"。排在第二的是阿姆斯特丹大学 Loet Leydesdorff，发文量为 59 篇，主要研究方向为 "triple helix" "inovation" "citation"。第三是胡弗汉顿大学 Mike Thelwall，主要研究方向为 "webometrics" "citation analysis" "information retrieval"。排在前三十名中的华人有台湾大学的 Huang Mu-Hsuan 和 Chen Dar-Zen，主要研究 "collaboration" "patent" "research evaluation" "citation analysis"。亚洲大学的 Ho Yuh-Shan，主要研究 "bibliometric" "citation"，同时还有印第安纳大学的 Ying Ding，大连理工大学的 Wang Xianwen。

表 12　2012—2016 年国际科学学与科技管理领域主要作者发文量排序

姓名	发文量	姓名	发文量
Lutz Bornmann	70	James Hartley	18
Loet Leydesdorff	59	Dar–Zen Chen	17
Mike Thelwall	48	Juan Gorraiz	16
Ronald Rousseau	30	Yuh–Shan Ho	16
Mu–Hsuan Huang	29	Ying Ding	15
Vincent Lariviere	26	Werner Marx	15
Wolfgang Glanzel	26	J. Fdez–Valdivia	14
Cassidy R. Sugimoto	24	Christian Gumpenberger	14
Giovanni Abramo	22	J. A. Garcia	14
Ciriaco Andrea D'Angelo	22	Erjia Yan	13
Han Woo Park	20	Felix de Moya–Anegon	13
Jiancheng Guan	19	Xianwen Wang	13
Blaise Cronin	19	Enrique Orduna–Malea	13
Rosa Rodriguez–Sanchez	18	Min Song	13
Gangan Prathap	18	Rodrigo Costas	12

　　作者合作情况如图 10 所示，依图可以分为八个群体，地域性聚集较为明显，也说明了作者合作对象较为固定。比如台湾大学的研究团队，Mu-Hsuan Huang 和 Dar-Zen Chen之间的合作非常密切，其主要研究涉及文献计量、专利分析等领域。并且与 Ye，Fred Y

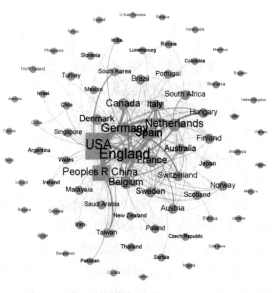

图 9　2012—2016 年国际科学学与科技管理领域主要研究国家（地区）合作网络

学者进行合作，构建起了与域外学者连接的桥梁。大连理工大学的 WISELab 实验室，也通过和 Chaomei Chen 合作与国外学者建立起了更多更广泛的联系。

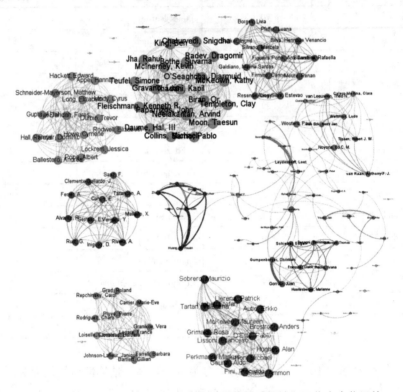

图 10   2012—2016 年国际科学学与科技管理领域主要作者合作网络

六、结语

2012—2016 年，科学学与科技管理领域展现出如下特点：①与之前相比，最热门的研究热点基本保持不变。"技术创新""自主创新""产业集群""知识产权"问题仍然是科学学与科技管理领域最热的课题，但研究内容发生了一些转变；②高产作者的新陈代谢依旧比研究热点新陈代谢的速度快得多。除黄鲁成、顾新、王宏起，其他人都未在2009—2011 年发文前十名中出现过；③有 26 个研究机构的发文量超过 100 篇，均匀分布在全国各大城市，这些高产机构主要研究"创新绩效""技术创新""科技创新"等主流问题。④由于选刊问题，国际学者主要集中于信息情报科学领域，信息检索、文献计量、科学计量等方向的研究，同时也有学者对创新、三螺旋、科研合作进行研究。总体上看国内国外这几年针对科学学与科技管理领域的研究热点并没有太多的变化，国内关于"创新绩效"，国外关于"知识产权"、"专利分析"、"同行评议"等相关研究近几年增多。

参考文献

［1］钱学森.现代科学技术［N］.人民日报，1977—12—09.

［2］陈悦，张立伟，刘则渊.世界科学学的序曲——波兰学者对科学学的重要贡献［J］.科学学研究，2017，35（1）：4-10.

［3］王续琨.交叉科学结构论［M］.大连：大连理工大学出版社，2003.

［4］孙兆刚，刘则渊.科学学成为成熟学科的探讨［J］科学学研究，2004，22（3）：254-257.

［5］侯剑华.科学学元研究十年概述（2001—2010）［J］.科学学与科学技术管理，2012，33（4）：5-11.

［6］王续琨.科学学：过去、现在和未来［J］.科学学研究，2000，18（2）：19-23.

［7］刘则渊.三十年中国科学学历程的知识图谱展现［J］.科学学与科学技术管理，2010：17-23.

［8］侯海燕，屈天鹏，刘则渊.科学学在我国大学的兴起与发展［J］.科学学研究，2009，27（3）：334-344.

［9］胡志刚，李志红.近十年我国科学学的学术群体与研究热点分析［J］.科学学与科学技术管理，2009：13-18.

［10］胡志刚，侯海燕，侯剑华，等.我国科学学与科技管理领域学术群体与研究热点分析［J］.科技进步与对策，2014，31（3）：7-13.

［11］侯海燕，刘则渊，陈悦，等.当代国际科学学研究热点演进趋势知识图谱［J］.科研管理，2006，27（3）：90-96.

［12］陈劲，阳银娟.协同创新的理论基础与内涵［J］.科学学研究，2012，30（02）：161-164.

［13］陈劲，梁靓，吴航.开放式创新背景下产业集聚与创新绩效关系研究——以中国高技术产业为例［J］.科学学研究，2013，31（04）：623-629.

［14］魏江，李拓宇，赵雨菡.创新驱动发展的总体格局、现实困境与政策走向［J］.中国软科学，2015（05）：21-30.

［15］林海芬，苏敬勤.中国企业管理创新理论研究视角与方法综述［J］.研究与发展管理，2014，26（02）：110-119.

［16］党兴华，孙永磊.技术创新网络位置对网络惯例的影响研究—以组织间信任为中介变量［J］.科研管理，2013，34（04）：1-8.

［17］俞立平.大数据与大数据经济学［J］.中国软科学，2013（07）：177-183.

［18］王宏起，徐玉莲.科技创新与科技金融协同度模型及其应用研究［J］.中国软科学，2012（06）：129-138.

［19］肖丁丁，朱桂龙.产学研合作创新效率及其影响因素的实证研究［J］.科研管理，2013，34（01）：11-18.

［20］何郁冰.产学研协同创新的理论模式［J］.科学学研究，2012，30（02）：165-174.

［21］刘凤朝，马逸群.华为、三星研发国际化模式演化比较研究——基于USPTO专利数据的分析［J］.科研管理，2015，36（10）：11-18.

撰稿人：杨　阳　孙晓玲　李　冰　李鲁莹　丁　堃

科学社会学

一、科学社会学领域发展现状

纵观近五年来我国科学社会学学科领域的发展，既是学术成果不断涌现的五年，也是体制与交流机制不断推进的五年。在研究和知识积累方面，国内学术界对国际科学社会学的新方法、新思路进行引介，并运用这些理论和视角切入中国科学实践与社会情境中；而在体制建设方面，科学社会学专业委员会的建设、全国科学社会学学术会议的召开，以及重要刊物的改版，都作为重要的科研平台，推动着科学社会学学科建设不断向前。

（一）近五年科学社会学的理论与经验研究

1. 内容分析

为了对近五年中国科学社会学的研究概况有总体上的认识，本报告首先采用内容分析的方法，对中国科学社会学近五年（2012—2016年）以来发表的学术成果进行了搜集和整理。在CNKI数据库的期刊、会议、报纸以及硕博士论文数据库中，以"科学社会学"以及"科学的社会研究"为主题词（二词以"或者"连接）、以2012年1月1日和2016年12月31日为起止时间进行检索，得到文献390篇，其中期刊232篇、硕士学位论文89篇、博士学位论文28篇、特色期刊27篇、国内会议13篇、报纸文献1篇。图1显示了这些已发表文献的年份分布。

由图1可知，近五年中国科学社会学领域的研究呈现较为稳定、数量略有下降的趋势。在发文量方面，侯海燕、胡志刚、林琳、李正风、贾鹤鹏等学者有着最多的发文数（见图2），而山东大学、大连理工大学、南开大学、中国科学技术大学、清华大学、北京大学是发表科学社会学相关成果较多的科研单位（见图3）。

从领域分布来看，当前科学社会学主要的研究力量还是来自科学研究管理领域，占到

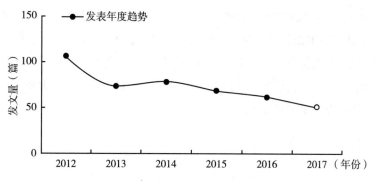

图 1　2012—2016 年科学社会学领域文献发表年度趋势

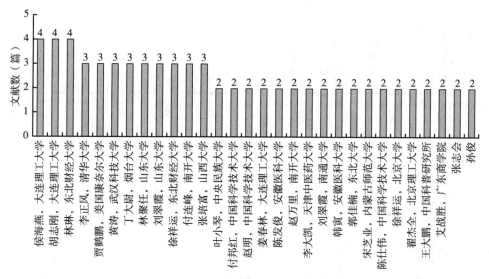

图 2　2012—2016 年科学社会学领域主要学者及发文量统计

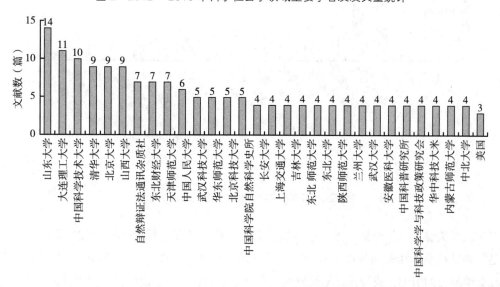

图 3　2012—2016 年科学社会学领域主要研究机构及发文量统计

了全部文献的1/3，其次是自然科学理论与方法、社会学及统计学以及中等教育等（见图4）。这显示了目前中国围绕科学社会学的相关研究，是以科学学领域的相关学术力量来主导的，从相关学术论文发表的期刊分布也可以看出这一趋势，《科学与社会》《科学学研究》《自然辩证法通讯》《自然辩证法研究》等元科学研究领域的刊物承载了国内科学社会学领域的大部分发表成果（见图5）。

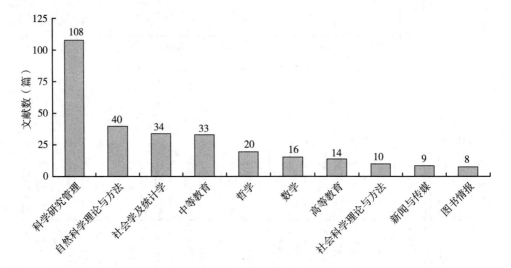

图4　2012—2016年科学社会学主题文献领域分布

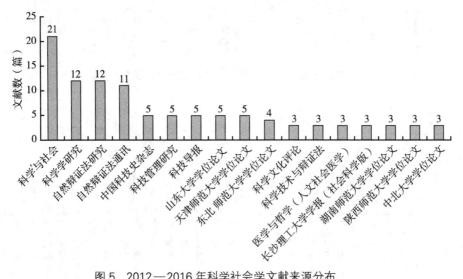

图5　2012—2016年科学社会学文献来源分布

根据关键词分析结果，近五年科学社会学领域的研究主要围绕以下几类议题：第一，是与科学社会学相关的各种学科领域，最密切的是"科学哲学""科学史"，他们同科学社会学组成的HPS，成为元科学研究的三个支柱学科；此外，诸如科学知识社会学、科学计量学等学科，也成为同科学社会学联结最密切的领域。第二，是科学社会学领域中一些较为知名的学者和学派，例如默顿、库恩、爱丁堡学派等，对于这些学者和学派的研究，成为国内开展科学社会学研究的理论基础。第三，是与科学社会学密切相关的术语，诸如科学观、科学共同体、范式、杰出科学家，以及方法论、复杂网络、马太效应、行动者网络理论、自然主义、引文分析等，这些专有名词和术语一定程度上标识了近五年来国内科学社会学领域的关注主题（见图6）。

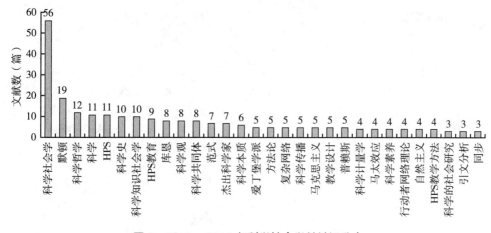

图6　2012—2016年科学社会学关键词分布

从共现网络（见图7）也可以看出，近五年来同国内科学社会学研究联系较为密切的主题包括科学史、科学哲学以及默顿，其次是诸如科学共同体、科学知识社会学、爱丁堡学派、范式、库恩等。同科学史和科学哲学的密切关系，部分上说明了科学社会学在元科学领域，科学哲学以及科学史对于科学社会学产生的重要影响，而近五年来默顿所代表的实证主义进路仍然是国内科学社会学的主流研究范式。

接下来，本报告从研究主题出发，对近五年来国内科学社会学领域的成果进行分类叙述。从近五年的研究来说，可以明确地分为理论研究和经验研究两个部分；而由于科学社会学在国内特殊的学科地位，对于国内科学社会学本身的探讨又占到了很大的比例，因此，本报告从理论研究、经验研究以及反身性研究三个方面来探讨国内科学社会学近五年的成果。

2.理论研究

近五年来，国内科学社会学在理论研究方面的成果还是主要围绕对于西方学术界理论的引介上，从时间上来看，世界科学社会学的发展经历了实证主义到后实证主义的转变，而国内对其引介也按照主题，可以大致地围绕诸如库恩、强纲领和SSK，以及当代多元视角下的理论研究等几个层面。

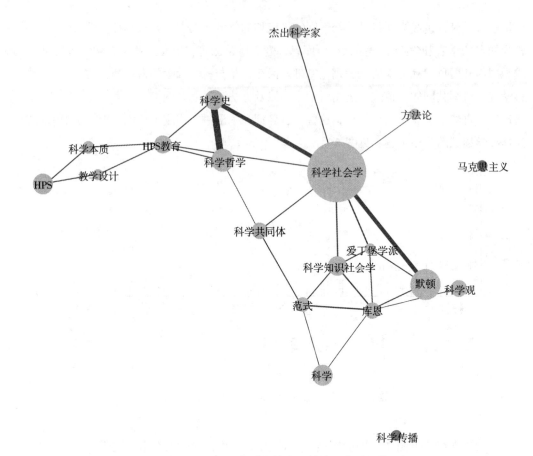

图 7 2012—2016 年科学社会学关键词共现网络分析

（1）科学社会学视野中的库恩研究

库恩是著名的科学史和科学哲学家，他的"范式"、"常规科学"以及"科学革命"等概念为科学社会学理论中的强纲领和 SSK 提供了丰富的理论资源。清华大学吴彤教授区分了劳斯引用和阐释下提倡科学实践观的库恩以及带有表象主义色彩的库恩，认为二者的对立是由于库恩的角色处在科学观变革的过渡阶段；但同时库恩学说的内部张力也是库恩科学哲学思想不断被研究的意义所在。中科院科技政策与管理科学研究所缪航博士对爱丁堡学派的库恩理解及其在中文世界的进展进行引介，他区分了大、小库恩理论，并对更加重视常规科学、更多为社会学家和历史学家研究的小库恩传统加以提倡。

华东师范大学安维复教授立足科学哲学史，介绍了新库恩主义对库恩常规科学和范式概念的批评，认为常规科学范式本身并非一成不变，而是经历了一个演进历程。特定的科学理论离不开相应的哲学观念，因此应当把科学共同体修正为"科学—哲学观念共同体"。科学革命故而体现为新科学与旧哲学之间的冲突以及通过带动哲学革命重新回到统一的科学—哲学共同体的过程。

（2）强纲领和 SSK 研究。

作为当前科学研究中的主流范式，建构论不仅直接催生出了强纲领和科学知识社会学，还同当代各种社会思潮有密切的联系。中国社会科学院苏国勋研究员将 SSK 同默顿范式以及曼海姆知识社会学在哲学立场上的差异进行说明，指出了 SSK 同现象学社会学和常人方法论的同源性。报告还认为，蕴含在社会建构论中的科学理论的开放性立场作为科学领域的反原教旨主义，正是社会建构论赖以产生的土壤，也是它进一步发展的不可或缺的条件。

随着持建构论立场的 SSK 对旧的实证主义科学社会学的冲击，近些年对于默顿理论范式的关注度有所下降。清华大学洪伟副教授梳理了后默顿时代的默顿式科学社会学研究。她认为，默顿科学社会学虽然在 STS 领域被彻底否定，在社会学内部也属于边缘化方向，但其学术价值在公共政策领域和经济管理领域得到充分的承认和应用，近年来可见度正在逐步提高。北京科技大学章梅芳副教授分析了女性主义与 SSK 的科学编史学的共性。具体体现在二者均以建构主义科学观作为编史基础和前提，均采取批判编史学的立场，并对科学客观性、普适性与合理性提出质疑。

（3）多元理论视野中的 STS 研究

随着当代科学同社会之间的关系日益紧密，科学活动已经不再外在于整个社会，而是反身性地构成了现代社会的知识维度。科学成为一项社会事业；与此同时，当代各种针对科学技术的"元研究"也不再仅仅局限在单一的视角下，而是运用社会学、人类学等多学科视角，将科学技术置于广阔的社会情境中去考察。在理论研究中，近两年科学社会学的相关研究日益多元，囊括了诸如圣西门的科学社会学思想、维特根斯坦"遵守规则"的语境论思想、布迪厄、卢曼的科学社会学思想、拉图尔的科学实在论思想、哈里·柯林斯的专长规范理论、默顿关于科学自主性的理论等。另外，还对科学社会学理论传统中的一些重要问题进行了解答，如对于整体性科技伦理范式的思考、科学修辞学中关于科学的社会性蕴含、科学思想市场的性质问题以及科学活动中利益冲突管理的国别比较，等等。

3. 经验研究

总体上看，国内对于科学社会学理论的引介集中于后实证主义，特别是二十世纪八十年代以来的新理论、新方法。有趣的是，相比于理论研究，国内科学社会学的经验研究则更多地从实证主义这样一种成熟的研究进路出发，对围绕科学与社会的各个议题展开研究。具体来看，近五年国内科学社会学的经验研究议题集中在科学共同体研究、科学对社会的影响研究、科学传播研究等方面。

（1）科学共同体研究

科学共同体研究是传统默顿范式下科学社会学的核心研究问题，也是国内科学社会学界研究的重点议题。近五年科学共同体研究既有横向的比较研究，如中国科研人员的收入差距问题、中美化学会比较、杰出科学家行政任职研究、中国科学院院士科研合作网络与创新机理等；也包括纵向的历史沿革分析，如英国科学社会责任协会的历史研究、从科学建制到科学文化群落的演变、四大发明的知识考古学，以及对博物学本身阶级性与贵族特色的历史考察等。中国科学技术发展战略研究院赵延东研究员等调查了承担企业项目对科研人员的影响，认为主持企业项目者尽管在发表 SCI/EI 论文方面明显更少，但整体上具有更高的工作积极性、自主性以及创新能力，在产学研结合方面明显有更多成果。李强、赵延东等基于对我国科研人员工作时间的统计分析，深入探讨了我国科技工作者的时间分配状况是否合理，是否存在对科技工作者业务工作时间，尤其是科研时间的无效挤占，哪些因素影响了科技工作者的时间分配效率等问题，并从体制机制和具体工作层面提出了针对性的政策建议。中国科学技术大学的徐飞教授调查了院士、博导及博士生三类群体对现行院士制度的态度和评价。

清华大学洪伟教授侧重于"产出之谜"问题，即女性科学家发表的论文为何显著少于男性科学家，她基于中美两国对科研人员的大规模追踪调查数据，比较了两国科研人员的科研产出受性别影响的情况，研究发现，中国科学领域中性别分层甚于美国，反映出中国对从事科研工作的女性提供的社会支持和制度支持还很不够，另外中国女性科学家在出版专著方面表现较好，结婚生子并没有带来负面影响。

科学家的社会形象和社会地位问题同样得到较多关注。中国科学技术发展战略研究院的薛品博士利用一项全国城市中小学生的调查数据展示了我国城市中小学生将来从事科学职业的意愿，并分别考察了青少年个人层次、同辈群体、家庭层次和学校四个层次因素对其从事科学职业意愿的影响。

（2）科学治理研究

与科学共同体研究相比，科学治理研究不再局限在狭义的科学共同体中，而是将科学置于广阔的社会情境，来探讨科学、技术与社会等相关议题。中科院政策所的李真真研究员从近期国内"大型强子对撞机"争论为切入点，结合 20 世纪 80 年代的超级超导对撞机（SSC）争论，探讨了当代科学身上所承载的多元价值观，尤其分析了当代大科学研究所面临的科学价值、政治价值以及经济价值之间的博弈。在如何驾驭大科学的问题上，指出应从科学治理视角出发，使某种治理理念或原则成为利益相关方的共识，从而推进大科学事业。此外，李真真研究员还着重剖析了科研组织形式的演变及其特点，指出伴随着合作研究的常态化、制度化，新的科研组织形式不断地带来对科研传统的严峻挑战。她特别关注了在知识生产性质发生改变的宏观背景下，科学的荣誉分配机制所面临的困境，提出科学奖励制度及其鉴别高质量成果或杰出表现的社会机制，不仅存在自有的来自制度安排和传统文化方面的问题，科研组织方式变迁也给其带来了种种不适应甚至是价值冲突。

上海交通大学李侠教授比较了中国和发达国家留住人才方法的不同，提出比起增大人才流动成本等强制性政策工具，以利益分享为主旨的混合型政策工具更符合当代社会人才流动的机制。李侠教授还从院士制度改革问题入手，对院士荣誉称号的职能进行了分类，并结合人才的年龄分区原则，提出应对不同能力区间给予不同激励机制，从而提升院士制度的激励与引领功能。东北财经大学徐祥运教授同样从杰出科学家"双肩挑"问题出发，对我国科研人员的行政任职问题提出了具体的改革建议。中科院政策与管理所杜鹏研究员从委托代理的视角出发，聚焦于科研资助中的遴选和激励问题，他认为，科研活动自身的特点，使科研资助本身体现为一种不完全契约状态，并进而产生了较为严重的逆向选择和道德风险。面对这种状况，他从明确资助目标、完善晋升机制、发挥中间组织作用等角度提出了对策建议。

（3）科学传播研究

作为一项社会事业的当代科学，其研究的成果不可避免地要进入公共领域，这使得科学传播以及公众理解科学成为当代科学事业的重要组成部分。近五年的科学社会学研究中，学者们一方面从理论层面上探讨了科学传播学的新客观主义进路，另一方面则立足经验领域，对公众对科学的信任态度、科学家的社会影响力、风险沟通中的专家知识民主化问题进行了量化研究；同时，对生态学野外研究的新范式、中国报纸关于"气候门"事件的报道的话语分析、屠呦呦获诺贝尔奖事件的跨媒介传播，以及《细胞》封面故事创作趋势与特色等问题进行了案例研究。

中国科学院大学博士生张芳喜从传播学的角度考察了科学家形象研究的现状，并指出科学家"刻板印象"的形成是多种可能因素共同作用的结果。中国科学技术发展战略研究院何光喜副研究员提出，新媒体在传递信息方面具有去中心化、双向互动、社会性和碎片化等特点，这些特点给科普工作带来了前所未有的机遇和挑战，他进而利用北京市的抽样调查数据分析了科技工作者利用新媒体开展科普活动的现状和面临的问题，并据此提出了针对性的政策建议。中国科学院大学黄彪文的研究表明，社交媒体带来的真正变革不是信息量的激增，而是旧关系的复活和新关系的创造，"关系网"将取代"信息流"在科学传播中的基础性和优先性地位。另外，山西大学博士生齐振英基于《学艺·水产月刊》的刊载内容，系统考察了该刊在新中国早期开展的水产科学传播工作。

（4）科技风险与争论研究

近些年来，伴随着科学技术对于社会的巨大影响越来越为人所知，伴随着一些重要科学争论的出现，对于这样一些争论的研究也随之兴起。相关研究围绕"安全/风险"、"治理"以及"创新"等关键词展开讨论。报告范围涉及科技的总体安全观、社会实验与技术治理、网络技术对社会的影响、对转基因技术的哲学思考等，还具体探讨了军民科技协同创新发展路径、如何促进科研产出同经济紧密结合，以及如何推进科技政策学的学科建设等问题。例如，在转基因争论中，刘崇俊采用建构论的话语分析策略，通过分析支持转基因食品的科学家在论证"转基因食品安全性"过程中的话语表述，展示了他们将特定场域中的个人观点包装成专业观点，并通过经验主义的修辞来建构"科学事实"的社会过程。中国科技大学博士生于川专注于以转基因技术为代表的现代生物科技的发展困境问题，他分析指出，公众和科学家由于各自认知的差异，在技术的内涵、风险、发展路径选择等问题上常常存在对立和误判，要破解这种认识与发展的困境，可以从公众科学素养培育、科技术语表述分析、多元化信息交流、技术风险与利益评测等方面综合寻求解决之道。

科学争论研究是SSK的典型议题。但在国内情境中，同科学相关的争议往往超出了纯科学领域，同媒体、文化、社会以及政治因素挂钩。中国科学院大学肖显静教授作了以"中国转基因水稻产业化争论文本的计量统计分析"为主题的报告。报告对中国转基因水稻产业化争论过程中核心群体网络争论文本进行了内容分析，探讨了围绕这一议题进行论争的各核心群体其争论策略、争论中持有的科学观念、人文意识与科学精神的关系等问题。与之类似，北京大学黎润红博士探讨了青蒿素成果评价中的政治协商。

4. 反身研究

作为近五年刚刚恢复重建的学科，国内科学社会学学术界围绕科学社会学所形成的重要的一股思潮，是对科学社会学本身的反思。这样一种反思一方面包括了将科学社会学的学科框架的分析。而另一方面，则是对国内科学社会学特殊的发展环境以及发展路径进行分析，而诸如本土化问题、科学社会学的教育问题等，都是作为反思的重点。

（1）发展历程与问题回顾

针对我国科学社会学的学科建设和人才培养等问题，山西大学张培富教授基于对国内主要高校开设科学哲学、科学史与科学社会学课程情况的分析，提出我国科学社会学的教育体系建设呈现出了非本位化的发展态势。导致这种结果的原因，既有社会学学科建设自身的问题，也有缺乏外部发展条件的缘由。为了改善这一状况，应从科学社会学的教育体制化建设做起，建立科学社会学教学教育社团，制订规范的科学社会学教学大纲和教材体系，重视科学史、科学哲学与科学社会学（HPS）教育的合作交流及推动HPS在各级科学教育体系中的作用。

与张培富教授类似的是清华大学李正风教授对于国内STS独特的知识形态与研究路径的研究。通过中国大陆的STS研究进行了历史性回顾，李正风教授认为，STS研究的思想资源、问题选择、队伍结构、发展路径皆受到一系列重要社会因素的影响，包括马克思主义与自然辩证法、对外开放引入的西方科史哲与STS思想、体制转型带来的问题与机遇、作为科技追赶国家的挑战与优势、东方传统文化对现代科技的影响等。李正风教授对当前中国STS研究中存在并需要重视的问题进行了反思探讨，诸如马克思主义与西方学术传统间的关系、STS研究的对象及其性质、东亚和中国STS研究的意义等，并指出：现代科技体制的发展与完善有赖于全球共同贡献，东亚STS研究可以成为发现问题、完善现代科技体制的新工具。

范岱年研究员回顾了科学社会学在我国的兴起与发展，对该学科研究范式的引入以及结合本土经验的创新过程进行了系统阐述。在此基础上，他还对科学知识社会学面临的理论困境、科学知识社会学与科学主义的冲突等议题进行了反思。他特别指出，科学知识社会学与科学哲学二者之间互为补充、相互促进的关系，对于未来科学社会学研究领域的演进将会具有深刻的影响。南开大学赵万里教授在回顾和展望科学社会学在中国的发展历程中，指出国内科学社会学的兴起和体制化伴随着默顿实证主义范式的引入，而由于科学社会学的引介以及 STS 研究领域的拓展，科学社会学学科在 21 世纪迎来了新的发展。但无论是学科成果还是体制建设，当前的科学社会学还处在较为边缘的位置，亟待在学科定位、本土化策略、研究进路以及社会角色方面有所创新。

（2）科学社会学知识与社会的关系问题

科学社会学本身是特定社会情境的产物，学科需要通过对科技政策制定和实施提供研究支持来获得社会承认以及合法性地位。中国科学技术发展战略研究院王奋宇研究员认为，科学社会学学术共同体中的"社会"概念同科技主管部门对"社会"的理解存在很大差异。科技主管部门对科学技术的"社会性"缺乏关注，造成社会学者对科技主管部门眼中的"社会议题"感到无力。但实际上，目前科技发展与改革过程中面临的一系列重大问题却需要社会学视角研究的介入。中科院科技政策与管理科学研究所樊春良研究员和清华大学刘立教授也在相关研究中，分析了中国科技体制改革的理论缺失，探讨了科技体制改革背景下科技政策学的学科定位问题。中国科学技术发展战略研究院赵延东研究员谈到了"负责任研究与创新"这一欧美科技政策研究领域的热议概念在中国如何落地的问题，认为该理念在中国的推行面临着平衡责任与创新、加强各行动主体间的沟通合作以及推动公众参与科技治理等诸多挑战，有待通过积极的创新政策和不同行动主体的参与加以应对。

（3）本土化问题

在当代 STS 研究的多元视角中，如何更好地实现科学社会学与本土实践相结合、即"本土化问题"是一个关注的重点。在社会层面，"本土化"问题的提出，缘于二战后的后发展国家从政治和文化上对西方殖民主义的反思和批判，试图通过这种反思和批判来对自身文化进行自觉、同时追寻本国学术的自主性。而在方法论层面，本土化成为一项有力的方法论主张，则是源于社会科学的主导方法论从科学主义取向的实证主义向人文主义和解释学取向的后实证主义的转变，这使得追求特殊主义的知识形式成为可能，进而使得本土化成为方法论意义上的"真问题"。近五年的科学社会学研究，对于本土化问题投入了很多的关注。

山西大学张培富教授以中央研究院评议会建制化为例，探讨了如何定位中国本土科学社会学研究的问题。他认为应从科学社会史切入科学社会学的研究，开展真切反映中国近现代科学发展的微观经验路径。科学学与科技政策研究会的张碧晖通过回顾 20 世纪 80 年代中国科学社会学创立的历程，分析了学科发展的制度性条件。

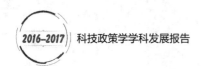

（二）近五年科学社会学学科的体制建设

1. 正式交流机制的建立

近五年来，科学社会学专业委员会取得的成就，除了体现在学术成果方面，也体现在体制建设方面。随着中国科学学与科技政策研究会开始在其下设立科学社会学专业委员会，中国的科学社会学研究在组织和体制化方面迈出了重要的一步。在科学社会学专业委员会的组织以及指导下，近五年来国内科学社会学在体制建设方面的成就非常突出。其中很重要的一点，便是恢复了 20 世纪 80 年代以来的科学社会学全国学术会议的传统。自 2012 年至 2016 年五年间，共举办了三届学术会议，吸引了业内的主要专家学者参与到这一国内科学社会学的交流机制中，这对于凝聚学科共识、研判学术研究方向、规划未来发展路径有着积极而重要的意义。

2012 年 9 月 22 日至 23 日，中断了二十余年的全国科学社会学学术会议在天津南开大学举行。第四届全国科学社会学学术会议以"科学社会学与中国科学技术的社会研究"为主题，吸引了来自全国三十多所高校、研究结构的一百二十多位专家学者围绕"科学社会学的理论与方法"、"社会学与中国科学实践"以及"技术的社会研究"等议题展开了深入的交流和讨论。会议一致认为，这次会议的举办，展示了中国科学社会学领域承前启后、继往开来的发展局面。在这两天紧凑的议程安排上，不仅有对于默顿范式等科学社会学经典研究内容的深入挖掘，在研究思路、研究对象和研究方法上更是有新的扩展，研究视野更加宽阔，研究议题更加多元，研究水准也更为前沿，会上不仅有对国外最新研究理念和学术成果的引入，更有针对中国问题和中国现象的自主探索。以高质量的研究提升学术共同体的凝聚力，已经成为大家共识性的努力方向。

2014 年 10 月 18 日至 19 日，第五届全国科学社会学学术会议在上海交通大学举行。会议以科学社会学与中国科学技术的发展为主题，全面展现了过去两年中我国科学社会学领域的研究进展。来自全国各地高校和科研机构的一百五十余位专家学者参加了本次会议。会议设置了两场大会主题报告和四个专题分论坛，在两天的会期中，与会专家学者围绕科学社会学的历史发展与学科建设、科学社会学的理论问题和发展前沿、技术的社会研究、科学的社会研究，以及中国科技发展和科技政策问题研究等主题展开了热烈的讨论。与会者一致认为，会议的召开充分展现了我国科学社会学领域在过去一段时间里取得的丰硕成果，同时，随着新的研究方向与研究人才不断涌现，这一领域呈现出更具生机的发展局面。未来，立足多元视野的研究进路，围绕我国科学与社会发展的典型问题，面向理论前沿和社会需求，进一步加强学科建设，完善研究纲领，提升我国科学社会学研究的研究水准和社会影响，是科学社会学研究者的共同目标和方向。

2016 年 9 月 24 日至 25 日，题为"科学社会学与科技创新"的第六届全国科学社会学学术会议在山西大学举办。在为期一天半的会期中，来自全国五十余所高校、科研机构的九十多位专家学者围绕"科学社会学理论问题和发展前沿"、"STS研究的中国化"、"科学的社会研究"、"技术的社会研究"、"中国科技发展和科技政策问题研究"以及"科学传播和公众参与问题研究"等问题展开了深入的交流和讨论。对过去一段时间中国科学社会学领域内的新成果、新方法进行了较好的梳理和总结;同时,通过充分的交流和讨论,对未来学科的发展起到了凝练主题和凝聚共识的积极作用。在多元化的研究理念和社会性关照下,中国的科学社会学研究一定能够得到进一步的发展和繁荣。

在中国科学学与科技政策研究会科学社会学专业委员会的影响下,有志于进行科学研究的学者和社团也纷纷地组织起来,开始建设自己的研究组织。在科学社会学专业委员会成立的第二年(2013年),清华大学在中国社会学年会上组织了首个科学社会学研究分论坛,此后又连续三年在中国社会学年会上组织分论坛。2015年12月,中国社会学会科学社会学专业委员会成立,这是继中国科学学与科技政策研究会科学社会学专业委员会之后,第二个全国性的科学社会学专业研究共同体。至此,在未来的时期,在两个科学社会学专业委员会的组织下,科学社会学研究势必整合更多的研究资源、也会吸引到更多的研究力量,其学科显示度有望进一步提升。而在两个专业委员会以外,地方性的科学社会学研究社团也在这五年的时间里成长起来。2013年11月,隶属北京市科学技术协会的北京科学史与科学社会学学会成立,对于团结科学史和科学社会学及相关领域的学者、教师、科技工作者、科技战略和政策研究者,组织学术研究、开展学术交流、促进科学社会学相关领域的学术繁荣和人才成长,发挥科学社会学的社会功能,同样起到了积极的作用。

2. 重要研究基地、研究团队与刊物的建设

除了交流机制的搭建,近五年来,国内各个高校以及研究院所,也逐渐加强了围绕科学社会学的相关研究,加强了研究的力量。在国内高校里,清华大学、南开大学、山西大学等有着较强的师资队伍和研究力量;在科研院所里,中国科学院科技战略咨询研究院(原中国科学院科技政策与管理科学研究所)、中国科学技术发展战略研究院、中国科协创新战略研究院等机构,由于依靠中科院、科技部、中国科协等全国性的科研管理机构,因此也对科学社会学的相关研究有着更多的涉及。

清华大学科学技术与社会研究所前身是2000年成立的科学技术与社会(STS)研究中心。作为隶属于清华大学社会科学学院的实体机构,科技与社会所文理交叉特色鲜明,以STS学科(含科学技术哲学、科学技术史、科学社会学等子学科)建设为中心,目前拥有科学社会学硕士学位点(2012)和博士学位点(2013),研究方向为科技的社会学研究、科技传播与普及研究、科技政策与战略研究、科技与国际(地区)关系研究等,并在科技传播与普及、科技创新与政策研究、科技的社会史研究、科技哲学与文化研究等方向上形成了自己的特色,成果丰硕,出版专编著百余部,发表学术论文近千篇(含多篇SCI、SSCI论文),主持编撰《清华科技与社会》等丛书及译丛,并开设科技与社会学和政策学沙龙,学术氛围浓厚。

南开大学是国内最早开展科学社会学研究的高校，而且与其他单位不同的是，南开大学的科学社会学研究自始至终都在社会学大专业下开展，开设本科生的《科学社会学》课程，并拥有科学社会学方向的博士点和硕士点。

山西大学科学技术哲学研究中心成立于 1978 年 8 月，重新组建于 2000 年 1 月，拥有科学技术哲学国家重点学科。下设科学哲学与 STS 研究室，作为科学社会学的主要研究力量。

在研究刊物方面，《科学与社会》《自然辩证法通讯》作为全国科学社会学学术会议的主办方，成为科学社会学论文较为集中的发表平台。其中，《科学与社会》前身为《科学对社会的影响》，2011 年改版后，将办刊目标定位于我国科学社会学的阵地刊物，成为专门性的科学社会学论文发表平台。而《自然辩证法通讯》每期也都有专门的科学社会学栏目。此外，《科学学研究》依托清华大学科学技术与社会研究所、《自然辩证法研究》依托中国自然辩证法研究会，在过去五年中也都是发表科学社会学研究成果的重要渠道。

二、科学社会学发展的国际趋势及对比

（一）最新进展概述

近年来，人工智能、基因技术等新技术的不断发展带来了新一轮科技革命，新的科技增长不仅极大地改变了人类的经济生产结构和社会生活的方式，同时也改变了科学研究本身以及科学共同体的组织形式。这些背景和条件为 STS 研究带来诸多新议题、新方法，促使 STS 研究在国际学术领域的不断繁荣和发展。2017 年 8 月 21 日至 9 月 1 日在美国波士顿举办的 STS 领域最具权威性的国际会议 "Society of Social Studies of Science" 年会以 "STS in Sensibility" 为主题，讨论知识生产的新方式和新的技术变革如何改变人们对于世界的认识和感知，并首次欢迎参会学者用非英语之外的其他语言进行汇报。这标志着 STS 成为一个具有全球视角的交叉学科和前沿学科，其研究议题不断扩大和细化，并成为更加开放和全球化的领域。

我们进一步研究 STS 领域 2014 —2017 年间国际权威期刊发表论文，一方面，其研究议题广泛地讨论基因技术、气候科学、生态学、能源与环境、人工智能、临床医学、科技与艺术、计量经济学、管理科学及其所涉及的伦理、法律、政治、社会关系。另一方面，不断重温经典，重视理论上的贡献和创新，不断地对领域内的经典理论进行重读，并邀请世界各国的 STS 学者对经典著作进行新的反思性思考，不仅重新回顾了 STS 领域的发展历史，同时也回到原点展开对于整个领域发展的思考。同时，国际 STS 领域开始关注非西方理论背景下的 STS 研究，将视野从发达国家转移到发展中国家，开始重视发展中国家的 STS 研究，并且积极开展地区间的合作和交流，这一变化有助于激励我国的学者对于中国的科技与社会发展问题进行深入的实证研究，促进国内学者与国际学术界的对话与合作。

国际 STS 学界也不断对于 STS 学科的发展进行着反思、回顾和定位，试图调整 STS 研究的发展方向。2011 年，Lynch 指出，经历了四十年的发展，STS 进入了"中年"，伴随着中年的成熟和焦虑。这一比喻很形象地描述了 STS 学科的发展现状，一方面，经过近半个世纪的努力，STS 已经在学术领域自成门派，从最初的纯粹对于自然科学的研究，发展到一门涵盖技术、医学、经济、法律、传播学、信息学、性别研究、政策等多领域的社会科学。另一方面，STS 学科也经历着谋求学科独立的中年焦虑或危机，STS 依然被认为是包括科技史、科技哲学、科学社会学、科学政策学的学科群，理论和方法上存在很多争论，研究问题的边界依然不好界定，关注的问题被其他学科视为边缘问题，STS 依然被视为新兴学科和交叉学科。

（二）默顿影响下的西方科学社会学——传统与经典

1. 科学社会学的兴起与发展

科学社会学，作为由默顿开创的社会学分支学科，曾经爆发出极强的生命力。在 20 世纪六七十年代，默顿及其学生做出了一系列堪称典范的社会学研究，其影响延续至今。但是，随着科学知识社会学的兴起，对科学的研究从科学家、科学组织和科学建制扩展到了对科学知识本身的研究。科学社会学也随之被科技的社会研究（Science and Technology Studies）、科技与社会（Science，Technology and Society）这些带有跨学科色彩的研究所取代，而默顿在此领域所作出的杰出贡献则被冠以默顿科学社会学（Mertonian Sociology of Science）的标签。

在 20 世纪 70 年代，默顿科学社会学几乎就等同于科学社会学本身，而之后科学知识社会学（SSK）对其不遗余力的抨击和排挤则使得这一标签隐隐带上了负面的含义。科学知识社会学阵营的人几乎不引默顿的著作，即使引也是因为要对之进行批判；反而是引发这一革命的库恩本人对默顿有较为正面的评价。与之相反的是另一群包括默顿的学生科尔兄弟、朱克曼、本戴维以及曾撰写《科学共同体》一书的 Warren Hagstom 在内的默顿主义者，他们的研究中大量引用默顿的几乎所有工作，可以被视为默顿最忠实的拥护者。

然而，科学社会学在国际学界中的派别对立到了中国并未延续，大概因为无论是来自北美的默顿科学社会学，还是源于欧陆的科学知识社会学，对国内均有借鉴意义。对从未置身于争端的国内学界来说，两者都是值得学习的对象。目前国内关于科学社会学的教科书仍以默顿学派的理论为主，但对默顿之后科学社会学的发展没有进一步的追踪，而是转而关注科学知识社会学的理论，仿佛默顿科学社会学作为科学争论中失败的一方彻底消亡了。事实上，默顿科学社会学虽然在 STS 领域被否定，在社会学内部也属于边缘化方向，但其学术价值在公共政策领域和经济管理领域却得到了充分的承认和应用，近年来其影响正在逐步提高。下文将对默顿影响下传统科学社会学研究的经典问题，以及后默顿时代归属于 STS 领域中的科学社会学研究的热点前沿问题进行分别梳理，以分析中国科学社会学

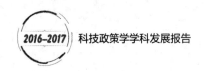

在西方传统与新兴的两条研究进路中的研究实践和学术地位。

2.西方科学社会学的经典问题

（1）科学界的分层问题

科学家的群体研究主要着眼于科学界的分层及其影响因素。其研究问题集中在考察什么因素决定了科学家的科研产出和职业地位等问题。这部分研究起始于默顿的科学社会学，随着默顿的理论在社会学内部的边缘化，其学术价值却在公共政策领域和经济管理领域得到充分的承认和应用。20世纪70年代到90年代，包括Paul Allison、Alan Bayer、Mary Frank Fox、Scott Long、Barbara Reskin和Lowell Hargens在内的一小部分社会学家构成了研究科学家分层的小型无形学院，其学术成果经常见诸美国顶级的社会学杂志。现在在公共政策领域仍然有许多关于科学家科研产出的研究，但就理论深度和系统性而言，均未能超越上述研究。

（2）科学家的网络研究

普赖斯和克兰对无形学院的研究开启了对科学家合作研究的先河。普赖斯在《小科学、大科学》一书中首次把科学家非正式的交流群体称为"无形学院"。克兰后来在《无形学院》一书中将无形学院重新定义为合作者群体中少数多产科学家形成的核心交流网络，他们使合作者群体之间联系起来，促进科学交流和创新的扩散，决定领域的范式和发展方向。目前对科学合作研究最多的是科学计量学方向的学者。通过搜集特定领域和时间段内合作发表论文的信息，可以获得作者的姓名、工作单位、国家等信息，进而分析科学家之间、院系之间、单位之间乃至国家间的合作情况。其中最核心的问题是合作是否能提高科研产出的数量和质量。另外，科技政策学也对科学家为什么要进行合作、怎样进行合作、合作为什么能提高科研产出，以及从政策上促进科学家的合作进行深入的分析。

（3）性别研究

科学界分层中有一个重要的方向就是性别研究。不同时期的研究都分别发现，女性科学家的科研产出低于男性科学家、较不可能得到研究型大学的教职、职称提升较慢。原则上以上提到的所有影响科学奖励分配的因素，都可以进一步考察其和性别的交互作用效应。事实上，普遍的分层研究渐已淡出科学社会学的视野，反而是性别研究的方向一枝独秀。这大概是因为性别和职业成就的关系在社会学领域里一直是一个主流话题，科学家的性别研究在这棵大树的蔽荫下得以延续，而科学分层的普遍研究由于延续默顿传统，在科学知识社会学家占据了主流地位的情况下受到更多打压。

（4）小结

传统的分层研究经过了70到90年代的辉煌时期后戛然而止，其核心研究成员除了Hargens都转向了其他方向，新生力量的缺乏似乎使这一方向难以为继。但社会网理论的盛行和科学家新的服务社会使命的出现给这一方向注入新的生机：科学家的社会网络在何种程度上对其科研产出、职位的获得和提升、研究经费及荣誉奖励的获得产生影响？科学家的商业行为对传统的评价机制和分层体系有何影响？这些研究问题都是在继承科学分层的经典研究成果的基础上，发展出的具有理论和现实意义的新方向。性别研究方向一直保持着旺盛的生命力，当然，结合新的形势，我们也可以探讨科学家社会网络的性别差异、女性科学家在创业的新战场上是否仍然处于劣势等问题。科学合作因其数据的易得性而一直是科学计量学的重点研究领域，近年来又因为被政策界普遍认为对科学产出有积极影响而成为科技政策研究的热点，社会网视角的介入给这一方向带来更多理论创新的空间。

（三）STS 框架下的国外科学社会学——热点与前沿

自 20 世纪 60 年代以来，"科学技术与社会"（Science, Technology and Society，简称STS）成为具有跨学科特点的新兴研究领域。STS 旨在对科学技术与社会之间的互动关系进行交叉和综合研究，一方面，探求科学技术对社会的影响，揭示科学技术与社会的互动关系和机制，另一方面，不断深化对科学和技术自身的认识。这一研究网络以科学和技术这种复杂的社会现象为对象，多元化地涵盖了科学史、科学哲学、社会学、人类学，政策学等学多科的视角和研究方法。后默顿时代的科学社会学研究往往在 STS 的框架下展开。

美国国家研究委员会（National Research Council）的相关报告认为，STS 依然是"正在兴起"的学科，其特点是以开放的态度不断引入新鲜的视角对科学技术及其与社会的关系进行多方位的思考和研究。比较而言，中国的 STS 研究和科学社会学研究长期以来在自然辩证法和科学哲学的传统下展开，既表现出一定的特色，也需要进一步加强与国际 STS 学术共同体的对话和交流。下文将通过对 STS 领域有重要影响的国际学术期刊 *Social Study of Science*（以下简称 *SSS* 杂志）的分析，评述当前国际科学社会学研究的热点和前沿。

Social Study of Science 初创于 1971 年，创刊时的刊名为《科学研究》（*Science Studies*），1975 年更换为目前的刊名。自创刊以来，SSS 杂志逐渐成为 STS 领域的顶尖学术期刊，发表了一系列高质量的科学哲学、科学史、科学社会学、政策学等学科的理论和实证研究的学术文章。期刊涉及学科的多元化和交叉性体现了 STS 的领域特点，也反映了国外科学社会学最新的理论和方法动向，是该学科领域内最具重要性和风向标意义的学术期刊之一。

1. 生命技术的社会研究的细化

近五年来西方科学社会学出现了大量来自于生命科学领域以及生物技术的社会实践，其研究问题不断细化。研究的议题不仅包括对于例如干细胞实验这样的具有争议的新兴技术的实验室考察和伦理价值探讨，同时也包括科学家个体工作中产生的人际网络、学术合作、规范的建立，以及服务于科学或者科学组织自身的秩序建立，乃至更高层面上生命技术发展对人类社会价值取向的变迁都有广泛的思考和研究。

二十世纪以来，遗传工程和生物医学等生命科学领域的惊人进展标志着人类科学史的重大进步。生命技术对于人类本体和自然产生的干预同时引起了社会结构和社会伦理价值的变化。例如，生育控制和生殖技术的发展有效地影响了人类的生育力，以及随之产生的社会年龄结构、教育制度、家庭结构等社会问题；DNA 技术和器官移植等生命技术在医学上的使用也引起了诸多社会公共问题和伦理争论。生命技术社会学作为科学社会学的主要分支，对于以生命技术生产过程中的组织社会问题进行分析，对生命技术本身产生的伦理问题进行评价，促进了生命技术的良性发展。

除了对于生命技术发展和人类伦理价值的关系的探讨外，生命科学的社会研究涵盖内容十分广泛，包括了生物医学、生物药学、农业生物技术、基因技术、遗传医学、动物医学等多方面的科技领域。同时，在这些生命科技与社会的实证研究中，科学、技术、政治、社会之间的区分也被进一步淡化，研究的视角呈现出多元化趋势。例如，在基因和疾病研究中探讨如何弱化对"种族"讨论，实验室中的性别歧视问题，参与生物医学研究的病人所形成的病人互助小组在医学研究中起到的作用，如何将运动员的身体及运动数据纳入人体运动科学的日常研究，新西兰转基因牛研究所引发的公众的争论，等等。除此之外，生命科学研究的知识创新和技术运用过程也得到科学社会学细致深入的研究，例如，孕期超声波检查、女性子宫癌筛查技术、癌症的临床创新实验、艾滋病的预防研究等，以及这些技术创新对社会变迁产生的影响。

2. 鉴定科学的社会研究的兴起

2009 年美国国家研究委员会发表了有关鉴定技术和审判科学（forensic science）的重要报告，不仅标志着法律审判越来越多地依靠生物鉴定技术所提供的依据，同时也对于生物鉴定技术的科学化和准确性有了更高的要求。在科学的社会研究中，鉴定科学和法庭审判的关系也成为了近年来的热点和新兴问题。鉴定科学的兴起为科学社会学学者提供了从历史的、实证的视角考察科学、法律和社会的关系的契机，他们不仅仅从宏观角度分析鉴定技术的发展对于法庭审判乃至公共认知，同时也从微观角度关注鉴定科学家的工作，鉴定实验室和实验技术的研究细节，以及实验证据走出实验室被法庭审判接纳的过程。

SSS 杂志近五年间发表多篇生物基因鉴定技术与法庭审判关系的实证研究。Edmond 2011 年的文献综述，对于生物鉴定科学在法庭中使用的历史进行梳理，回顾了 Jay Aronson 2007 年的著作，以及 Michael Lynch 等人在 2008 年出版的科学史著作。这两本著作综合地给出了基因鉴定、指纹识别、脸部对比等鉴定技术在法庭审判过程中的运用和发展，历史性地考察了鉴定技术的发展对于法律审判的推动作用，同时也对于鉴定技术的客观性、可靠性与准确性提出质疑。科学社会学的学者将鉴定科学看作成为一个科技、社会和法律（tech-social-legal）互相作用的重要研究领域，并且将审判卷宗、庭审记录、法院裁决、法律文档、媒体报道、实验室采访等都视为实证研究的数据材料。在鉴定科学的发展过程中，研究者们不仅看到对于鉴定证据的采用推动了法律审判的进行，同时法律和法庭审判本身也在定义和规范着鉴定证据由实验室走到法庭上的程序和规则。科学家、行政人员、

法官、被告原告双方律师等多种行为主体的参与和互动更将这个科学与法律问题推到了社会研究的舞台。

3. 社会科学的社会研究的产生

2013 年在美国圣地亚哥举办的科学技术学年会（Society for Science，Technology and Society，简称 4S）上开始设置社会科学的社会研究分论坛，标志着 STS 学科走出对于自然科学和技术应用的社会研究领域，开始关注包括经济、法律、管理、媒体、社会学等社会学科的社会研究。SSS 杂志作为科学技术社会研究的领军期刊，近年来陆续刊登一系列社会科学的社会研究的实证文章，探讨社会科学的知识生产和传播过程中产生的理论和实践问题。

德国社会学者 Werner Reichmann 探讨理论经济学的重要分支领域——宏观经济学——是如何社会化地进行未来经济的预测过程。作者对三个德语国家的经济学研究中心的宏观经济分析师以及预测工具使用机构的人员进行了深入的访谈，探讨了宏观经济分析师如何与其他经济政治主体进行互动并且达成对未来经济形势的一致性的预测。作者提出了"认知参与"（epistemic participation）的概念，指出宏观经济作为经济分析师的研究对象被能动地纳入社会科学家的认知过程。这项研究通过深入考察经济分析师的工作和合作研究的网络，提炼出理论上的概念创新，揭示了经济分析师作为知识生产方与研究对象之间的特殊关系。

除了经济学，包括语言学、传播学、人文社会科学其他学科的知识生产过程也成为社会科学社会学关注的对象，这些研究的出现，标志着社会科学的社会研究的逐步兴起和发展，我国的科学社会学者除了关注科学本身之外，还可以对于包括经济学、传媒学、应用语言学、社会学、甚至科学技术学在内的我国社会科学的知识生产和研究过程进行实证研究，探讨社会科学与他的直接研究对象社会组织、社会现象和社会行为主体之间的关系，从而达到对于自身学科的反思。

（四）国外科学社会学研究方法的进展与变化

1. 混合研究方法的兴起

仍以 SSS 杂志为例，作为科技史、科学哲学和科技社会学学科内影响因子排名第一的期刊，大多发表以定性方法为基础的实证研究。这些定性方法包括史料研究、深入访谈、人类学田野调查法、民族志研究等社会科学常见的研究方法。我们看到大部分研究采用定性研究方法，但是研究方法趋于混合化，即一篇文章中可以看到不同研究方法和数据来源对于主要观点进行支持和论证。越来越多的研究开始采用混合方法，在多个国家或者组织机构，将历史分析、比较研究、档案研究、实证访谈、田野观察，民族志等多种方法相结合开展实证研究。同时我们也注意到，目前 STS 的前沿研究虽然倾向于混合方法，实现了数据来源渠道和方式的多样化，但是定性研究和定量方法的界限依然存在，尚没有结合两

种方法的实证研究案例出现。

2. 定量研究方法的使用

在 STS 研究以定性方法为主的情况下，社会学和公共政策领域的定量研究方法也逐渐被 STS 领域广泛使用，例如，*SSS* 杂志近五年来发表了一些定量研究的文章，其中有三篇谈论性别因素对于科学绩效的影响，并对比性别在不同学科中的影响作用。2010 年第三期的研究采用定量数据考察了孩子对于社会学和语言学学者的科研生产力和影响力的作用，并区分性别的影响，发现第一个孩子出生后，科研生产力往往会下降，对于女性来说这种负面影响更强。2011 年 Mary Frank Fox 等人的研究也关注性别问题，考察婚姻和孩子所带来的工作和家庭矛盾对于男性和女性学者不同的影响。2012 年 *SSS* 杂志继续发表讨论科学共同体中的性别问题的研究，关注婚姻和生育对于科学家的收入的影响，并且区别科学、工程、数学（SEM）和其他专业的性别差异。这三篇关注于性别问题的文章均利用定量数据，采用回归模型的分析方法，分不同学科和领域考察家庭、生育和性别，对于科学表现和奖励的影响关系。

三、科学社会学领域发展趋势与展望

（一）近年我国科学社会学的发展趋势

近年来，国内科学社会学研究呈现出了新的发展趋势以及发展方向，具体表现在：

第一，经验研究工作扎实推进。最近一段时期，科学社会学在经验研究、特别是田野研究方面取得了丰硕的成果。例如，北京大学医学人文研究所副教授赖立里以"药食同源"为切入点来理解民族医药实践中的行动者网络，强调"去人类中心"、将"物"引入研究视野的对称路径，探索推动民族医药人类学的另一种可能。华侨大学社会学系副教授郭荣茂从转译社会学出发，考察了闽南春节"禁炮"的环境治理机制，分析作为"禁炮"行动发起者的政府采取的四个转译策略，探寻相关行动者为有效解决这一矛盾的路径，最终形成一个异质型行动者网络。

第二，国内科学社会学领域日益关注前沿技术以及热点问题。例如，对新网络社会中出现的解组行为和越轨行为、Science 2.0 这一新的科学运行机制所引发科学发现优先权和知识产权的一系列新问题、大数据与社会排斥问题、大数据方法论等均有探讨。同时，国内科学社会学日益参与到科学技术与当代环境问题的探讨中，对于雾霾问题、PX 项目、新能源汽车与低碳创新体系等问题进行了深入研究。

（二）基于国际对比的中国科学社会学发展

通过对西方科学社会学经典问题的梳理，以及对近年来在 STS 范式下发展出的科学的社会研究之前沿和热点的追踪，我们认为，我国的 STS 学者应逐步脱离对科学社会学理论引进和评介的工作，开拓更广泛的科学技术的社会研究的"田野"，走向前沿的科技实践和实证研究领域。以下从研究问题、学科基础、学术建制等方面进行科学社会学发展的国内外比较。

1. 研究问题

具体到我国的情况，和国际上又有所不同。在科学分层方向上，其实在政策界一直有研究科学人才成长方面的课题支持，但研究的规范程度与国际水平相距较远。究其原因，除了我国社会科学总体水平比较落后外，还因为从事科学社会学研究的人才匮乏。社会学家对科学家这个群体不感兴趣，对科学家感兴趣的学者则主要出身科技哲学，对社会学的理论和方法不熟悉，科学知识社会学的崛起更分散了科学社会学方向的研究力量。在科学合作方向上，我国的科学计量学发展水平具备和国际接轨的能力，做出了一系列有中国特色的研究；管理学家在科研团队的研究上也做了很多工作；同时具有社会学研究背景的研究人员不断进入科学社会学领域，出现了一些从社会网、组织理论、性别理论出发的科学家群体研究。

综上所述，科学社会学在我国面临的主要困境是社会学人才的稀缺，在最能体现社会学特色的方向上没有形成研究队伍。但我们同时也有比国际上更为宽容的学术氛围，科学知识社会学和科学社会学在中国的发展并行不悖，甚至因为科学社会学的应用性较强，在政策界能够获得更多的经费支持。当国外科学社会学的生存空间不断受到来自科学知识社会学的排挤而庇身于科技政策和知识管理等方向时，中国反而为科学社会学的发展提供了肥沃的土壤。同时，中国作为经济快速发展的大国也引起国际学术界的强烈兴趣，有诸多国外学者不远万里来到中国对科学家进行调查或访谈，但国际期刊中却鲜有来自中国本土的科学社会学研究。我们应该适时壮大科学社会学在中国的队伍，让国际上因为学术政治无谓中断的研究方向在中国得到继承和发扬光大。这对我们既是挑战，也是机遇。

2. 学科基础

中国当代的社会科学研究历来强调坚持马克思主义的指导地位，在意识形态上预设了马克思主义的正确性和科学性，是中国社会科学领域的基本特点。在我国，科学学、科学社会学等学科，都是在自然辩证法的旗帜下催生、衍生和成长起来的。虽然自然辩证法学科的开拓者们形成了"学科群"定位和"大口袋"方针，但研究共同体内部一直存在着跨学科范式与学科化范式的张力，迄今产生了两轮学科化建设的努力：哲学化与社会学化。尽管科学技术社会学的知识生产一直在跨学科导向的STS研究领域中进行，但学科范式的社会学化建设才在近年来才呈现加速态势。

对科学和技术这种日益重要的社会现象，需要从多个视角展开研究，这已经是国际学术界的共识。这也是STS成为越来越受到关注的新兴交叉学科领域的重要原因。无论国际或国内学界，都认识到STS的复杂性，理论和方法的多元化，以及多学科、跨学科发展的希望和挑战。我国的STS研究较之西方学术界时间更短，在方法上更趋向于广义的哲学方

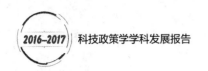

法，学科支撑也相对单一。尤其缺乏社会学、政治学等视角的有力支撑。

加强中国科学社会学研究，需要更清醒地认识社会学视角对深化科学社会学研究的重要意义。引入社会学视角，对科技与社会研究的视域和研究意识具有开阔作用，社会学的田野研究、问卷调查、数据分析、话语分析、案例研究等诸多方法为进行科学技术发展的实证研究提供了重要工具。反过来，科学技术的发展也给科学社会学的发展提供了大量新的研究问题，特别是中国情境下的科技发展实践，可以为我国科学社会学提供独特的发展空间。

3. 学术建制

中国的 STS 研究及其建制化大多在"自然辩证法"的学术共同体中展开，例如，以《自然辩证法通讯》杂志为例，该刊以培育和促进科学哲学、科学技术史、科学社会学等学科在中国的生根和发展为使命，"科学社会学与科技政策"是其重要栏目之一。在建制化方面，2003 年，科学技术与社会专业委员会首先在中国自然辩证法研究会成立，标志着 STS 研究学术共同体的形成在"自然辩证法"的旗帜下进行。与此同时，STS 的学术传承路径和队伍发展逐渐多样化，2012 年中国科学学与科技政策研究会成立科学社会学专业委员会，2016 年中国社会学年会正式成立科学社会学专委会，都标志着科学社会学研究群体开始逐步脱离"自然辩证法"的学科传统，成为追求自身研究进路的学术共同体。

（三）对我国科学社会学领域发展的展望与对策

从 20 世纪 80 年代算起，我国科学社会学专业领域已经经历了三十余年的演进，但其仍然可以被看作是一门处在快速发展中的学科。尤其是过去五年，在不断成长壮大的科学社会学学术共同体的推动下，这一领域在学科建制、成果产出、人才培养等诸多方面都取得了显著进展，在国内外学术界的影响力稳中有升，其研究议题更是受到了越来越多的社会关注。

未来五年，我国科学社会学领域的基本问题域将不断被丰富，富于学科特色的研究纲领将更进一步得到发展，学科发展的推动力量也将更加多元。从我国科学社会学发展的战略需求和重点方向来看，我们需要在以下三个方面加强谋篇布局，突出特色，不断提升这一专业领域的学术和社会影响力。

1. 强化学科基础建设，推动研究范式融合

有意识地融合研究范式。作为多元研究方法并存的交叉学科领域，进一步加强学科规范性建设，推动形成学科特色鲜明的研究范式，是强化学科基础建设的重要方向。这不仅需要更好地融合社会学的研究方法，增进与社会学研究群体的互动对话，也应进一步接纳整合政治学、政策研究等社会科学的规范性调查方法和经验基础。

有计划地引进重要著作。通过相关学术团体和科学社会学学者的共同努力，有选择有重点地引入和翻译一批科学社会学经典著作，以及能够反映近年来科学社会学理论进展和

研究前沿的重要作品，在借鉴和反思中不断提升学科研究基础能力，夯实我国科学社会学的学科基础建设。

有步骤地加强学科教育。课程建设是学科建设的基础性工程，面对当前科学社会学课程设置仍然薄弱的局面，开展系统深入的调研和研讨，加强教材建设，加强教学研讨，加强学术前沿与教学内容的关联度，加强与科学史及科学哲学专业在学科教育方面的合作交流。

2. 加强研究议题设置，聚焦本土问题研究

主动加强对研究议题的设置，通过有深度、有厚度的研究问题引领学界讨论、发展方向，推动对研究诚信、科研责任、科技伦理、科技治理、科学传播等关键问题的深入探讨。鉴于学科的发展与整个社会乃至整个时代都有密切联系，因此要特别加强对我国现实社会问题的关注，拓展研究视野，从侧重剖析科学社会学理论走向更多地解读我国社会语境中的科学实践，在探究理论方法的基础上再进一步，聚焦研究中国问题，更多探讨中国科学发展过程中的社会现象，力争在我国科学社会学研究的本土化、经验化方面取得突破性进展，进而基于充足的经验案例研究，推动形成具有我国特色的科学社会学理论贡献。

3. 发挥专业建制作用，提升研究的社会影响力

拓展现有学术建制的影响，立足于研究会科学社会学专业委员会的学科建制，与中国社会学会科学社会学专业委员会等协同合作，吸引和凝聚国内科学社会学研究的主导力量，进一步发挥学会作为研究共同体的学术引领和规范导向作用。作为主办方继续办好全国科学社会学学术研讨会，重在提升学术交流水准，使之成为我国科学社会学界的重要交流平台。加强《科学与社会》期刊平台建设，坚持办刊宗旨，注重 STS 学科基础和稿件质量，持续刊发兼具学术深度和思想高度的稿件，不断拓展科学社会学研究的学术及社会影响。

参考文献

［1］吴彤. 科学实践哲学中的库恩［J］. 长沙理工大学学报（社会科学版），2013（04）.

［2］洪伟. 后默顿时代科学社会学述评［J］. 科学与社会，2012（03）.

［3］赵延东，洪伟. 承担企业科研项目给科研人员带来了什么［J］. 科研管理，2015（12）.

［4］李强，赵延东，何光喜. 对科研人员的时间投入与论文产出的实证分析［J］. 科学学研究，2014（07）.

［5］薛品，何光喜，张文霞. 互联网新媒体对科学家公众形象的影响初探［J］. 科普研究，2014（06）.

［6］李真真，李焱，杜鹏. 塑造科学：政策语境下的科技创新［J］. 科学与社会，2016（02）.

［7］张培富，贾林海. 国内科学社会学教育建设的考察［J］. 科学与社会，2016（02）.

［8］李正风，鲁晓. 中国科学社会学的演进：路径、特征与挑战［J］. 科学与社会，2016（02）.

［9］张培富，孙磊. 默顿的科学社会学研究路径的形成：兼论中国近现代科学社会史研究路径［J］. 山西大学学报（哲学社会科学版），2013（01）.

［10］Michael Lynch. Still emerging after all these years［J］. Social Studies of Science，2011，41（1）：3 - 4.

[11] 洪伟. 后默顿时代科学社会学述评［J］. 科学与社会，2012（3）。

[12] Price, D. Little Science, Big Sience. New York. NY：Columbia University Press, 1963.

[13] 黛安娜. 克兰. 无形学院：知识在科学共同体的扩散. 刘珺珺等译. 北京：华夏出版社，1988.

[14] 鲁晓，李正风. 科学的社会研究主题、方法、及反思：基于 3S 杂志的透视. 科学学研究,2015（1）：4-10 页.

[15] Reichmann, Werner. Epistemic participation：how to produce knowledge about the economic future. Social Study of Science, 2013, 43（6）：852–877.

[16] Laura A Hunter, Erin Leahey. Parenting and research productivity：new evidence and methods. Social Study of Science, 2011, 40（3）：433 - 451.

[17] Werner Reichmann. Epistemic participation：how to produce knowledge about the economic future. Social Study of Science, 2013, 43（6）：852–877.

[18] Kimberly Kelly, Linda Grant. Penalties and premiums：the impact of gender, marriage, and parenthood on faculty salaries in science, engineering and mathematics（SEM）and non–SEM fields. Social Study of Science, 2012, 42（6）：869 - 896.

[19] 张成岗，黄晓伟. 现代性问题史视阈中的技术社会学：历史进路与当代构建. 第六届全国科学社会学会议.

[20] 李正风，鲁晓. 中国科学社会学的演进：路径、特征与挑战. 科学与社会，2016（2）.

撰稿人：缪　航　赵　超　鲁　晓

科学计量学

一、引言

科学计量学（Scientometrics）是以社会环境为背景，运用数学方法计量科学研究的成果，描述科学的体系结构，分析科学系统的内在运行机制，提示科学发展的时空特征，探索整个科学活动的定量规律的一门学科，被人们称为"科学的科学"。通过定量分析方法发现科学活动的内在规律，如以科学计量学为基础的科学评价、以科学计量学方法进行的跨学科研究、运用科学计量学指标对学科发展趋势的预测和对科研绩效的评估等。与之相关的"五计学"包括：文献计量学、信息计量学、科学计量学、知识计量学和网络计量学，它们既有共同基础、交叉融合，又各有侧重、自成体系。

自 1969 年被首次提出，科学计量学在近半个世纪的历程中，发展迅速，影响深远，应用领域不断扩大，取得了一系列成果。其发展过程可以分为三个阶段：科学计量学的萌芽时期、奠基时间和发展时期。随着计算机网络技术的深入应用，Web 2.0 和大数据技术的兴起，开放获取和数字出版的流行，社交网络和自媒体的普及，4G 移动服务和 E-research 的快速发展，这些都深刻地影响着科学交流和科技创新的各个方面。科学计量学的研究内容不断更新，研究方法不断创新，运用科学计量学的指标和方法研究科学发展内在规律，从而为科研管理工作和科技政策制定提供参考和指导发挥了重要作用；但同时也面临着众多问题与挑战。新时期科学计量学学科的结构如何？发展趋势怎样？国内外的差异有哪些？这些关系学科发展的重要问题，一直为业界人士所孜孜探究，但却未能很好地解决。本报告将对近五年来国内外科学计量学研究状况进行系统梳理和计量分析，总结领域研究热点，分析国内外[①] 研究的异同，并探索其研究趋势。

---

① 为了便于研究分析，本文将中国台湾地区的相关情况与中国大陆的数据分开处理，并归入国外数据。

二、国内外科学计量学研究现状的计量分析

（一）数据来源及方法

Journal of Informetrics（简称 *JOI*）和 *Scientometrics* 是具有科学计量学学科研究现状的两种代表性国际权威期刊。*JOI* 发表高质量的关于信息科学定量研究的文章；从论文主题、刊物定位等方面来看，都与科学计量学高度重合，国际科学计量学与信息计量学大会（ISSI）也把两名称并列在标题中。

（1）国外数据来源。

在 Web of Science（WOS）中，选择基本检索，时间跨度选择 2012 年 1 月 1 日—2016 年 12 月 31 日，检索条件为"出版物名称 =Journal of Informetrics"，检索出 459 条记录；以同样方法检索出"Scientometrics"期刊 1635 条记录，检索日期均为 2016 年 12 月 31 日。通过对检索结果的精炼、清洗，汇总后最终得到 1972 条文献记录。

（2）国内数据来源。

国内没有与国外类似的专门科学计量学期刊，所以选择主题检索的策略。在 CNKI 中，检索条件为"主题 = 文献计量学 或者 主题 = 信息计量学 或者 主题 = 知识计量学 或者 主题 = 网络计量学 或者 主题 = 科学计量学 或者 主题 =Scientometrics 或者 主题 =Altmetrics"，检索方式为精确匹配，时间跨度选择 2012 年 1 月 1 日—2016 年 12 月 31 日，检索出 6595 条数据，检索的具体日期为 2016 年 12 月 31 日。通过去除报纸论文等无研究题录信息的记录及对检索结果的精炼、清洗，最终得到 5079 条文献记录。

（3）数据处理方法。

第一阶段，统计高频词和制作共词矩阵。关键词及作者数据预处理；运用 Bibexcel 进行频次、共现及矩阵计算。关键词数据选择频次大于 4 的国外 347 条、国内 723 条作为代表主题研究的高频词；国外和国内样本中分别共有 3051 位和 7957 位作者，选择频次大于等于 6 的国外 116 位及频次大于等于 7 的国内 116 位为数据源，用做作者—关键词二模数据分析。构建作者—关键词二模矩阵。第二阶段，基于矩阵做出凝聚子群派系等图谱。凝聚子群派系研究；作者—关键词二模关联聚合图谱。

（二）国内外历时分析

载文量是描述学科生产科学知识能力的基本指标之一；学术论文数量的变化是衡量学科发展态势的重要指标，对评价该学科所处的阶段以及发展动态和预测未来趋势有重要的意义。对国内外科学计量学文献分别作历时性的柱形统计图，如图 1 和图 2。

（1）国外载文量分析。

国外科学计量学的起源可追溯到 20 世纪初欧洲和苏联学者对书目引文的统计分析，

从图 1 中指数趋势线的走势可知，*JOI* 与 *Scientometrics* 自 2012 年以来学术论文的年载文量整体呈上升趋势。在 2014 年时出现了研究高峰，但总体波动幅度不大。因为 2016 数据不全，整体应该是稳步发展，这也和两期刊的报道论文量和录用政策比较稳定相关。

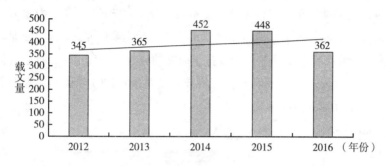

图 1　2012—2016 年 *JOI* 与 *Scientometrics* 载文量

（2）国内载文量分析。

国内科学计量学的起源可追溯到 20 世纪 70 年代末，科学学、科技管理、科技政策等研究逐渐渗透到该领域，是国内科学计量学发展的开端。

从图 2 中指数趋势线的走势可知，国内科学计量学自 2012 年以来学术论文的年载文量整体上是呈波浪式发展的趋势，在 2015 年时出现了研究高峰，虽然指数趋势线是略微下降，但总体波动幅度不大，近五年每年论文浮动相差在百篇左右，说明近年国内研究学者对科学计量学的研究也较为稳定。2016 年为不完全统计，估计近期是比较稳定的发展。

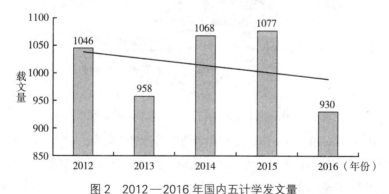

图 2　2012—2016 年国内五计学发文量

（三）国内外作者分析

1. 国内外高产作者分析

（1）国外高产作者分析。

图 3 是近五年以来国外 *JOI* 与 *Scientometrics* 期刊的高产学者知识图谱。其中，LutzBornmann 现在马克斯·普朗克协会科学促进会从事社会学研究，其技能及专长包

括：科学计量学、文献计量学、统计学、科技史、数字图书馆、科学评价、学术交流等。LoetLeydesdorff 是荷兰阿姆斯特丹大学的教授，曾获普赖斯奖，是荷兰著名社会学家，其研究领域包括科学技术哲学、社会网络分析、信息计量学、科学计量学以及社会学。Giovanni Abramo 在意大利的罗马国家研究委员会及罗马大学从事研究，技能及专长是文献计量学。Ciriaco Andrea D'Angelo 是罗马大学的副教授，主要研究兴趣是文献计量学。Mike Thelwall 是英国胡弗汉顿大学信息科学教授，研究领域包括：计量学、社会媒体度量、情绪分析等。Ronald Rousseau 是比利时工业科技学院教授，2001 年荣获普赖斯奖，是国际信息计量学与科学计量学会创始人之一。

图 3   2012—2016 年 *JOI* 与 *Scientometrics* 高产作者

综上，*JOI* 与 *Scientometrics* 期刊高产作者知识图谱名字最大的前六位作者均来自欧洲，一定程度上说明了领域的众多顶尖专家来自欧洲，欧洲是科学计量学家聚集的研究中心。

（2）国内高产作者分析。

图 4 是近五年来国内研究科学计量学的高产学者知识图谱。其中，武汉大学邱均平教授在信息计量与科学评价、信息管理与知识管理、经济信息与竞争情报等方面有精深研究，专著《文献计量学》是该领域的奠基之作。王睿研究员是中国人民解放军总医院临床药理研究室主任，主要研究药学、临床医学、感染性疾病及传染病等。王瑾是中国人民解放军总医院的药物临床研究中心主任，主要研究药学、临床医学、感染性疾病及传染病等。这两个学者进行医学文献计量研究。南京大学华薇娜教授主要研究信息检索、网络信息资源收集与分析、社会科学研究评价等。大连大学侯剑华副教授曾师从王续琨教授和美

国 Drexel 大学陈超美教授，研究科学技术管理，科学计量与信息可视化等。武汉大学赵蓉英教授研究信息计量与科学评价、知识管理与竞争情报等。大连理工大学姜春林研究科学计量学、科技管理、区域创新管理等。

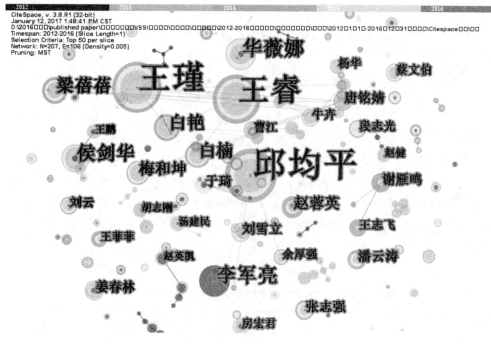

图4　2012—2016年国内五计学高产作者

综上，国内科学计量学高产作者主要来自武汉大学、中国人民解放军总医院、大连理工大学，经进一步具体文献调研可知，高产作者分别以该三个机构为团队展开学术研究，形成了非常强大的研究阵容。

2. 核心作者群

核心作者是对本学科研究发展具有较大贡献的科研人员。采用综合指数法确定核心作者，经过筛选去重后，五年间共得到作者国外为 3051 位、国内为 7957 位，其中国外发文量最多的是 Bornmann、国内发文量最多的是邱均平。

3. 核心作者候选人的确定

根据普赖斯定律，公式推导得出 $m=0.749\,(n_{max})^{0.5}$。国内外最高产作者发表的论文数为 43 篇和 67 篇，故而，国外高产作者发表的论文数量至少应为：$m=0.749 \times 67^{0.5} \approx 0.749 \times 8.1 \approx 6$；国内高产作者发表的论文数据量至少应为：$m=0.749 \times 43^{0.5} \approx 0.749 \times 6.55 \approx 5$。国外共有 43 位、国内共有 266 位达到核心作者候选人的要求。

4. 核心作者确定

通过 WOS 及中国知网统计出 43 位和 266 位候选人的论文数和被引频次，再通过综合指数法确定核心作者。计算候选人发文量和被引频次折算指数、综合指数的公式来确定核

心作者，相关公式如下：

候选核心作者发文量折算指数
＝候选核心作者发文量 / 候选核心作者平均发文量 ×100

候选核心作者被引频次折算指数
＝候选核心作者被引频次 / 候选核心作者平均被引频次 ×100

候选综合指数
＝（候选核心作者发文量折算指数 + 候选核心作者被引频次折算指数）/2

其中：

（候选核心作者平均发文量（被引频次）

＝候选核心作者总发文量（被引频次）/ 候选核心作者总数

候选的综合指数值越高，其学术水平越高。根据综合指数大于 100 为核心作者的标准，得出共 12 位作者为近五年 *JOI* 和 *Scientometrics* 期刊的核心作者，见表 1；得出共 94 位作者为近五年国内科学计量学的核心作者，部分见表 2。

（1）国外核心作者分析。

表 1　2012—2016 年 *JOI* 与 *Scientometrics* 核心作者

排名	作者	发文量	被引频次	综合指数
1	LutzBornmann	67	565	447
2	Loet Leydesdorff	46	549	377
3	Giovanni Abramo	41	317	260
4	Ciriaco Andrea D'Angelo	40	316	257
5	Mike Thelwall	37	294	238
6	Ronald Rousseau	37	139	170
7	Mu-Hsuan Huang	34	146	164
8	Ludo Waltman	18	214	147
9	Glanzel Wolfgang	32	114	144
10	Chen Dar-Zen	26	119	128
11	Han Woo Park	18	172	128
12	Yuh-Shan Ho	17	133	108

从图 3 和表 1 来看，值得注意的是，国外前六位高产作者在核心作者中的位置没有变化，说明国外作者发文不仅数量高而且质量也高。由于前六位作者在高产分析部分已经阐述，此处只做核心作者中后六位作者的介绍：Mu-Hsuan Huang（黄慕萱）教授为台湾大

学图书资讯学系，主要研究领域：图书资讯学、资讯检索、资讯行为、索引与摘要、书目计量学等。Ludo Waltman 为荷兰莱顿大学科学和技术研究中心研究员，研究领域：文献计量学和科学计量学，特别是文献计量分析和可视化的网络和文献计量指标的发展。Glanzel Wolfgang 是比利时鲁汶大学商业与经济学院教授，研究方向为文献计量学（科研信息过程的定量分析和数学模型）和数学（理论概率分布）。Chen Dar-Zen（陈达仁）博士为台湾大学机械工程学系教授，擅长进行知识产权分析、专利计量等研究。Han Woo Park 为韩国岭南大学教授，研究技能和专业知识包括：社会媒体、社会网络、交流、社会关系网络等。Yuh-Shan Ho 为台湾省台中市亚洲大学趋势研究中心主任，研究技能和专业知识包括：科学情报、科研政策、文献计量等。

综上，国外 *JOI* 和 *Scientometrics* 期刊中的 12 位核心作者中，有 4 位来自亚洲，8 位来自欧洲，一方面说明近年来欧洲在科学计量学领域的强势地位；另一方面也可以看出亚洲学者在国际科学计量学舞台上正发挥着越来越重要的作用，特别是中国台湾的研究比较瞩目，今后大陆学者还需要努力，在国际上为科学计量学的发展还应做出更多更好的科研贡献。

（2）国内核心作者分析。

表 2　2012—2016 年国内五计学核心作者（部分）

排名	作　者	发文量	被引频次	综合指数	排名	作　者	发文量	被引频次	综合指数
1	邱均平	43	299	1186	11	杨思洛	8	72	268
2	余厚强	17	175	635	12	杨　华	13	59	266
3	刘雪立	19	150	576	13	刘春丽	10	61	250
4	侯剑华	25	101	475	14	黄琴峰	10	59	244
5	王　睿	36	63	442	15	赵蓉英	21	30	238
6	华薇娜	28	64	388	16	张志强	14	45	232
7	王　瑾	37	33	361	17	刘则渊	12	48	226
8	胡志刚	13	86	345	18	姜春林	21	24	220
9	武夷山	8	76	280	19	王贤文	9	48	205
10	汤建民	13	60	268					

由图 4 和表 2 可知，国内科学计量学高产与核心作者排名第一位的都是邱均平教授，说明其科研产出不仅量多并且质高，是国内科学计量学界首屈一指的实力派专家。除此之外，与国外情况不同的是，国内其他高产作者的排序情况不一定就是核心作者的排序。限于篇幅，本文只对国内综合指数大于 200 的前 19 位作者分析，高产作者部分分析过的作者将不在此赘述：余厚强是武汉大学信息管理学院博士生，师从邱均平教授，主要研究科学计量学与网络计量学、科学评价与大学评价等。刘雪立为河南省科技期刊研究中心主

任、新乡医学院期刊社社长。胡志刚博士任职于大连理工大学科学学与科技管理研究所，是刘则渊团队成员。武夷山研究员主要从事科学计量学研究、科技政策研究、科普研究和美国科技问题研究。汤建民教授为武汉大学信息管理学院博士生，师从邱均平教授，是其团队成员。武汉大学杨思洛副教授研究方向和兴趣为网络信息资源管理，尤其关注文献计量与科学评价等方面，是邱均平教授团队成员。杨华研究馆员为中国医科大学附属盛京医院图书馆馆长，主要研究：医疗机构、科技论文、文献计量学等。刘春丽副研究馆员任职于中国医科大学图书馆，主要研究医疗机构、文献计量学等。黄琴峰任职于上海市针灸经络研究所，研究兴趣包括临床医学、文献计量学等。张志强研究员是中科院国家科学图书馆副馆长和兰州分馆馆长，长期从事科技战略与科技政策、科技情报学理论方法应用等研究。刘则渊教授是大连理工大学人文社会科学学院学术委员会主任、科技伦理与科技管理研究中心主任，主要从事科学学与科技管理、技术哲学、发展战略学和发展经济学诸领域的科研与教学工作。王贤文任职于大连理工大学科学学与科技管理研究所，从事科学计量学与科技管理的研究与教学工作。

综上，近年来国内科学计量学研究主要聚焦于三大领域，综合指数大于200的前19位作者也构成了三大研究领域阵容：图书情报学界（武汉大学）；科技政策与管理（大连理工大学）；医学界（中国人民解放军总医院和中国医科大学）。

5.作者合作关系分析

为了清晰展现论文中节点间的关系，选择发文在4篇以上且合作2次（阈值≥2）以上的作者（见图5和图6）。图中方框代表作者，方块越大说明该作者的发文量越大，连线代表作者与作者之间的关联关系，连线粗细表示作者间的合作次数的多少。

（1）国外作者共现分析。

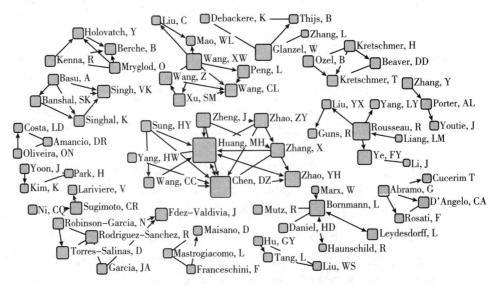

图5　2012—2016年 *JOI* 与 *Scientometrics* 作者共现图谱（阈值＞2，词频≥4）

由图 5 可知，2012—2016 年间科学计量学作者合作整体连线较多、联系紧密，呈现一个非常良好的合作态势，并出现了多个合著团体。其中，最大的团体由两位最大节点的核心作者带动，是中国台湾的 Huang，MH 和 Chen，DZ 夫妇，研究交叉合作非常频繁，推动着科学计量学学科的发展。

（2）国内作者共现分析。

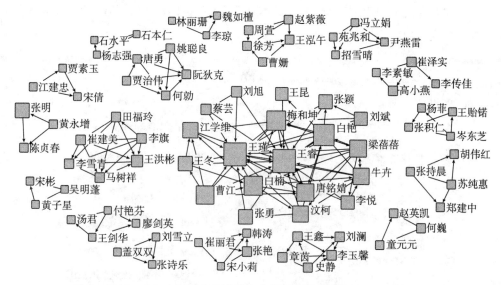

图 6　2012—2016 年国内五计学作者共现图谱（阈值 > 2，词频 ≥ 4）

由图 6 可知，近年来国内五计学作者合作整体连线较多、联系紧密，同样呈现一个非常良好的合作态势，也出现了多个合著团体。其中，最大的团体由两位最大节点的核心作者带动，分别是王睿和王瑾，该科研团队合作频繁、成果丰硕，研究涉及医学文献的计量分析。从图 6 还可看出作者合著的情况医学界要比情报学界多。

（四）国内外研究机构分析

1. 高产机构分析

（1）国外高产机构分析。

由图 7 可知，近五年 *JOI* 与 *Scientometrics* 期刊发文量大于 50 篇的高产机构依次有：Katholieke Univ Leuven（比利时鲁汶大学；发文量 109 篇）、Taiwan Univ（中国台湾台湾大学；发文量 90）、Dalian Univ Technol（中国大连理工大学；发文量 60）、Wuhan Univ（中国武汉大学；发文量 55）、Univ Antwerp（比利时安特卫普大学；发文量 52）、Chinese Acad Sci（中国科学院；发文量 51）。

从国外论文的机构来看，六个高产机构中有四个在中国，占比 66.7%。国内的高产机构与高产作者所在机构高度吻合，大连理工大学和武汉大学团队成员阵容强大，在综合指数大于 200 的前 19 位核心作者中，大连理工大学有四位刘则渊教授团队中的核心作者；武汉大学有五位邱均平教授团队中的核心作者；但国外高产和核心作者中只有 RonaldRousseau 和 WolfgangGlanzel 与所属高产机构中的比利时大学相吻合，机构的团队发文没有国内显著。其次虽然高产机构中 66.7% 来自中国，但中国的四个机构中，除了台湾以外，其他三个机构的发文量只是排名第一机构的一半，科研成果的差距悬殊，可见，国内科学计量学界由于学者的人数优势，而形成了较大的机构发文量；但是个体学者国际上的发文贡献和影响还需改善和提高。

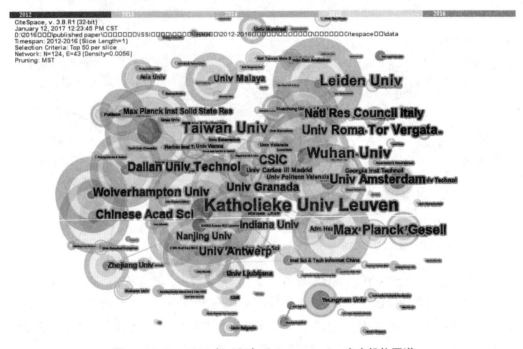

图 7　2012—2016 年 *JOI* 与 *Scientometrics* 高产机构图谱

（2）国内高产机构分析。

由图 8 可知，发文量大于 10 篇的高产机构依次有武汉大学信息管理学院（29 篇）、中国科学院大学（28 篇）、武汉大学中国科学评价中心（23 篇）、大连理工大学（20 篇）、山西医科大学（17 篇）、广州中医药大学（15 篇）、南京大学信息管理学院（15 篇）、中国科学技术信息研究所（12 篇）、北京中医药大学（12 篇）、北京理工大学（11 篇）、南京大学（11 篇）、兰州大学（10 篇）。

国内近五年科学计量学发文机构主要来源于两大领域，一个是图书情报领域；一个是医学领域，说明医学领域对科学计量学的应用比较深入与广泛，集中于医学文献计量分析。由于科学计量学运用数学方法计量科学研究的成果，适合所有学科，描述学科的体系结构，分析学科系统的内在运行机制，揭示学科发展的时空特征，探索整个学科活动的定量规律，因此，科学计量学还有很大的发展空间。从发文机构性质来看，90% 都是来自高校以及所属高校的研究中心，只有 10% 来自研究所，说明国内科学计量学研究的主要阵营是在高校。

图8 2012—2016 年国内五计学高产机构图谱

2. 机构合作关系分析

为了清晰展现论文中节点及节点之间的关系，选择发文在四篇以上且合作频次为 2 次（阈值 ≥ 2）以上的机构（见图9和图10）。

（1）国外机构共现分析。

由图9可知，近五年机构合作的六个节点按大小分别是 Katholieke Univ Leuven（比利时鲁汶大学）、Univ Antwerp（比利时安特卫普大学）、Chinese Acad Sci（中国科学院）、Zhejiang Univ（中国浙江大学）、Univ Amsterdam（荷兰阿姆斯特丹大学）、Wuhan Univ（中国武汉大学）。

节点最大的 Katholieke Univ Leuven（比利时鲁汶大学）共与 34 个机构有过合作，合作总数为 125 次。其中，与 Univ Antwerp（比利时安特卫普大学）合作最多，五年内共合作 27 次，占比 21.6%；近五年与中国九个机构有过合作，合作总数为 27 次，占比 21.6%，包括：Chinese Acad Sci（中国科学院；合作七次）、Zhejiang Univ（浙江大学；合作六次）、Tongji Univ（同济大学；合作四次）、Nanjing Univ（南京大学；合作三次）。Katholieke Univ Leuven 与 Univ Antwerp 的合作次数与中国总体合作次数相同，说明比利时这两所高校的合作频次非常大。Katholieke Univ Leuven 与中国高校的合作态势也相对较好。

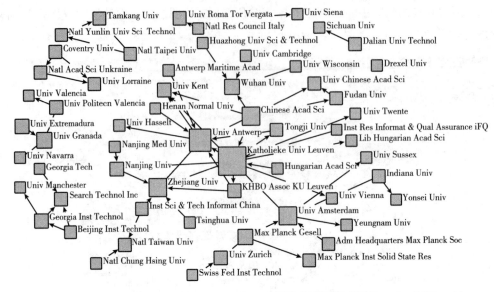

图 9　2012—2016 年 *JOI* 与 *Scientometrics* 机构共现图谱（阈值≥2，词频≥4）

（2）国内机构共现分析。

在图 10 中国内机构共现三个较大的节点，按大小分别是中国科学院大学、武汉大学信息管理学院和武汉大学中国科学评价研究中心。节点最大的中国科学院大学共与 10 个机构有过合作，除了武汉大学（合作 3 次）、南京大学信息管理学院（合作 1 次）、中国科学技术信息研究所（合作 1 次）和大连大学马克思主义学院（合作 1 次）以外，其他五个合作机构均是中国科学院大学下属部门。从合作机构中最大节点的中国科学院大学合作

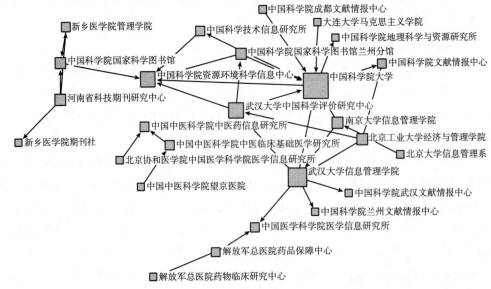

图 10　2012—2016 年国内五计学机构共现图谱（阈值≥2，词频≥4）

情况来看，50% 都是与所属机构的一种合作关系，说明其研究具有较大的稳定性；另外也说明中国科学院大学系统虽然发文总量不多，但与其他机构的合作紧密。

（五）作者—关键词关联聚合分析

利用作者和关键词的二维关系，展示国内外科学计量学的主流研究主题领域，图 11 和图 12 中的关联关系有两种视角：一是以关键词为中心度，关联一组作者群；二是以作者为中心度，关联一组主题群。

（1）国外作者—关键词关联聚合。

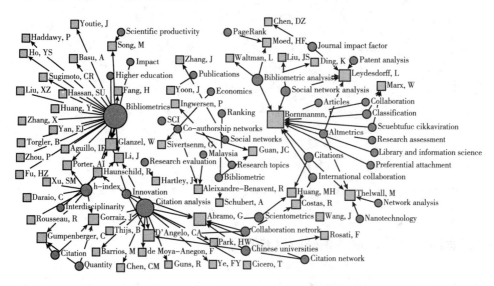

图 11　2012—2016 年 *JOI* 与 *Scientometrics* 作者—关键词关联聚合（阈值 ≥ 2）

较大的节点有"Bibliometrics（文献计量学）"、"Citation analysis（引文分析）"、"H 指数"和"Scientometrics（科学计量学）"等，并由此衍生出相应的主题群。从两个关键词研究的作者群和机构群构成情况来看，由图 11 可知，与"Bibliometrics"相关的作者有：Glanzel，W（比利时鲁汶大学）；Fang，H（中国南京大学）；Song，M（韩国延世大学）等。与"Citation analysis"相关的作者有：Abramo，G（意大利罗马大学）；D'Angelo，CA（意大利罗马大学）；Thijs，B（比利时鲁汶大学）等学者，欧洲占比 75%，说明"引文分析"在欧洲学者最热衷。从作者研究的关键词群构成情况来看，与"Bornmann，L"相关的关键词有：Bibliometric analysis（文献计量分析）；Social network analysis（社会网络分析）；Altmetrics（替代或补充计量学）；Citations（被引次数）等，研究主题涉猎广泛，囊括了科学计量学的理论、方法与应用，是一名国际上实力雄厚的学者。

（2）国内作者—关键词关联聚合。

图 12 中较大节点有"文献计量学"、"文献计量"、"知识图谱"和"文献计量分析"

等，主要聚焦于科学计量学的理论、方法与应用三个方面。从两个关键词研究的作者群和机构群来看，与"文献计量"相关的作者有：余厚强（武汉大学）、刘雪立（新乡医学院）、冯立娟（山东省果树研究所）等学者。

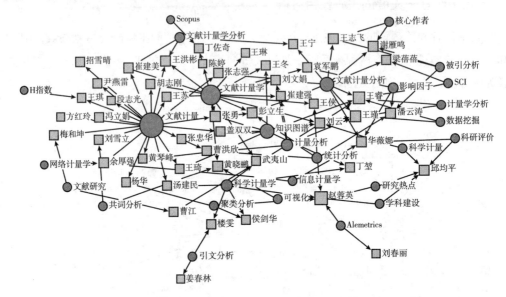

图 12 2012—2016 年国内五计学作者—关键词关联聚合图谱（阈值≥2）

三、国内科学计量学领域研究热点分析

国内科学计量学涉及领域较多，近年来不仅在科学计量学的基础领域有创造性研究，应用领域也在不断创新。下面主要对重点领域关键性的成果进行总结归纳。

（一）引证行为与引文分析

1. 引证行为与引文网络研究

引文是学术文献的重要组成部分，引文分析一直是科学计量学的核心领域和独特方法之一。杨思洛等从文献计量学的历时分析角度，基于学科层面，分析和比较我国学者引证行为的变化特征。具体选择"中国引文数据库"中四个学科（哲学、图书情报、物理和机械工程）1994—2013 年内 896645 篇论文的引文数据进行分析。结果显示：总体上不同时段、不同学科间的引证情况存在显著差异，各年发表论文被引量曲线呈拱形，被引的累积效应不明显；发表在不同年份的论文，特定年段后（时间窗），论文平均被引量呈现一致变化（在早期快速增加，近年来细微下降），未被引论文比例在早期下降明显，近年来趋于稳定或细微增长；发表在特定年份的论文，其平均被引峰值，机械工程和哲学分别为 7 年和 9 年，物理学和图书情报学都为 3 年。图书情报学中各年论文被引峰值时间较为稳定；

另外三个学科则在早期快速增加，近期趋于稳定；近年来，四个学科显现相对一致的被引特征，国内学者引证行为向相对稳定状态发展。

李江等基于341位诺贝尔物理学、化学、生理学或医学、经济学奖获得者的引文曲线，借助曲线拟合方法构建引文曲线的分析框架，包括两种规则引文曲线——经典引文曲线、指数增长引文曲线，和三种不规则引文曲线——睡美人引文曲线、双峰引文曲线、波型引文曲线。以诺贝尔奖得主为例的实证分析表明：①引文曲线的分析框架是一种新的引文分析视角；②引文曲线的分析框架可用于将一组（有一定影响力的）论文或作者划分层次，也可用于分析不同学科论文或作者的引用差异。

赵星等以CNKI收录的2001—2010年人文社会科学论文的8805762条引文记录为基础数据，构建82个文科领域的引文网络，用于定量刻画我国文科领域的知识扩散，并将其结果可视化。研究结果显示：经济学、教育学、政治学和管理学等学科中的部分领域是重要的知识源；在知识扩散的核心 - 边缘结构中，2/3的核心节点来源于经济管理学科；图书情报学是15个核心文科领域之一，在21世纪初展现出良好的学术活力。

2. 基于内容的引文语义分析

陆伟等归纳出构建引文分类体系的三个主要维度，即引文功能，引文重要性，情感倾向。以支持文献引用关系分析为目标，针对引文内容分析设计出引文内容标注框架，包括揭示引文关系抽象性质的引文分类标注体系，描述被引文献具体内容的引用对象标注体系，以及记录引文客观特征的引文属性标注体系；通过具体的标注实验体现了该标注框架的可用性。

赵蓉英等对全文本引文分析法进行全面梳理，首先，将其提出的背景归纳为传统引文分析法的不足以及相关技术的发展；其次，介绍全文本引文分析的研究数据、研究方法及研究内容；最后，展望全文本引文分析法未来的研究方向，认为全文本引文分析作为一种微观的、基于全文数据的引文分析法，可以从根本上改变和发展引文分析和科学评价的理论与方法；随着结构化全文数据的普及，其将得到更大的发展。

祝清松和冷伏海以碳纳米管纤维研究领域的高被引论文为研究对象进行引文内容抽取和主题识别，经人工判读验证：基于引文内容分析的高被引论文识别的核心主题能够较好地揭示高被引论文的被引原因（引用动机），而且与论文的研究内容相符合；与基于全文、基于标题和摘要的主题识别相比，在引文内容分析基础上识别的主题具有更好的主题代表性，能够有效揭示被引文献的研究内容，是对原文相关信息的重要补充。

3. 引文分析与科学评价

宋丽萍等选取F1000、Mendeley以及Web of Science、Google Scholar数据库，将心理学与生态学的1033篇论文的同行评议结果即F1000因子、Mendeley阅读统计、期刊影响因子，以及Web of Science、Google Scholar数据库中被引频次进行相关分析。结果表明：同行评议结果、传统引文分析指标以及以Mendeley为代表的影响计量指标具有低度正相关性，这意味着上述指标在科学评价中审视视角的不同以及数字时代科学评价的多维构成；心理学筛选数据中 F1000 因子与期刊影响因子相关度几近为 0，这一结论进一步证实了期刊影响因子与单篇论文影响力的严重背离；生态学与心理学指标相关分析结果的不同折射出科学评价中自然科学、社会科学的差异。

宋雯斐和刘晓娟对 WoS 平台中图书引文索引（Book Citation Index）中 2012—2014 年间的图书情报学学科图书的引文数据进行引用半衰期、被引半衰期的计量，并与该学科的期刊引文半衰期、被引半衰期做分析比较。结果显示，该学科图书引用半衰期大于期刊引用半衰期，图书被引半衰期要小于期刊被引半衰期，并从图书的引文和被引规律分析造成这种差异的原因。

胡志刚等定义和比较"引文"和"引用"两个紧密相关而又相互独立的概念，并基于 *JOI* 期刊中的论文数据进行实证分析。通过从 *JOI* 期刊全文数据中识别出在正文中出现的引用信息，统计论文中引用个数的分布情况，计算引用个数与引文篇数之间的相关系数，分析引用和引文之间的多对多关系，并提出一种新的加权的计算引文总被引次数的方法。结果表明，这种方法可以更早地识别出最新发表的高被引论文，因此在科学预见和科学评价方面具有重要的应用价值和前景。

（二）H 型指数与科学评价

H 指数自 2005 年被乔治·赫希（Jorge Hirsch）提出后，成为科学计量学领域热点，在科学评价方面有独特的优势和特点。

1. H 指数的理论研究

盛丽娜和顾欢以 SSCI 信息科学与图书馆学期刊为例，分析 JCR 最新公布的期刊评价位置指标——影响因子百分位与 h 指数、累积 h 指数等位置指标的相关性及其对期刊的评价效力。结果显示各引证时间窗口 h 指数和累积 h 指数及影响因子百分位间均呈显著正相关（均为 $P=0.000$），各指标与五年影响因子、特征因子间均呈显著正相关（均为 $P=0.000$）；影响因子百分位与 h 指数、累积 h 指数对期刊的评价效力一致，均在一定程度上反映了期刊的学术影响力。

唐继瑞和叶鹰对新近提出的学术迹和影响矩指标应用于单篇论著的评价效果进行比较研究，以 *JASIST* 2005—2014 年间发表的 25 篇高被引论文和 *Astrophysical Journal* 2011—2014 年间发表的 24 篇高被引论文为两个样本集，研究学术迹和影响矩相对于总被引数和 h 指数等学术评价指标的异同，发现各指标排序既具有一定相关性，又呈现出一定独立性，说明这些指标均有独立存在价值，而学术迹和影响矩能提供更全面的测度信息。

2. H 指数的应用研究

徐宾为了对图书馆图书的贡献和利用进行定量的衡量，定义了图书馆图书 h 指数并分析其存在的不足，进而提出图书馆图书改进 h 指数并给出具体的计算公式，以定量计算图书馆图书的贡献和利用。以某高校图书馆的图书借阅为数据来源，通过计算、比较和分析，发现图书馆图书改进 h 指数能够更加客观地反映图书馆图书的贡献和利用，可以为图书采访提供依据和参考。

陈远和丛振江选取新浪微博平台校园影响力榜 2013 年 9 月榜排名前二十名的校园原创微博作为研究对象，通过定义校园微博原创微博的被转发量 h 指数——hz 和校园微博原创微博的被评论量 h 指数——hp，将信息计量学中的 h 指数应用于微博影响力分析中，并验证了利用 h 指数来评测微博影响力具有可行性、代表性和科学性的优点。

3. H 指数的修正

薛霏等人结合集成影响指标（I_3）和 h 指数构成 I_3 型多变量指标框架，获得发文矢量 $X=(X_1, X_2, X_3)$ 和引文矢量 $Y=(Y_1, Y_2, Y_3)$、集成发文指数 $I_3X=X_1+X_2+X_3$ 和集成引文指数 $I_3Y=Y_1+Y_2+Y_3$ 等多变量指标。实证研究揭示了整体 h 核分布适用于评价学者、h 核指数 X_1 和 Y_1 适用于评价大学的核心影响力，集成指数 I_3X 和 I_3Y 适合替代期刊影响因子 JIF。多变量指标为学术评价提供了结合 I_3 和 h 指数优势的多维视角，可丰富学术评价测度。

俞立平和王作功针对 h 指数缺乏中短期评价问题，从期刊评价的时间窗口进行了深入分析，认为根本原因是期刊论文被引峰值滞后期导致的流量指标与存量指标同时存在问题。在此基础上，提出了两个新的指标：$h1\_n$ 指数和 hn 指数，并基于图书馆、情报与档案学期刊进行了实证，研究表明：期刊评价对象的时间窗口是文献计量学的基本问题；h 指数需要创新以便和期刊评价的时间窗口对应；$h1\_n$ 指数与 hn 指数能够提供期刊评价的新的信息；期刊评价对象的时间窗口可以深化 h 指数的进一步研究；被引峰值滞后期导致的期刊评价时效性差问题难以解决。

明飞和吴强将其与 W 指数及其衍生系列指数之间的差异机理进行比较分析，包括微观层面的指数评价机制的差异及两种评价体系的优劣，并在宏观层面统计学意义上，指出两种体系的关联和异同；最后通过主成分因子分析的实证结果，寻找这种差异在科学计量学中的表现；通过对两种评价指数体系的比较，为信息计量学指数的评价提供新的方向；提出了与 H 指数的衍生系列指数相对应的 W 指数的衍生系列指数，并推导得出了两者在数量模型和实证分析中的关系，这种关系对科技评价工作中评价指数的选取具有指导意义。

许鑫和徐一方将学术活跃度这一时间因素考虑在内，把高被引论文的距今年数加入到原有 H 指数中，构建出新的 Ht 指数用于评价学者学术水平和活跃程度。利用 WoS 数据（2000—2013 年），从 Ht 指数排名、Ht 指数稳定性、Ht 指数区分性以及近年活跃度等角度，对分子生物学领域 30 位学者进行实证研究。研究结果显示 Ht 指数对具有相同 H 指数的学者具有很好的区分能力，区分度达到 82%；Ht 指数能够反映学者的近年学术活跃度且稳定性良好，Ht 指数能够在兼顾时间因素的同时，区分 H 指数相同的学者，实现更好的学术评价。

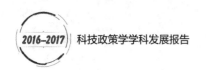

（三）社交媒体环境下的 Altmetrics

Altmetrics 是 Alternative metrics 的缩写，最先由 PriemJ 于 2010 年提出，在社交网络环境下，Altmetrics 有着得天独厚的优势，是未来科学计量学研究的趋势之一。

1. Altmetrics 的理论探讨

邱均平和余厚强将替代计量学的产生背景梳理为传统文献计量学的局限和在线科研环境带来的机遇两个部分。根据替代计量学发展过程的特点，将其划分为三个阶段，即酝酿阶段、提出与热议阶段和理论应用研究的深化阶段，针对每个阶段深入阐述其内容与特征。进而从主要学术活动主题、代表人物群体、代表作品内容等角度，综述替代计量学的研究进展，在此基础上对替代计量学的进一步发展进行讨论，认为应该引起国内学者、出版商、图书馆、信息服务部门等相关人员和部门对替代计量学相关研究的关注，把握这次学术交流与评价体系变革的机遇。

刘春丽指出选择性计量学与网络计量学既有联系又有区别，选择性计量学与传统科学质量评价的研究对象有所不同。综合分析选择性计量学在时效性、覆盖面和科学交流过程方面的独特研究意义。总结可以在多种开放存取平台和学术社交网络中提取的选择性计量学的评价指标。并以 Total-Impact 工具为例，分析选择性数据集来源和选择性计量类型。

邱均平和余厚强对近年来替代计量学的研究论著进行追踪和梳理，利用狭义、广义二分法归纳替代计量学的研究内涵，明确提出狭义的替代计量学专门研究相对传统引文指标的在线新型计量指标及其应用，广义的替代计量学研究在线新型科学交流体系和面向学术成果的全面影响力评价指标体系。认为根据应用情境对替代计量指标和数据源进行细分，既能反映学术成果的社会影响力，也能反映学术成果的学术影响力；从规避数据操纵、数据严谨性和数据一致性三个方面，论证了替代计量指标具备实用的可信度；替代计量学研究有利于增加发展中国家科学家的话语权，对创新型科学交流机制起到促进作用；对应 Altmetrics 这个英文术语，"替代计量学"是最合适的中文译名。

2. Altmetrics 的指标体系研究

余厚强和邱均平构建了学术成果影响力产生模型，据此对替代计量指标实行分层，即传播层次、获取层次和利用层次，发现了不同层次替代计量指标的转化关系，并在每层增加了程度维度，即传播强度、获取黏性和利用深度，使每个既有替代计量指标在整个分层体系中得到定位，有利于加深对这些指标的理解；最后，在明确了对替代计量指标聚合的四点注意事项后，总结了替代指标聚合的三种方法，即数学处理、分配权重和关联可视化，并指出数学处理的聚合强度最高。

崔宇红提出 Altmetrics 指标有很多；如果从数据源的角度进行分类时，则可以分为获取、提及、使用和社交媒体等大类；如果从多维尺度指标相似性的角度，针对指标的分布密度以及其适用广度分类时，则可以将其聚为论文浏览与下载指标，链接评级、注释、社会书签、和评论指标，博客指标以及引文指标四大类。

余厚强等人通过对新浪微博替代计量指标进行统计分析，探索中文环境下替代计量指标的特征和规律。研究发现：新浪微博替代计量指标覆盖率不足1%，但由于追踪时间和追踪对象的局限，该数字可能被严重低估；新浪微博关注和讨论较多的论文来自"综合""生物化学、遗传学与分子生物学""保健科学""医学"及"生命科学"等学科；新浪微博替代计量指标的期刊分布满足对数曲线规律，除著名的综合性期刊如 *Nature* 等，预印本平台 arXiv 和开放存取期刊 *PLoS ONE* 等也获得了较多关注，生物学和医学的"明星期刊"最多；新浪微博主要关注最新论文，正式出版180天内受到关注的论文比例高达68.66%，同时也会关注经典论文；新浪微博发布者倾向宣传、推介和评论贴近生活、趣味性强、实用性高、涉及生命健康的学术论文，传递出引文无法体现的社会价值和学术价值；新浪微博替代计量指标呈现出显著的离散和集中分布特点，5.1%的学术论文获得了50%的新浪微博关注。此外，受新浪微博关注的论文在全球范围内获得远高于平均水平的关注度。

3. Altmetrics 数据来源分析

何文认为 Altmetrics 的数据来源有很多，总的来说各类型网络信息媒体如论坛、微博、博客、维基百科等都是其数据来源，通过 CiteULike、Twitter、Menddldy、Faculty of 1000 等工具将社会化书签与参照管理的功能相结合，使用户实现对文献保存、使用、分享、添加关键词和评论等系列操作，从而方便快捷地分析信息利用情况；在以社交网络计量资源为对象分析学术信息行为和过程时，要对其可行性进行研究，即该工具的覆盖范围是否足够大。

赵星以2013年物理学、计算机、经济学和图书情报学被 SCI 和 SSCI 收录的166767篇论文为研究样本，探索性地研究了该 Usage 数据的测度特征。结果显示，相较于引文数据，Usage 更具测评区分度与敏感性；其在高频局部呈现出近似正偏态分布，于累积整体涌现出近似幂律分布；Usage 的测评结果具有独立性，且与引文结果没有本质对立。虽然 WoS 平台的 Usage 仍有笼统性、可伪性和封闭性之局限，但仍不失为配合引文数据、提供丰富影响力测评视域的可能选择之一。

4. Altmetrics 的论文层面计量

杨思洛等在讨论 OA 论文影响的形成过程、影响因素和形成机制的基础上，以中美学者发表在 PLoS 平台的七种 OA 期刊上的论文为样本，以 PLoS Article-Level Metrics 为工具，统计五大类指标（浏览下载量、引用量、保存量、讨论量、推荐量）的24个分指标数据，从指标相关性、不同年份、不同类型论文、不同分指标等方面，系统比较中美 OA 论文影响的异同。研究发现：①中美 OA 论文各指标间的相关性类似，被引量与浏览下载量有较高相关性，与讨论量相关性最弱。②总体上美国论文各指标值高于中国论文，讨论量、推荐量和浏览下载量相距较大，保存量则相差不大；只通过被引量衡量，低估了中美 OA 论文影响存在的差距。③中国论文中，中国作者为辅的论文影响指标值相对较高，中国独著的论文表现最差；美国论文中，美国作者为主的论文在多个指标值中最高。中美论文在不同分指标间也存在差异。

庆斌等利用主成分分析法和相关分析法，对来自 Mendeley 的指标数据进行了收集和筛选，构建了基于 Altmetrics 的论文影响力模型对论文进行评价，并与主成分评价模型和引用评价模型的评价结果进行了对比，发现在评价高学术影响力论文方面，它们在一定程度上具有一致性；王贤文等利用 PLOS 平台，以该平台的期刊论文为样本，从不同利用角度选取九个指标，运用主成分分析的方法，最终确定这些指标可以分为两个主成分，分别为社会影响力和学术影响力，并确定二者的贡献程度，然后计算论文的综合得分，并进行比较分析，从而试图从多个角度全面综合评价论文影响力。

5. Altmetrics 相关应用探讨

在学术评价方面，由于传统评价指标时滞性长，评价类型单一等固有缺陷，使得评价不够全面，因此遭到到了许多学者的质疑，此时引入 Altmetrics 指标，使其成为传统评价体系的一种补充，从而弥补了传统指标评价论文时的不足，最终达到从广义层面上描绘学术影响力全景的目的，并且与传统指标评价论文相比，使用 Altmetrics 进行论文评价延伸了影响力的范畴，实现了对论文社会影响力的有效评价。如有学者就通过 Altmetric.com，以生物医学领域的论文为研究对象，对论文发表之后在网络中分享、在各种文献管理软件中使用以及专家推荐等情况进行次数统计，并对这些分享、推荐等行为赋予权重，从而为一篇文章打分，进而排名；发现分数高的论文的使用对象已不再局限于专业学者，普通用户、图书馆馆员、期刊出版者等也高度关注，体现了成果影响力的全景。

在科学交流上，效率始终是大众关注的点，Altmetrics 的运用正好满足了大众提高文献检索效率的需要，并且 Altmetrics 突破了时间、空间的限制，能快速、广泛传播文献，对促进学术交流和信息共享有着很大的帮助。因此，有学者对其在线科学交流新模式进行了积极的探索，认为这种新模式包括传递机制和过滤机制，通过这种模式能快速将科研成果传递给学者，保证学者获取高相关成果；另外，提高了学者进行在线学术交流的效果。

在信息服务上，Altmetrics 更多地被当作一种手段，通过该手段达到提高服务效率、完善服务效果的目的。国内学者也以图书馆为主体，积极探讨了使用 Altmetrics 提高图书服务的途径，认为图书馆可以首先推广和宣传 Altmetrics 理念和进展，让更多人了解、支持 Altmetrics，然后在本地机构库、学术出版平台和个人知识管理系统中整合 Altmetrics 指标，最后利用相关软件和工具开展文献检索、资源推荐和分析决策服务。

（四）科学知识图谱方法与技术

科学知识图谱是以科学知识为对象，显示学科的发展进程与结构关系的一种图形，具有"图"和"谱"的双重性质与特征。通过知识图谱，可以较形象、客观、真实地显示学科的结构、历程、演化与趋势，为科学研究提供方向和指南，也可为科研管理提供参考和依据。

1. 科学知识图谱理论分析

陈悦等人认为工具"滥用"和"误用"的现象，其缘由在于使用者对该工具的方法论功能认识不足。从四个方面阐释 CiteSpace 知识图谱的方法论功能：从 CiteSpace 工具的设计理念入手阐发其改变看世界方式的核心功能；从 CiteSpace 的理论基础阐述其对研究领域解释与预见上的理论功能；从 CiteSpace 使用流程阐明其方法论功能的实现；从 CiteSpace 的新近技术介绍其应用功能的扩展，CiteSpace 知识图谱在探测学科前沿、选择科研方向、开展知识管理和辅助科技决策诸方面能够更好地发挥方法论的功能。

陈超美等出版的《科学前沿图谱：知识可视化探索》引用大量实例对抽象知识给予形象表征进行了基础性分析，阐明了形象语言在知识创造、传播与交流中的必要性和普适性问题。从跨学科的视角审视了寻求知识可视化的历史及最新进展，包括理论，如无形学院和竞争范式，和实际应用，如应用可视化技术展示知识的结构和科学范式的兴衰。

杨思洛等结合图书情报学、知识图谱、比较研究、学科内容等四大方面，对知识图谱理论、方法、应用系统把握，然后绘制图书情报学科合作模式、引证模式、学科结构、研究趋势等系列知识图谱，进行中外对比分析，并通过咨询领域专家对结果进行调整，获取有关结论，为科学知识图谱研究的完善以及图书情报学科的发展提供科学依据和实例。按照"基本概念——理论阐述（宏观分析）——规律实证研究（微观统计）——综合策略"的研究路线，深入探讨新时期中外图书情报学科知识图谱的异同及促进策略。

曹树金等人选取 1998—2014 年间 SSCI、CSSCI 中以知识图谱为主题的期刊论文，以 SATI、UCINET、NetDraw、Cite Space 等为数据分析和可视化工具，通过时间分布揭示该领域发展的阶段特征，通过节点性论文计算和高频关键词共现分析揭示该领域发展的内容分布，从而厘清其发展脉络；从学科分布、核心期刊和边缘期刊的判别揭示该领域发展的跨学科概貌，通过核心作者综合指数计算、合作分析和机构分析揭示该领域研究的人物关系，厘清其发展流派。在此基础上提出知识图谱研究的弱化与主题的衍生、知识图谱的跨学科研究与应用和知识创造者的合作创新三个发展趋势。

2. 科学知识图谱方法与工具

知识图谱是对知识单元及其关系的可视化展示，所以知识单元关系的构建方法是其关键内容。刘盛博等对基于位置的共引分析学科结构的尝试，具体关注两被引对象在施引论文中的位置，来决定其联系程度，例如在同一位置，或者同一句、同一段中的引用情况。宋艳辉和武夷山以 Scientometrics 为例，分两个时间段研究二十年间科学计量学的知识结构与演进状况，并以此来研究作者文献耦合分析法与作者关键词耦合分析法在揭示学科领域知识结构方面的异同。一些学者借鉴传统文献知识单元关系，尝试构建网络知识单元关系并进行可视化，例如基于共链接、URL 共现、共推荐、共评论、共好友等关系的知识图谱研究。

王菲菲和杨思洛以 CSSCI 为数据源，深入剖析国内情报学领域的高产作者互引、高产一高被引作者互引、核心作者互引网络，通过作者互引分析揭示学科结构，并与国外相关情况对比。研究发现，国内该领域研究大致分为三个大类、九个子主题，然而这种主题分类相对模糊，学者研究交叉性和涉及主题多元化现象较为突出，不如国外研究的精专深；国内学者之间的相互认可度未达到国外水平，知识双向流动较少，单向的流动也多局限于地域接近、合作或师生关系中；计量学、竞争情报、信息资源管理以及信息检索等研究方向在国内较为集中，但信息安全、市场与用户分析的研究则相对欠缺。与作者共被引分析相比，作者互引分析更侧重当前活跃学者的互动性，主要展现当前研究热点所在，揭示结果较为分散，二者可互补应用，共同揭示整个领域的科学结构特征。

杨思洛和韩瑞珍基于狭义理解（知识图谱是运用文献计量学方法，通过对文献知识单元分析来可视化科学知识的结构、关系与演化过程），从知识图谱的绘制流程（数据检索、数据预处理、构建知识单元、数据分析、可视化与解读），系统梳理国外研究现状；详细阐述九种专门知识图谱绘制工具；并对相关研究进行展望。

3. 科学知识图谱的应用

陈必坤认为不同的可视化软件具有不同的特点且使用不同的算法去聚类和可视化结果。因此，把握不同软件的特点，根据研究目的对其进行合理的组配使用能够达到较为理想的研究效果。具体可分为三种组合方式：基于流程的组合方式，基于文件格式的组合方式，基于软件模块的组合方式。为了博采众长、高效率地进行知识图谱绘制，可根据需要，在不同软件之间进行特定模块的直接调用。

杨思洛提出了科学知识图谱应用研究的总体框架和思路基础上，系统总结国外知识图谱的十大应用：明晰学科结构、分析研究内容、描述科研合作、预测学科前沿、揭示学科关系、用于学科分类、促进科研管理、进行科学评价、探究学科历史、检索文献信息。

目前科学知识图谱被大量应用于相关学科领域的分析中，作为一种可视化学科知识的方法和工具，被越来越多的使用和认可。江婉婷等为探究当前国外肌肉衰减综合征的运动疗法研究热点，以 Web of Science 数据库为基础，搜索国外 2007—2016 年以来，以肌肉衰减综合征运动疗法为研究主题的文献 692 篇。利用知识图谱软件 Citespace III 对所获文献进行科学计量和可视化分析。盛明科运用 CiteSpace IV 可视化分析软件对中国知网期刊数据库政府绩效管理主题文献进行聚类和计量分析，发现热点主题集中于政府绩效管理体系构成与制度要件、政府绩效管理与行政管理体制改革、政府绩效管理的合法性与外部宏观改革逻辑等研究层面，而未来的研究倾向于政府绩效管理的"预算绩效""公共价值""行政体制改革"及其他如"政府绩效评估"等维度。

（五）专利计量与挖掘分析

专利计量是以专利中的计量信息作为分析研究的基础，通过对专利的计量分析可以洞察行业技术的发展状况，辨认竞争对手及其技术活动重点和实力并判断行业的竞争态势，专利计量成为科学计量学的有机组成部分和重要应用工具。

1. 专利计量与专利战略

栾春娟采用社会网络分析的知识图谱方法，借助对世界数字信息传输技术领域的专利计量，从专利活动的国家分布与专利中心的国际转移，揭示出发达国家专利竞争背后的不同专利战略模式，并由此引出该领域基于核心技术的中国专利战略模式。文庭孝等利用专利申请量、专利成长率、专利授权率、专利有效率、专利权人分析和 IPC 分析等专利计量指标对湖南省专利分布情况进行了计量分析，对湖南省未来专利发展战略有针对性地提出建议。苏平和全骞以 CNIPR 专利信息检索平台和 INCOPAT 专利数据库为专利数据来源，结合专利申请信息和专利法律状态信息，从竞争环境和竞争实力两个维度，通过专利申请趋势、技术领域、国别分布、专利申请人等指标，全面分析了我国搜索引擎行业的竞争态势；同时通过对专利文本进一步的挖掘聚类，全面了解该技术领域的创新状况，发现该领域核心技术的发展趋势，为国家、企业及高校规划技术路径和研发策略提供参考。

2. 专利计量与专利合作

温芳芳将文献计量学的理论、方法和工具从科学文献延伸到专利文献，系统阐述了专利制度、专利文献、专利计量等相关概念的产生及发展演变，介绍了专利计量的理论、指标、方法及工具。基于中国知识产权局专利文献数据库中的专利文献信息开展实证研究，对发明人和专利权人之间的合作关系与合作模式以及伴随着专利合作而产生的知识交流情况进行计量分析。基于大量的统计数据和计量结果，描述当前我国专业合作的现状，指出现存的问题和不足，并给出具体的优化建议与改进措施。能够为提高科研效率和推动国家创新体系建设提供参考。刘云基于美国专利数据库，从专利授权机构、专利质量、专利合作强度等方面，对近三十年来中美合作发明的授权专利特点进行了计量分析，发现中美在专利技术合作方面存在的问题，并提出相应的政策建议。

3. 专利计量与专利引文

方舟之以行为逻辑为视角，从专利引用行为的主体、动机、行为能力和外部的引用行为规则四个因素对专利引文的形成路径进行研究。发现行为主体经历心理阶段和实施阶段，在外部规则因素的作用下形成专利引文；专利申请主体的因素是导致引用动机和引用行为差异的主要原因，进而导致专利引用结果的差异，构建样本和模型时应对不同属性的主体的引文作出区分。滕立和黄兰青对国际专利引文研究的计量分析，以共被引和共词分析方法，以 SCI 中 2000—2013 年的有关专利引文的研究文献为对象，分析了其知识基础与研究主题。结果表明,专利引文研究主要是建立在 Jaffe AB(1993)、Narin F(1997)、Griliches Z(1990)和 Trajtenberg M(1990)等人研究基础之上,核心研究领域集中在企业/产业的创新能力与绩效评价,涉及知识溢出、技术扩散、竞争优势等内容。关键词聚类在战略坐标中的象限分布则表明专利引文研究处于既定范式下的深度研究,缺少对范式扩展的广度研究。另外,研究还发现专利引文研究较少关注基础研究与应用技术间的互动关系。

李蓓和陈向东以 2000—2012 年间中国大陆于美国专利商标局(以下简称美专局)获得授权的发明专利及其专利引文(包括前引和后引)为样本,采用专利引文网络分析方法,识别出了大陆当前的核心技术及重要的新兴技术领域,并与台湾展开了对比。研究发现,虽然两岸的核心技术,即当前技术竞争优势高度重合,呈现出激烈竞争,但鉴于两岸核心技术发展的阶段差异及新兴技术的不断涌现,两岸在未来还存在广阔的战略合作空间。陈亮等人概述专利引文的定义和来源,根据专利引文类型不同,分别梳理专利—专利引文分析方法和专利—论文引文分析方法的发展脉络及代表性的研究成果,总结专利引文研究方法目前存在的问题,并给出应对建议。

4. 专利计量的应用研究

姜锦铖等人从专利计量的视角深入剖析了全球化背景下中国家电产业技术追赶的机制。通过对中国和日本代表性家电企业专利数量及质量的分析发现:日本家电企业的专利数量近年基本维持稳定,中国家电企业的专利数量快速增长,并超越了日本家电企业;整体上中国家电企业重点布局成熟技术,日本家电企业则更加注重产业前沿性技术的研发。对于专利质量的一系列评价指标表明,中国家电企业日趋注重研发水平的提升,专利质量快速上升,与国外领先企业的差距不断缩小。刘云等人基于综合文献分析与专家咨询方法构建了碳纳米管技术领域分类体系和专利检索策略,采用恒库和 Vantage Point 等软件工具对欧洲专利局世界专利数据库进行专利数据下载、清理,获得本领域全球专利数据。通过对 2004—2013 年全球碳纳米管各技术领域专利的时间分布特征、专利的国家/地区分布及核心专利和高价值专利等多维度的系统分析,发现碳纳米管全球技术创新资源分布的非均衡性,中国在碳纳米管专利的申请量上占据优势,但是专利质量还有待提高,提出了中国今后碳纳米管领域重点技术发展方向的若干建议。

四、国内外科学计量学研究进展比较分析

新时期、新环境下,学科的巨大变化是一种世界现象,国内外程度不同,表现形式有异。需要我们重新科学地审视科学计量学科,对其理论与实践给予正确的定位。通过比较分析,简要总结前面各方面的研究结论,分析国内外学科对比分析内容异同的原因。

（一）国内外科学计量学研究状态的对比

本报告定性和定量结合，一方面利用可视化图谱对国内外科学计量学近五年间的发展进行回溯性分析，从国内外科学计量学领域的作者合作关系、机构合作关系、研究主题展开，通过词频分析、作者共现分析、机构共现分析、主题凝聚子群分析进行了领域的计量与可视化研究；另一方面对国内外科学计量学的研究内容进行深入、具体的总结，发现国内外科学计量学研究总体上趋同，但是某些方面存在差异。

（1）在发文情况方面。在本文的统计数据中，虽然检索途径不同，国内研究者的发文数量明显多于国外研究者的发文数量。但是国内对科学计量学的研究不够深入，在科学计量学理论上的研究成果还很少，研究同一主题的文献重复率较大，大多数文献研究主题相似，国际化论文合作数量有限，而国外研究者对科学计量学研究同一主题的文献重复率低于国内，较注重科学计量学的国际交流合作。

（2）作者分布方面。随着社会的进步，科学技术的快速发展，国内外科学计量学取得了较大进展，对科学计量学进行探究的学者不断增加，研究文献数量不断增多，研究主题范围不断扩大，近年来国内和国外相关研究论文数量趋于稳定。欧洲学者在科学计量学领域具有强势地位，Bornmann L 无论在高产作者还是核心作者中，都是排名第一，是一个既有产量又有质量的业界专家；另外，亚洲学者在国际科学计量学舞台上正发挥着越来越重要的作用，特别是台湾的研究比较瞩目。国内科学计量学作者主要来自三大领域：图书情报学界、科技政策与管理、医学界，代表性的人物包括邱均平、刘雪立、侯剑华、胡志刚、武夷山等。另外，近年来国内学者在国际科学计量学领域的交流合作较多，一些机构的研究实力和发文量也较大，主要原因是国内研究人数较多；国内个体学者的影响和实力较弱，缺少顶尖的领域大师和重大的研究成果，影响力较大的研究者大多属于国外，这些影响了我国科学计量学在国际上的地位。

（3）学科研究结构。分析科学计量学领域整体网的结构形态和个体网在整体网中的结构位置。国外科学计量学主要有四个派系分别由最大节点的"Bibliometrics"、"Indicators"、"Social network analysis"和"Scientometrics"带动构成四个小群体，并由此衍生出相应的主题群，主要聚焦于学科理论（Bibliometrics 和 Scientometrics）、指标体系（Indicators）及方法（Social network analysis）三个方面。国内科学计量学由三个不同的派系组成，每种形状中节点最大者是该派系中节点度数最大的高频关键词，是研究的主要对象。三个派系分别由最大节点的"文献计量学""文献计量"和"定量评价"带动构成三个小群体，国内的科学计量学聚焦在理论、方法与应用三个方面。

（4）学科研究主题。通过国外科学计量学的作者—关键词关联聚合，发现最大的三个节点分别是由两个关键词节点和一个作者节点构成，三个节点分别是：Bibliometrics（中国学者最热衷，国际上对于该主题的关注程度也较高）、Citation analysis（绝大多数来自欧洲，占比75%，说明在"引文分析"主题研究方面欧洲学者最热衷）以及Bornmann，L（研究领域囊括了科学计量学的理论、方法与应用）。通过国内科学计量学的作者—关键词关联聚合，发现最大的两个节点分别是由两个关键词构成，这两个节点是：文献计量学（理论）和文献计量（方法），相关的作者分布广泛，包括医学、图书情报等领域。

（二）国内外科学计量学研究异同的原因

一方面有趋同的趋势。在本质上来看，学科发展具有自身的规律性，具有独特研究对象、研究方法和自身逻辑的稳定的知识体系，不会因外界的因素影响而转移。目前，与国外相比，国内科学计量学无论是理论还是实践研究都存在明显差距。而缩小差距的重要途径就是学习和借鉴国外的先进理论知识和实践经验。近代西学东渐使得学科共同发展较为明显，目前国内外都十分重视国际学术交流，随着这种学习和借鉴的深入，学科的发展势必也越来越趋同。另外，全球信息交流越来越及时和频繁，科学计量学越来越融合。许多新理论、新概念只要一产生，马上就会传入国内，而不像以前那样要滞后多年。其主要原因有：由于计算机互联网技术的普及，世界变成地球村，任何一个角落的信息都可短时间内传遍整个世界。另外，国内外学术交流也越来越多，具体包括各种会议，通过各种数字传播媒体，特别是开放获取运动的进行，使得学术信息可以在全球范围内免费、高效共享。国内外对科研人员的学术交流也非常重视，每年有成千上万的国内学者到国外访学，更有大量的学生直接留学攻读学位。这些留学人员或留在当地，也有相当部分学成报效祖国，全球化背景下，人才在世界范围内流动是大势所趋。目前，在美国移民已成科研不可或缺的力量。近年来，我国制定了更加积极的国际人才引进计划，吸引海外高层次人才；具体包括2008年起实施的"千人计划"，2012年底发布的《外国人在中国永久居留享有相关待遇的办法》等。近几年来，中国留学归国人数也逐年增加；2010年，中国留学生年度回国人员为13.48万人；2013年则达到35.35万人[94]。此外，国内不仅紧跟国外研究潮流，近年来更提倡自主创新，例如国内高校和科研单位提出各项奖励政策，鼓励学者在国外发表学术成果，发出国内学术界的声音，掌握学术界的话语权。以上种种原因，都促进了国内外科学计量学学科的交融发展。

另一方面国内外科学计量学发展存在差距较明显。差异的主要原因有：其一，作为一门社会科学，科学计量学深刻地受到社会政治经济和文化环境影响。经济基础是指由社会一定发展阶段的生产力所决定的生产关系的总和，它是构成一定社会的基础；上层建筑是建立在经济基础之上的意识形态以及与其相适应的制度、组织和设施，在阶级社会主要指政治法律制度和设施。我国是社会主义国家，并且目前正处于社会主义初级阶段，这些国情从基础上决定了国内科学计量学不可能完全照搬国外发展模式。其二，科学计量学具有较强的应用和实践性；深刻地受到应用对象和服务群体的影响。无论是行为习惯、文化氛围，还是知识结构，国内外相关科学计量学服务对象都存在差异；国内相关服务流程和服务人员管理也具有中国特色，从而造成了国内外科学计量学发展的差异。其三，中外词语不对等，也造成一些差异。例如国内有"五计学"并存的局面，特别是对科学计量学、信息计量学和文献计量学的理解没有统一定论，根据《学科分类与代码》（GB.T13745292），"管理学"（630）→科学学与科技管理（630.35）→"科学计量学"（630.3540）；"图书馆、情报与文献学"（870）→"文献学"（870.20）→"文献计量学"（870.2020）。另外，我国是世界上四大文明古国之一，具有悠久的历史。虽然科学计量学作为一门学科产生于西方，但是科技理论与实践在国内经过了漫长的发展历程，形成了一些独特的思想和理念，也有较为出色的长期工作实践，这些古代文化的传承将长期存在。

五、国内外科学计量学发展趋势与展望

网络环境下，大数据与科学计量学相结合是目前主要趋势，大数据的影响是全新的、全方位的，为计量学研究提供了全新的分析理念，提供了更为丰富的数据资源，提供了大数据分析技术和分析方法，例如：全样本分析方法等。

（一）向自动化方向发展

随着科学计量学的不断发展，从起初的只计量著者、书（篇）名、文摘等著录项的基本书目信息，到现在的引文索引数据库、全文数据库，促进了科学计量分析的深度不断加深，广度不断加宽。网络引文索引数据库可以提供引文索引、专利引文索引、机构索引和关键词轮排索引等索引方式，使它不仅为计量信息分析提供了强大的数据支持，而且还提供了一种多功能的工具。而全文数据库把文献的计量单位深入到了单字一级，同时深入到全文语义的知识单元，使科学计量分析的深度进一步加深。目前各种专业数据库和综合性数据库不断涌现，各类原始数据越来越全面，使得科学计量分析涉及的学科范围越来越广泛，如社会学、经济学、教育学、管理学、医学、农业等很多学科。

科学计量学的基本定律揭示了科学计量学的基本规律，为计算机辅助文献信息计量分析建立数学模型提供了理论指导和依据，功能强大的计算机系统则是建立数学模型的工具。一旦建立起计算机辅助文献信息计量分析的数学模型，统计分析工作会变得更为容易，只要将数据输入模型中，根据目的设定统计分析的条件，之后结果会很快自动出来。这样计算机辅助文献信息计量分析不仅简单准确，而且效率也会大幅度地提高，例如中国知网、万方等数据库平台以及百度学术等搜索工具都实现了许多文献计量功能的自动实现和可视化展示，用户只要简单地点击操作就可自动实现较复杂的计量分析功能。

（二）向实用化方向发展

科学计量分析研究注重实用和实效，相关应用范围越来越广，除了应用于图书情报领域，还广泛应用于科学管理、科学决策、科学预测甚至是科学技术领域。科学计量的指标还可用于人才、科研成果质量、科研机构乃至整个国家的科技水平的评价。另外由于科学计量的数据和研究成果比较真实可靠，可以为有关部门的管理和决策提供依据。很多研究结合知识可视化技术，结合实证分析提出的技术或方法，广泛应用于明晰学科结构、分析研究内容、描述科研合作、预测学科前沿、揭示学科关系、用于学科分类、促进科研管理、进行科学评价、探究学科历史、检索文献信息等领域。

（三）向集成化方向发展

科学计量工具的集成化。工具可分为两大类：通用软件，如 SPSS，科学计量研究常常用到其中的多维尺度分析、因子分析和聚类分析；Ucinet 和 Pajek 为目前最流行的社会网络分析软件，常用来分析与展示知识间的关系，其中 Ucinet 集成了包括 Netdraw 在内的多个可视化软件；此外还有词频分析软件 Wordsmith Tools 和 GIS 相关软件。专门软件，专门用于科学计量的软件，也有许多类型，有些是针对某些特定领域，有些是个人未公开的。常见的包括：Bibexcel、Citespace、CoPalRed、IN-SPIRE、Leydesdorff 系列软件、Network Workbench Tool、Science of Science Tool、VanagePoint、VOSViewer 等。不同的科学计量软件具有不同的特点且使用不同的算法去聚类和可视化结果。把握不同软件的特点，根据研究目的对其进行合理的组配使用能够达到理想效果。基于流程的组合方式、基于文件格式的组合方式、基于软件模块的组合方式。

科学计量数据的集成化。科学计量一般以数据库为计量数据的来源，新的环境下必须把分析数据从录入系统中提取出来，按照计量处理的需要进行重新组织，建立单独的分析处理环境。而数据仓库正是为了构建这种新的分析处理环境而出现的一种数据存储和组织技术。联机分析是一门与数据仓库密切相关的软件技术，是专门设计用于支持复杂的分析操作。它的多维数据分析模式是针对特定问题的联机数据访问和分析，通过对信息的很多种可能的观察形式进行快速、稳定一致和交互性的存取，允许分析人员对数据进行深入的观察。多维数据分析模式把数据分析工作看作是对一个数据立方体的旋转、切片、切块等一系列操作过程。联机分析处理的性质和特点使得它可以成为科学计量的有力工具。事实也证明，数据仓库技术和联机分析处理技术特别适合科学计量的需求。相关样本数据的获取更加容易，一方面新的网络数据库增多，可供选择余地更多，出现专门用于知识可视化的数据库；另一方面数据库的功能增加，可方便快捷、免费地获取数据。

（四）向智能化方向发展

计算机辅助文献信息计量分析可以分为三个主要的阶段：计算机辅助数据处理阶段、系统支持阶段和智能化阶段。①数据处理阶段。在文献信息计量分析中，数据处理的工作量越来越大，因此需要利用计算机来处理、编辑、分类、统计等工作。从扩大数据处理的通用性和提高工作效率乘法。一般是采用通用的软件。计算机辅助文献计量分析数据处理阶段可以提高效率和应用范围。②系统支持阶段。其中主要的目标是由计算机和数据库构成分析系统，不但从单项工作而且从整体上支持文献信息计量分析，实现更高程度和更大范围的自动处理。主要是构造专用的数据库和设计分析系统，或根据需要对有关的数据库内容进行改造。③智能化阶段。智能化阶段是计算机辅助文献计量分析的高层次阶段，它不仅仅满足于逻辑推理、定量计算或固定程序，而应该具备灵活性的分析判断能力，多路的推理、处理模糊问题的本领和模糊识别的能力。实现数据处理向知识处理的转变。计算机辅助文献信息计量分析将利用数据挖掘技术等新的成果。采用关联、序列、聚类、分类等方法从大量完整、彼此关系不明确的敏感性信息中找出隐含的、事先未知的有用信息，揭示数据内在的复杂性，进行深层次的分析，自动获得更多、更有价值的信息。

（五）向综合化方向发展

20世纪60年代以来，在图书馆学、文献学、科学学、情报学领域相继出现了三个类似的术语：Bibliometrics、Scientometrics和Informetrics，分别代表着三个十分相似的定量性分支学科，即文献计量学、科学计量学和信息计量学（情报计量学）（简称"三计学"）。

经过几十年的努力研究和推动，"三计学"都不同程度地取得了一定进展，得到了学术界的普遍认可和广泛应用。20世纪90年代以来，随着计算机技术、网络技术的迅速发展和广泛普及，以及知识经济与知识管理的兴起，数字化、网络化和知识化成为信息社会和知识经济时代的显著特征，"三计学"研究的广度和深度不断扩展。图书情报领域又相继出现了以网络信息和数据为计量对象的网络信息计量学或称为网络计量学（Webometrics）和以知识单元为计量对象的知识计量学（我们译为Knowledgometrics），与"三计学"一起并称为"五计学"。"五计学"的形成和发展历程反映了图书情报领域定量研究的不断创新以及随着时代和社会背景的变化而不断演变的轨迹。近年来，"五计学"的综合化趋势明显，文献计量学、信息计量学、科学计量学、网络计量学、知识计量学理论与实践的综合研究趋势，包括研究理论、方法、技术、工具和应用的综合，也包括五计学研究内容、相关学术会议和学者的重合。例如，五计学方法的融合与改进，在已有知识单元构建关系基础上进一步完善相关算法。在简单频次计算基础上，引入加权和基于位置的相关性算法。例如在共引分析中，可根据两被引文献（或作者等）在同一文献中的附近程度给予不同的权值（如同一句话中，同一段话中，同一部分中）；还可根据施引文献的

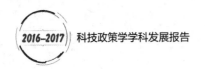

期刊或作者的重要性赋值。

（六）向网络化方向发展

网络环境对科学计量学造成了重大影响，出现了新的数据源、新的指标、新的分支学科等。Altmetrics 是 Alternative metrics 的缩写，最先由 Priem J（普里姆）于 2010 年提出（北卡罗来纳大学教堂山分校博士生），国内学者对其翻译不尽一致，"补充计量学""替代计量学""社媒影响计量学""补充型指标计量学""选择计量学""替代测度"等。广义的 Altmetrics 强调研究视角的变化，旨在用面向学术成果全面影响力的评价指标体系，替代传统片面依靠引文指标的定量科研评价体系，同时促进开放科学和在线科学交流的全面发展；狭义的 Altmetrics 专门研究相对传统引文指标的在线新型计量指标及其应用，尤其重视基于社交网络数据的计量指标。在 Altmetrics 还未明确定义的情况下，相关的术语相继出现，并有所差异。Usage metrics、Article-Level Metrics、Influmetrics、complementary metrics、科研成果计量（eurekometrics）、科研发现计量（erevnametrics）、科学计量学 2.0（scientometrics 2.0）、Article-level metrics 着重于单篇论文影响力的评价。Usage metrics 有着更悠久的历史，体系较成熟，尤其在图书馆中发挥重要作用，Usage metrics 偏向下载量和阅读量。Influmetrics 着重影响力的测度。

随着 Altmetrics 应用研究的热情越来越高涨，Altmetrics 工具的研究成为一个蓬勃发展的新方向、直接从各平台获取数值测度，CiteULike、Mendeley、Figshare、Facebook、Twitter、Wikipedia、F1000Prime、也出现了通过 API 或程序抓取进行聚合的测度工具，比较常见的：Altmetric.com、Plum X、ImpactStory、PLOS ALM 、Readermeter、ScienceCard、PaperCritic、Citedln。Altmetrics 作为传统评价体系的一种补充，在学术评价方面有重要应用。在文献检索上，Altmetrics 的运用提高了检索效率，也使更多的文献突破各种限制，高速度、大范围传播，从而促进了学术信息交流与共享。在信息服务上，更多的是探讨服务性机构利用 Altmetrics 来完善服务的可能性。未来将着重于分析工具的改进与突破、数据与数据源的规范与挖掘、评价体系的改进与完善、与已有计量学的融合与超越、应用的深化与推广。

参考文献

［1］ 邱均平. 信息计量学［M］. 武汉：武汉大学出版社，2006.

［2］ 方勇. 科学计量学的发展及局限［J］. 自然辩证法研究，1998（1）：34-38.

［3］ Ronald，杨立英.《科学计量评价指标》评述［J］. 图书情报工作，2010，54（22）：147-148.

［4］ Schubert A. The Web of Scientometrics：A Statistical Overview of the First 50 Volumes of the Journal［J］. Scientometrics，2002，53（1）.

［5］刘则渊，侯海燕．国际科学计量学研究力量分布现状之计量分析［J］．科学学研究，2005，23（b12）：35-41．

［6］刘迪，姜春林．Loet Leydesdorff 与科学计量学［J］．现代情报，2012，32（3）：16-21．

［7］马利豪．破解细菌耐药性的新瓶颈——记中国人民解放军总医院王睿教授［J］．中国科技奖励，2008（10）．

［8］钟文娟．基于普赖斯定律与综合指数法的核心作者测评［J］．科技管理研究，2012（2）：57-60．

［9］秦寿康．综合评价原理与应用［M］．北京：电子工业出版社，2003：10-12．

［10］刘亚伟，葛敬民．图情核心期刊的文献检索课研究论文的计量分析［J］．情报科学，2013，31（4）：115-118．

［11］姜春林，李瑛，陈悦．从科学计量学视角解读 Glanzel Wolfgang 的学术成就［J］．图书馆理论与实践，2013（6）：26-27，41．

［12］马利豪．破解细菌耐药性的新瓶颈——记中国人民解放军总医院王睿教授［J］．2008（10）．

［13］杨思洛，邱均平，丁敬达，余厚强．网络环境下国内学者引证行为变化与学科间差异——基于历时角度的分析［J/OL］．中国图书馆学报，2016，42（02）：18-31．

［14］李江，姜明利，李玥婷．引文曲线的分析框架研究——以诺贝尔奖得主的引文曲线为例［J/OL］．中国图书馆学报，2014，40（02）：41-49．

［15］赵星，谭旻，余小萍，闫现洋，叶鹰．我国文科领域知识扩散之引文网络探析［J］．中国图书馆学报，2012，38（05）：59-67．

［16］陆伟，孟睿，刘兴帮．面向引用关系的引文内容标注框架研究［J/OL］．中国图书馆学报，2014，40（06）：93-104．

［17］赵蓉英，曾宪琴，陈必坤．全文本引文分析——引文分析的新发展［J/OL］．图书情报工作，2014，58（09）：129-135．

［18］祝清松，冷伏海．基于引文内容分析的高被引论文主题识别研究［J］．中国图书馆学报，2014，40（01）：39-49．

［19］宋丽萍，王建芳，王树义．科学评价视角下 F1000、Mendeley 与传统文献计量指标的比较［J］．中国图书馆学报，2014，40（04）：48-54．

［20］宋雯斐，刘晓娟．基于 BKCI 的图书半衰期分析——以图书情报学学科为例［J］．图书情报工作，2016，60（12）：124-129．

［21］胡志刚，陈超美，刘则渊，侯海燕．从基于引文到基于引用——一种统计引文总被引次数的新方法［J］．图书情报工作，2013，57（21）：5-10．

［22］盛丽娜，顾欢．"影响因子百分位"与 h 指数、累积 h 指数对期刊的评价效力分析［J］．中国科技期刊研究，2017，28（02）：166-170．

［23］唐继瑞，叶鹰．单篇论著学术迹与影响矩比较研究［J/OL］．中国图书馆学报，2015，41（02）：4-16．

［24］徐宾．图书馆图书 h 指数的研究［J］．情报学报，2014（8）：892-896．

［25］陈远，丛振江．利用 h 指数评测微博影响力——以新浪校园微博为例［J］．情报科学，2015，33（05）：85-90．

［26］薛霏，鲁特·莱兹多夫，叶鹰．学术评价的多变量指标探讨［J/OL］．中国图书馆学报，2017，（04）：1-11．

［27］俞立平，王作功．时间视角下 h 指数创新：h1_n 指数与 hn 指数［J］．情报学报，2017，36（4）：346-351．

［28］明飞，吴强．H 指数与 W 指数及其衍生系列指数的差异机理分析［J］．情报学报，2012，31（3）：309-316．

［29］许鑫，徐一方．Ht 指数——基于时间维度的日指数修正［J］．情报学报，2014，33（6）：605-613．

［30］邱均平，余厚强．替代计量学的提出过程与研究进展［J］．图书情报工作，2013，57（19）：5-12．

［31］刘春丽．Web2.0 环境下的科学汁量学；选择性计量学［J］．图书情报工作，2012，56（14）：52-56．

［32］邱均平，余厚强．论推动替代计量学发展的若干基本问题［J/OL］．中国图书馆学报，2015，41（01）：4-15．

［33］余厚强，邱均平．替代计量指标分层与聚合的理论研究［J］图书馆杂志，2014，33（10）；13-19．

［34］刘春丽. 基于 PLOS API 的论文影响力选择性计量指标研究［J］. 图书情报工作，2013，57（7）：89-95.

［35］余厚强，Bradley M. Hemminger，肖婷婷，邱均平. 新浪微博替代计量指标特征分析［J/OL］. 中国图书馆学报，2016，42（04）：20-36.

［36］何文. Altmetrics 与引文分析法在期刊影响力评价上的相关性研究［D］. 南京：南京大学，2015

［37］赵星. 学术文献用量级数据 Usage 的测度特性研究［J/OL］. 中国图书馆学报，2017，43（03）：44-57.

［38］杨思洛，袁庆莉，韩雷. 中美发表的国际开放获取期刊论文影响比较研究［J/OL］. 中国图书馆学报，2017，43（01）：67-88.

［39］由庆斌，韦障，汤珊红. 基于补充计量学的论文影响力评价模型构建［J］. 图书情报工作，2014，58（22）：5-11.

［40］王贤文，刘趁，毛文莉. 数字出版时代的科学论文综合评价研究［J］. 中国科技期刊研究，2014，（11）：1391-1396.

［41］黄芳. 补充计量学及其在生物医学领域的应用［J］. 中华医学图书情报杂志，2014，23（7）：15-20.

［42］余厚强，邱均平. 替代计量学视角下的在线科学交流新模式［J］. 图书情报工作，2014，58（15）：42-47.

［43］夏秋菊，黄英实，刘喆姝. Altmetrics 对图书馆服务的影响研究［J］. 现代情报，2014，34（9）：129-132.

［44］杨思洛，程爱娟. 社交网络环境下的计量学：Altmetrics 研究进展综述［J］. 情报资料工作，2015，（04）：33-37.

［45］陈悦，陈超美，刘则渊，胡志刚，王贤文. CiteSpace 知识图谱的方法论功能［J］. 科学学研究，2015，33（02）：242-253.

［46］陈超美. 科学前沿图谱：知识可视化探索［M］. 北京：科学出版社，2014.

［47］杨思洛. 中外图书情报学科知识图谱比较研究［M］. 北京：科学出版社，2015.

［48］曹树金，吴育冰，韦景竹，马翠嫱. 知识图谱研究的脉络、流派与趋势——基于 SSCI 与 CSSCI 期刊论文的计量与可视化［J/OL］. 中国图书馆学报，2015，41（05）：16-34

［49］刘盛博，张春博，丁堃等. 基于引用内容与位置的共被引分析改进研究［J］. 情报学报，2013，32（12）：1248-1256.

［50］宋艳辉，武夷山. 作者文献耦合分析与作者关键词耦合分析比较研究：Scientometrics 实证分析［J］. 中国图书馆学报，2014，01：25-38.

［51］岳增慧，方曙. 基于 SNA 的高校图书馆共链网络研究［J］. 情报资料工作，2012，06：61-65.

［52］王菲菲，杨思洛. 国内情报学作者互引分析与学科结构揭示［J］. 情报资料工作，2014，（05）：21-27.

［53］杨思洛，韩瑞珍. 国外知识图谱绘制的方法与工具分析［J］. 图书情报知识，2012（6）：101-109.

［54］陈必坤. 学科知识可视化分析研究［D］. 武汉：武汉大学，2013.

［55］杨思洛，韩瑞珍. 国外知识图谱的应用研究现状分析［J］. 情报资料工作，2013（6）：15-20.

［56］江婉婷，王兴，江志鹏. 国外肌肉衰减综合征的运动疗法研究热点与内容分析——基于科学知识图谱的可视化研究［J］. 体育科学，2017，37（06）：75-83.

［57］盛明科. 中国政府绩效管理的研究热点与前沿解析——基于科学知识图谱的方法［J/OL］. 行政论坛，2017，24（02）：47-55.

［58］陈琼娣. 专利计量指标研究进展及层次分析［J］. 图书情报工作，2012，56（02）：99-103.

［59］栾春娟. 专利计量与专利战略［M］. 大连：大连理工大学出版社，2012.

［60］文庭孝，杨忠，刘璇. 基于专利计量分析的湖南省专利战略研究［J］. 情报理论与实践，2012，35（1）：58-64.

［61］苏平，全骞. 基于专利计量的搜索引擎技术竞争态势研究［J］. 现代情报，2016，36（9）：128-135.

［62］温芳芳. 专利计量与专利合作［M］. 北京：中国社会科学出版社，2015.

［63］刘云，陈泽欣，刘文澜，等. 中美合作发明授权专利计量分析及政策启示［J］. 中国管理科学，2012（s2）：

761-767.

［64］方舟之. 专利引文的形成路径研究——以行为逻辑为视角［J］. 图书情报工作，2015（19）：15-21

［65］滕立，黄兰青. 国际专利引文研究的计量分析［J］. 情报工程，2016，2（2）：18-25.

［66］李蓓，陈向东. 海峡两岸核心及新兴技术比较—基于专利引文网络的分析［J］. 科研管理，2015，36（2）：96-106.

［67］陈亮，张志强，尚玮姣. 专利引文分析方法研究进展［J］. 2013.

［68］姜锦铖，张越，余江. 基于专利计量的中国家电产业技术追赶研究［J］. 科学学与科学技术管理，2016，37（7）：77-86.

［69］刘云，刘璐，闫哲，等. 基于专利计量的全球碳纳米管领域技术创新特征分析［J］. 科研管理，2016(s1)：337-345.

［70］赵蓉英，魏明坤. 可视化图谱视角下的国内外科学计量学比较［J］. 图书馆论坛，2017（1）：56-65.

［71］美国人才战略启示：移民已成科研不可或缺的力量. http：//news. sciencenet. cn/htmlnews/2014/6/296144. shtm.

［72］光明日报：中国吸引海外人才政策详解. http：//news. sciencenet. cn/htmlnews/2014/6/296135. shtm.

撰稿人：杨思洛　邱均平

科技人力资源

一、引言

科技人力资源概念及相应统计分析是 20 世纪 60 年代后诞生和发展起来的。20 世纪 80 年代中期国家创新系统研究兴起以后，西方国家学者和政府决策者开始认识到，科技人力资源作为国家创新体系最重要的资源投入，在推动科技知识国内流动与跨国流动方面发挥着举足轻重的作用。正是从技术创新所需的投入资源和增强国家创新能力的角度出发，国家学者将科技与人力资源结合起来，提出了科技人力资源这一全新的分析概念，并在理论研讨和实际应用方面进行了深入探索。1995 年 OECD 和欧盟发布的《科技人力资源手册》（即《堪培拉手册》），全面系统地分析解释了科技人力资源的基本定义、分类标准、相关因素与数据来源等，在国际上第一次明确提出了有关科技人力资源统计的标准和规范，为研究奠定了坚实的基础（中国科协，2008）。

我国在科技人力资源理论研究方面的起步较晚，但这一概念引入中国以来就得到政府和学术界的广泛关注。科技部和中国科协分别通过《中国科学技术指标》（科技部，2003）和《中国科技人力资源发展研究报告》（中国科协，2008）对科技人力资源给出了明确的定义，认为"科技人力资源是指实际从事或有潜力从事系统性科学和技术知识的产生、发展、传播和应用活动的人力资源，既包含实际从事科技活动（或科技职业）的劳动力，也包含可能从事科技活动（或科技职业）的劳动力。"我国科技人力资源概念的确立，一方面标志着我国科技人力资源研究领域的形成，另一方面也为相应的测度和国际比较分析提供了前提和基础。

从学术研究的角度来看，科技人力资源的概念从未发生变化，但其应用和研究随着国家政策与战略重点的变化而变化，这反映了科技人力资源研究关注的结构和重点有所不同。科技人力资源是一个兼具统计意义和政策含义的概念，实际研究过程中，由于不同研究目的和数据获取的原因，与科技人力资源相关的概念使用较多，如"科技人才"、"科技工作者"、"研发人员（R&D 人员）"等。实际上，这些概念在某些角度较客观地反映了科技人力资源的情况，但不能反映科技人力资源的全貌，或仅具备政策意义，而不具有国际可比性。在实际研究和政策实践中，除科技人力资源概念本身，以上一些相似概念或相关概念也在广泛使用。大体来说，涉及总体概念时，常用到科技人才、科技工作者等表述；涉及科技人力资源中某一群体方面的研究，有的不同职业或群体，如科学家、工程师、博士后、工程技术人员等；有的因为是通过某些人口学特征区分的某类科技人力资源中，则直接以人口学特征与整体概念相结合的表述使用，如女性科技人力资源、青年科技工作者等。因此，在探讨科技人力资源领域研究进展时，这些概念表述的相关研究都属于也囊括在科技人力资源概念下一起进行考虑。需要说明的是，在目前大多数的研究中，涉及总量结构的统计和潜在科技人力资源时，主要用科技人力资源的表述，在讲到实际从事科技职业的群体在岗位上发挥作用，或对这类群体进行管理使用时，常用的是科技人才等表述。

借鉴管理学、经济学、人才学等学科的知识体系，结合相关政策实践，从总量与结构、质量、管理三个方面探讨科技人力资源的主要研究进展。

二、我国科技人力资源领域研究进展

近年来，我国科技人力资源研究体现了多学科交叉、研究议题广泛的特点，在方法和内容方面都取得了一系列进展。在科技人力资源总量与结构方面的研究，测度方法不断改进，使测度更加科学完善，结构、分布方面的研究主要以不同地区、机构、群体情况分析为主，尽管尚未形成相对稳定的分析框架，但已有的研究成果也体现了对我国科技人力资源发展水平、特点的共识性判断。科技人力资源质量的研究包括对科技人力资源自身属性和作用贡献两方面，主要通过心理学相关研究方法对科技人力资源的创新能力和思想状况等能力与素质等自身特质进行测量和分析，通过构建不同指标体系和改进生产函数等方法对科技人力资源在经济、科技等方面发展的作用进行定量分析。科技人力资源管理方面的研究主要集中在培养、流动、引进、评价、激励五个方面，最突出的变化就是履历分析方法和文献计量方法的结合和广泛使用。

（一）科技人力资源总量与结构研究

我国科技人力资源的总量研究主要是总量测度方面的研究，结构研究则基于测度结果对科技人力资源的学科、学历、年龄、性别等特征进行分析。

1. 科技人力资源的测度

科技人力资源是一个具有统计意义的概念。从统计角度来看，科技人力资源是满足下列条件之一的人：①完成科技领域大专学历教育或大专以上学历（学位）教育的人员；②从事通常需要上述资格的科技职业或科技活动的人员。现实中，资格与职业会有所交集（见图1）。国家科技人力资源总量是按"资格"和"职业"两者合并统计获得的加总值，也就是说，科技人力资源从资格和职业两个角度来进行认识和统计。其中，资格角度即为受教育程度，职业角度即为工作岗位。实际统计中，可以采用"满足资格＋不具备资格但在相应岗位工作的人"来计算。

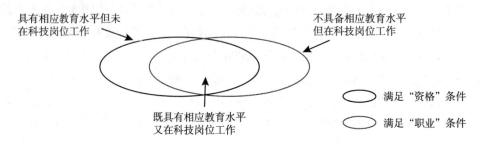

图1 "资格"和"职业"角度的统计定义

经过多年的探索，我国科技人力资源的测度方法已经相对稳定。但随着社会经济发展变化对教育的影响，加之研究不断深入，测算方法也在不断改进完善。我国系统测算科技人力资源总量的研究成果主要是中国科协发布的《中国科技人力资源发展研究报告》。关注科技人力资源测度研究的学者也从测度方法本身入手，梳理了测算方法的改进与变化（刘颖、吕华、江礼娟，2011）。近年来，对科技人力资源测度方法的改进主要体现在以下四个方面（中国科协，2013）（中国科协，2016）：一是调整了学科比例，基于我国高等教育学科专业设置的现状及其历次修订的发展脉络，在明确我国高等教育学科专业体系中科技类学科的界定标准，并最终确定属于科技类学科专业的目录的基础上，调整了本科外延类学科和专科毕业生折算比例，提高了科技人力资源折算比例的科学性和准确性；二是引入小样本估算方法对女性科技人力资源进行测算，为解决女性科技人力资源数据难以获取的问题，通过选取不同类型的高校样本，计算这些高校中可纳入科技人力资源统计的相关专业女生占女性毕业生总数的比例，以此作为基准比例推到同类高校总体，以确定本类高校女性毕业生中纳入科技人力资源的比例；三是对重复计算问题进行处理，这主要是涉及博士研究生毕业生可能在硕士毕业生中重复统计的问题，解决方法是在计算新增科技人力资源的过程中，只将本科阶段未能进入科技人力资源的文学、历史、哲学、文艺学四个学科的硕士毕业生纳入；四是符合"职业"的科技人力资源增加了乡村医生和卫生员，即从"不符合资格条件但符合职业条件"角度测算的群体，从原有的"高级技师和技师"扩展到"高级技师和技师"、"乡村医生和卫生员"这两类人群，丰富了科技人力资源包含的人群。

对于测度方法的探索还反映在对于其他国家测算方法的借鉴学习与某一领域科技人力资源测度方法的探索，如与美国科学与工程劳动力统计方式方法的比较（黄园淅，2016）、通过多种途径对农业技术人员的总量推算等（高晓巍、旷宗仁、左停，2011）。这些对于科技人力资源测度方法的探索，充分反映了科技人力资源测算的复杂性特征，也展示了我国学者对测算方法的改进的不懈努力。当然，由于测算过程中遇到的困难，很多学者对测算理论基础、技术难点等方面进行了讨论，并提出了相应建议（朱云鹃、刘湘君、戈力，2012；黄志强，2015；刘颖、吕华、江礼娟，2011）。正是由于众多学者对这一问题的关注和努力，科技人力资源测度才向着更加科学的方向不断改进。

2. 科技人力资源的结构

科技人力资源结构的研究主要包括学科结构、学历结构、年龄结构、性别结构等。比较系统地对我国科技人力资源结构进行研究的主要集中在中国科协发布的《中国科技人力资源发展研究报告》（中国科协，2013；中国科协，2016）。报告通过对符合"资格"定义的科技人力资源数据进行分析，细致描述了我国截至 2010 年和 2014 年的科技人力资源学历、学科、性别、年龄等结构状态。有关学者结合这些数据，总结了我国科技人力资源的结构特征（罗晖，2016；郭铁成、孔欣欣，2013；周大亚，2016）。这些研究的共识在于，我国正处于科技人力资源红利期，科技人力资源已成为我国发展的新比较优势。这些结论对于正确认识我国科技人力资源结构特点，更好地使用好发挥好人才作用具有重要意义。

除了对我国科技人力资源总体结构特征的研究，也有对于不同地区（刘伟，2011；谢彩霞，2011）、不同机构（杨月坤，2011；党亚茹，陈韦宏，2012）科技人力资源的研究。这些研究通过统计数据或调查问卷的方式，对科技人力资源中某类人群进行分析，结构分析的对象更多关注科技人力资源的层次结构，如高层次科技人才、科学家与工程师、领军人才等缺乏，也有涉及对研究对象职称、学历、专业等结构的分析。整体来看，在不同地区或机构的研究中，对于学科结构少有关注，其他几种结构的关注也主要结合数据情况进行分析，目前尚未形成相对稳定的分析框架。另外，将我国科技人力资源结构与发达国家进行对比，也是近年来出现的新视角（吕科伟、韩晋芳，2015）。

3. 科技人力资源的分布

科技人力资源的分布包括行业分布和区域分布。由于数据获取的原因，对于科技人力资源分布的定量研究依然不多。目前主要的成果是基于已有科技人力资源某一类群体的数据进行分布研究的探讨，如对我国青年科技奖获奖人员的地域、学科分布的研究（唐祯，张玮琳，2016），对我国"千人计划""百人计划""杰青基金"获得者的地域分布情况进行总结（刘云，杨芳娟，2017）。随着全球化的不断推进，全球人才布局成为学术界关注的热点问题之一，已经成为国家层面上重点关注的问题。如中国科协创新战略研究院承担了中央人才协调小组委托的"海外高层次人才参考目录"编制工作，以国家战略需求为依据，突出"高精尖缺"导向，包括系统梳理了 129 个前沿科学和重点技术方向的全球知名

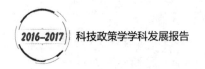

专家，描绘了相关领域的人才地图。

（二）科技人力资源质量研究

对于科技人力资源质量的研究，主要从科技人力资源的能力与素质等自身特质和科技人力资源对科技、经济发展的作用与贡献两方面展开。

1. 科技人力资源的能力与素质

对科技人力资源自身质量的研究集中在创新能力和思想状况两方面。创新能力代表了科技人力资源能够为创新驱动发展贡献多少力量的自身能力；心理状况反映了科技人力资源的自身素质，是科技人力资源充分发挥自身价值的内在影响因素之一。对科技人力资源的能力和素质进行测量和评价，对提高科技人力资源的管理效率、更好发挥科技人力资源作用具有重要意义。

（1）科技人力资源的创新能力。

科技人力资源是创新行为的载体，创新能力是衡量科技人力资源质量的重要指标。2016年，中国科协创新战略研究院通过向全国典型省区市高等院校、科研机构、企业中的科技人力资源发放调查问卷，构建科技人力资源创新能力指标体系，对科技人力资源的创新能力进行了研究。

科技人力资源的创新能力以及创新能力影响因素研究多是采用发放心理量表、构建评价指标体系（张永莉等，2012）、深度访谈（杨倚奇等，2015）等方法进行的。研究内容集中在影响科技人力资源创新能力和创新行为提高的相关因素上，包括科学精神（张相林，2011）、心理资本（赵斌等，2012）、人格特质（王蕊等，2014）、工作自主性（胡进梅等，2014）、领导风格（张华磊等，2014）、组织创新氛围（孙锐，2014）、组织支持感（顾远东等，2014）等方面。研究的对象包括青年科技人才、企业科技人才（吕富彪，2012；吴海燕，2012）、高层次人才等。

（2）科技人力资源的心理状况。

总的来看，当前对科技工作者心理状况的研究还较为初步。目前关于科技工作者心理状况的研究包括心理健康、心理契约等几个方面。在中国科协组织开展的四次全国科技工作者状况调查中，对科技工作者的心理状况有所涉及，对科技工作者的自评身体健康状况、工作压力感、幸福感、对收入的满意度、社会阶层归属等开展了研究。此外，中国科协调宣部还组织过专门课题研究科技工作者的心理健康问题。

在心理健康方面，国内学者从性别、年龄、职业、职称、最高学历等不同研究角度，或对科技人力资源的心理状况测量和分析科技工作者的心理健康状况情况（高瑾等，2012；白波等，2014）；或对科技人力资源的职业倦怠（石长慧等，2013；林锴等，2014）、离职意愿（田帆等，2013）、心理资本（江红艳等，2012；高建丽等，2015）和工作压力问题（孙树慧等，2012）进行探讨。常用的研究思路是通过问卷调查的方式，发放心理健康量表或调查问卷，对收集到的数据采用描述统计、结构方程模型等方法进行解释说明。

心理契约这一概念是在20世纪60年代被引入到管理领域。九十年代，心理契约管理成为人力资源、组织行为学和心理学领域的一个研究热点。将心理契约管理方式研究引入到科技人力资源管理中，可以为更好建立科技人力资源与工作组织间的良性关系服务，实现组织与科技人力资源的"双赢"（岳卫丽等，2015）。同时，心理契约是科技人力资源创新绩效的关键影响因素，对提高科技人力资源的创新绩效有正向影响（易蓉等，2015）。

2. 科技人力资源的作用与贡献

科技人力资源的作用与贡献是其质量的外在表现。提高作用与贡献是科技人力资源研究的主要目的。

（1）科技人力资源竞争力。

科技人力资源竞争力反映了综合国力的竞争力，它是指一个国家或地区在与其他国家或地区相比时，其科技人力资源在规模数量、素质状况、创新能力、培养能力、投资力度和外部环境等多方面因素综合后所表现出来的一种动态的力量显示（林喜庆等，2011）。科技人力资源的数量、质量、结构、分布及评价状况是评价国家科技竞争能力强弱及科技政策落实成效的关键指标因素之一（涂崇民，2011）。

国内学者对于科技人力资源竞争力的研究集中在对国内各区域的竞争力进行测算、评价，目的在于发现科技人力资源的地区发展差异，找到提高科技人力资源质量的有效途径。国际上，科技人力资源的竞争力作为一级指标或二级指标出现一些重要的科技竞争力评价方法中，如全球竞争力报告、世界竞争力年鉴、UNDP的技术成就指标、UNIDO的工业发展计分牌、OECD的主要科技指标、英国Sussex大学AICO指标、美国兰德公司的科技能力指标等，体现了科技人力资源竞争力是国家竞争力的重要组成部分（李林，2009）。

科技人力资源竞争力的计算多是在明确评价对象的概念后，提出评价指标，并采用因子分析法、数据包络分析法、熵值法、层次分析法、专家打分法、多属性效用决策法、模糊评价法、主成分分析法、灰色关联度法等综合评价方法筛选指标、对指标赋权，从而构建竞争力评价模型来完成（李从欣等，2011；万玺等，2011；李良成等，2012；马亚莉，2012；朱安红等，2012）。其中，指标体系通常包含人才投入、经费投入、成果产出、绩效水平、环境建设、培养储备等方面；常用的指标提取、赋权方法是因子分析法。

（2）科技人力资源的贡献。

对于科技人力资源的贡献研究，一般从科技人力资源对经济增长的贡献率和创新绩效两个方面展开。

贡献率是经济学界衡量人力资源对经济增长的重要性的重要指标。Lucas和Rower提出了内生经济增长理论，认为经济增长是经济系统内部力量作用的产物，开始重视知识外溢、人力资本投资、开发与研究、劳动专业分工等新问题的研究（谭崇台，1999）。在人力资本对经济增长贡献的实证分析中，美国学者舒尔茨（1961）最早采用柯布—道格拉斯生产函数，用余值法分析得出美国1929—1957年间人力资本对经济增长的贡献率为33%，而与此同时，美国学者丹尼森（1962）用系数法（工资收入法）测算了美国相同期间人力资本对经济增长的贡献率，在考虑知识增进作用的情况下，得出教育对经济增长的贡献率为35%，与舒尔茨相近（林荣日，2001）。

从国内近年来的研究来看，对科技人力资源贡献的量化处理一般是基于柯布道格拉斯生产函数进行各种数学变形，通过对人才资本投资与经济增长的回归分析来说明人才资源对经济增长的作用（孙洁等，2014）。大致有两种处理方式：一种是将科技人力资源作为投入要素，放在与物质资本（K）、劳动力（L）同等的地位来测算对经济增长的贡献（薛俊波等，2010）；另一种则是先将全要素生产率的增减与科技人力资源投入大小之间的关系量化，然后将全要素生产率（TFP）对经济增长贡献来间接测算科技人力资源投入的贡献。第一种处理方式更为常见。模型参数通常采用国内生产总值作用经济总量的变量选择；主要选择固定资产投资额、固定资本形成额、资本形成额、固定资本存量或资本存量五个变量表示物质资本；关于劳动力投入要素的变量选择，主要有四种方式，一是以就业人数作为人力资本投入，二是以劳动者报酬作为人力资本投入，三是以劳动者收教育年限作为人力资本投入，四是以不同类型的就业劳动者作为人力资本投入（桂昭明，2009；蒋正明等，2011）；关于科技人力资源投入要素的变量选择，常采用科技人才（蒋正明等，2011）、科技活动人员（STP）（万人）、科学家和工程师（SE）（万人）、R&D科技人员折合全时当量（YFRY）（万人年）（王林雪等，2011）等变量。

创新是科技人力资源的重要贡献之一，是科技人力资源作为科技创新主体提高国家创新能力的关键。现有关于科技人力资源的绩效分析研究，有些是从投入和产出两个方面进行评价研究。通过构建科技人力资源的数量、质量、科技经费投入强度、专利授权强度等投入产出指标，运用综合评价方法开展定量研究（朱晓莉，2016）。有些是从心理学角度入手，运用结构方程模型析（李永周等，2014）、问卷调查、相关性分析等方法，阐述组织创新氛围、成败经历感知（顾远东等，2014）、自我效能感（李永周等，2015）等因素对科技人力资源工作绩效的影响。此外，学者在研究中也认识到科技人力资源的创新绩效具有价值性与时滞性、成果产出质量重于数量等特点（张廷君，2011）。企业员工的创新绩效是关注的热点之一，有学者对心理授权与创新绩效的内在关系进行了分析（李燚等，2014）。

（三）科技人力资源管理

1. 科技人力资源的培养

科技人才培养的研究主要集中在科技人才成长规律、不同区域和群体科技人才的培养、国外科技人才培养等方面。在科技人才培养方面的理论和方法上也显示出新的特点。

（1）科技人力资源成长规律。

近五年来，关于我国科技人才成长规律或者说科技人才成长影响因素的研究基本延续了之前的研究思路，但在研究对象和研究发现上有不少新进展，特别重视发现影响科技人才成长的各类因素。从目前研究来看，研究者对人才成长影响因素的分析涉及宏观层面的经济社会环境、政策和微观层面的人格特质、社会网络等。

宏观层面的研究源自对顶尖科技人才来源的区域聚集现象的分析，重点关注经济社会和文化环境对人才成长的影响。比如对中国科学院院士和中国工程院院士的对比研究发现，"两院"院士主要集中在经济和文化相对发达的江浙及华南地区，工程院院士中北方人比例明显高于科学院院士中北方人占比，工程院院士籍贯分散性远高于科学院院士（吴殿廷等，2005）。此外，对23位"两弹一星"功勋科学家的研究中也发现了优越地域文化浸润的重要性（黄涛等，2015）。政策方面的研究关注国家（比如自然科学基金、中国博士后基金等）和地方各类人才计划和项目在促进人才特别是青年科技人才成长的作用。从目前研究结果来看，研究者们得出的基本结论是相关人才计划对于促进人才成长起到了较大的促进作用（樊威等，2013；郭嘉等，2015）。但需要指出的是：一是与国内规模巨大、层次多样的人才计划相比，相关评估和研究工作还太少；二是目前相关研究在评估方法上还有待进一步多样化和精细化。

微观层面的研究主要关注人格特质、社会网络等因素对科技人才成长效能的影响。比如一些研究发现个人的学习性、自控性与支配性对创新行为均具有显著的影响（王蕊等，2014）。还有一些研究则发现，归国人才个人的主动性、适应性以及社会网络构建行为对其职业发展有显著的影响（白新文等，2015）。特别值得指出的是，大连理工大学刘泽渊（2012）教授团队对科学合作最佳规模现象开展了创新性的研究，相关研究成果将可能对于优化科研团队设置，促进科研人员成长具有重要指导意义。

与此同时，近年来一些研究者在创新人才培养和成长的理论总结上也有一些新的尝试。比如一些研究者从拔尖创新人才成长阶段角度，将创新人才成长划分为自我探索期、集中训练期、才华展露与领域定向期、创造期和创造后期五个阶段（林崇德等，2012）。另一项研究则通过对先前研究的"元分析"，总结了创新人才成长的四个具体规律，包括创新特质养成规律、师生互动成长规律、关键时期创新规律、社会文化驱动规律（李亚员，2016）。

（2）区域和行业人才以及青年人才培养。

随着人们对人才在促进区域创新和经济社会发展方面的重要性的认识的深入，近年来有越来越多的研究开始关注和研究特定区域内的人才培养问题。同时，相关研究一如既往地关注青年人才的培养和成长问题。从而形成了在空间轴上关注不同区域和领域（行业）人才培养研究，在时间轴上关注青年科技人才培养两条基本的研究思路。

在对地区人才培养问题的研究上，研究者的基本思路是基于对相关地区科技人才培养方面存在的问题的分析，提出在人才培养方面的对策建议。例如一些研究者基于对辽宁省科技人才存在的问题，提出要从目标设置、制度安排、投入、激励和环境建设五个方面构建适合辽宁经济社会发展需要的科技人才培养体系（刘伟，2011）。另一项类似研究则基于对西安市科技人才资源开发中存在的问题的分析，提出要从平衡区域内科技人才资源分布、加快产学研科技人才资源整合、政府和用人单位为年轻科技人才搭建更好施展才华的平台等方面强化科技人才培养（白少君等，2011）。还有一些研究则利用 GM 灰色系统模型和趋势外推模型预测山西省紧缺科技人才供求缺口，为地区科技人才开发提供参考（卞永峰等，2013）。

青年人才既是科技人才队伍的重要组成部分，更直接决定未来科技人才队伍的整体水平。因此，对青年科技人才培养和成长规律的研究一直是研究者们关注的重点问题。近年来，相关研究特别关注两个群体：一是博士生群体；二是处于职业生涯早期的青年科技人员群体。相关研究发现了生源质量、导师和在读期间的学习成绩对博士生科研绩效有显著的影响（古继宝等，2011），博士后经历对不同学科青年科研人员职业发展有不同的影响（徐芳等，2016）。另一些研究则从性别角度分析了女博士的就业情况，认为女博士毕业生并不存在明显的性别劣势（李锋亮等，2013）。还有一些研究则重点从政策方面提出了一些促进青年科技人才成长的建议（牛萍等，2013）。

与此同时，还有一些来自不同领域的研究者和管理者基于本领域创新发展的特点和需求，研究提出诸如工程技术领域、农业领域、军事和国防安全领域（万玺等，2011）科技人才培养目标和存在的问题。

（3）国外科技人力资源培养情况介绍。

对国外科技人才培养情况的介绍和研究主要集中在国外高端科技人才成长规律的研究和国外人才培养体制和经验的介绍两个方面。

一些研究分析了少数世界名牌大学人才辈出的原因，认为诺贝尔自然科学奖获得者获奖前所接受的大学本科教育和研究生教育之所以高度集中于少数世界一流大学，主要在于这些大学具有培养和造就拔尖创造新人才的独特模式与机制。一是本科的通识教育模式；二是科学研究与研究生培养一体化的机制，即实施研究生培养导师制，导师手把手地指导学生参与实际的科研工作，使得师生之间形成一定意义上的师徒关系，形成了诺贝尔自然科学奖中的"人才链"。还有一些研究则利用 CV 方法对海外华人高被引科研人员成长轨迹的研究发现，在职业生涯初期，获得博士学位的国别对他们的职业成长具有显著影响，但在较高级阶段后这种影响将会越来越小。同时，博士后经历以及所就职工作单位的类型也都会影响科研人员后续的职业发展速度（田瑞强等，2013）。另一个研究团队也利用 CV 方法分析了物理学和计算机科学两个学科领域高被引论文作者的职业发展轨迹发现，在不同国家或机构从事过科研活动、相对专注于本学科等是高被引论文作者群体的普遍性特征（张莉等，2014）。

在对国外科技人才培养体制和经验的介绍方面，最具典型意义的是由中国科协调研宣传部和中国科协创新战略研究院主编的《中国科技人力资源发展研究报告》。在已出版的报告中都选取了若干国家，对其在科技人力资源培养、评价和激励等方面的情况进行广泛介绍和深入分析。此外，还有一些研究侧重国外在科技人才培养经验的介绍。总体来说，近些年除了欧美、日本等国外，研究者关注的国别范围有所扩大，也会根据实际需要特别关注特定类型科技人才的培养机制的国外经验介绍（范惠明等，2012）。

（4）科技人力资源培养相关理论和方法进展。

近年来，科技人才培养和成长相关研究在继续使用经济学的人力资本理论，科学社会学"马太效应"、社会网络等概念和理论的同时，也开始越来越多引入心理学中人格特质理论和人力资源管理中职业发展相关理论。比如，一些研究者引入心理学中主动性、学习性、自控性等概念，研究人格特质对科技人才成长的影响（白新文等，2015；朱郑州等，2011）。

在研究方法上，近年来科技人才培养研究领域最突出的一个变化就是履历（curriculum vitae CV）分析方法和文献计量方法的结合和广泛使用。CV 分析在包括科技人力资源研究在内的科技政策研究起源于 20 世纪末美国佐治亚理工大学开展的一个研究项目，2009 年 *Research Evaluation* 杂志出版了一期专辑（Canibano C，et al，2009），对利用 CV 开展科技人才政策方面研究的进行了重点介绍，提到 CV 分析是一种在科技人才政策与科研评价研究中应用的最新工具与方法。近年来，国内对 CV 分析方法的介绍和实际运用逐渐增多（周建中等，2013；田瑞强等 2013）。

2. 科技人力资源的流动

在科技人才流动方面，近年来的研究主要关注科技人才的国际和国内流动，特别是流动的意愿和影响因素。同时，在研究方法上充分利用发挥大数据时代的特色，通过 CV 分析法收集数据开展研究。

（1）科技人力资源的国际流动。

人才的跨国流动是国际人力资源配置的基本特征，包括技术移民、留学、阶段性流动以及人才回流、人才环流与共享等流动形式（郑巧英等，2014）。一项立足于未来三十年全球城市发展的世界城市人才流动和集聚趋势的研究认为，未来三十年全球人才流动和集聚将呈现出一体化、虚拟化、双向化和多元化趋势（何勇等，2015）。一些研究者通过对全球四十八个国家和地区的统计数据的分析发现，对于发展中国家的留学生而言，当他选择发展中国家作为目的国时会同时考虑教育因素和经济因素，而当他选择发达国家作为目的国时则主要考虑经济因素；对于发达国家的留学生而言，当他选择发达国家作为目的国时重点考虑教育因素，而选择发展中国家作为目的国则会同时考虑教育因素和经济因素（魏浩等，2012）。一项对分子生物学与遗传学、物理学、化学、数学和计算机科学五个领域高被引科学家工作经历数据的分析发现，高被引科学家的机构流动频次在 2～5 之间，每 6～7 年更换一个新的工作单位（刘俊婉，2011）。2016 年爱思唯尔（ELSEVIER）发布了一份关于中国海外人才流动的研究报告，该报告系统分析了不同目标国（地区）、不同学科中具有国际化经历的中国学者在发文数量、发文质量和发文年长的表现，从科研绩效和人才成长的角度证明了国际流动经历的重要作用（爱思唯尔，2016）。

影响科技人力资源全球流动的因素很复杂，正如有研究者指出的那样，"一般认为，科技人才总是流向那些能够提供高收入或经济科技最发达的国家。但是，经济上的支持并不是唯一因素。因为作出杰出成就与贡献，不仅仅需要收入保障、经费充足、硬件设施完善等基础条件，还需要'软件'方面的保障，同时涉及文化、族群等复杂因素。"（郑巧英等，2014）一些关于海外科技人才回国（来华）动因的研发也发现，除了待遇和发展机遇方面的考虑外，对祖国的热爱、家庭亲人的影响甚至社会网络等也是重要的推动因素（高子平，2012；孙晓娥等，2011）。

（2）科技人力资源的国内流动。

国内人才的区域和行业流动是近年来科技人力资源领域研究的重要议题，吸引了很多研究者。比如一些研究者利用抽样调查方法分析了西部地区科技人力资源在区域间、产业间、行业间、不同性质单位之间（例如工商企业、高等院校、政府部门等）和不同所有制形式企业间的流动状况、流动力度和频度等特征（王成军等，2011）。另一些研究则对特定区域内进行了更细致的地域和人群区分，比如有研究者采用变异系数、标准差及泰尔指数对江苏省科技人才数量的区域差异进行了深入分析（张建伟等，2011）。

对流动意愿和影响因素的分析发现，影响产业转移中科技人才流动前四大因素分别是转移企业的激励机制、转移产业聚集度、科技人才能力水平和转移产业成熟度，而科技人才的转移成本影响并不显著（杨敏等，2015）。另一项基于 19 所"985"高校理工科研发人员的研究发现，年龄、住房、科研团队、家庭生活、个人生活需求是影响高校科技人才流动意愿的显著性因素（何洁等，2014），而另一项基于省际数据分析的研究则发现经济发展水平、教育水平、工资水平、生活环境和科研投入等因素是我国科技人才流动的主要因素（张春海等，2011）。

（3）研究方法上的进展。

由于科技人才流动研究的主要难点在于收集适合评价、测度流动规模、特征及影响的数据，若要再考虑流动过程中的复杂环流或要追踪研究人员跨国流动轨迹等情况，这种困难将变得更具挑战。传统的研究主要利用一些人口流动和劳动力方面的统计数据，虽然能够描绘一些高层次人才的永久流动，但对于非永久性流动、科技人才职业轨迹变化的研究却无能为力。近年来，科技人才流动研究突破了统计数据的限制，除将调查方法引入研究外，履历分析法（CV）是这一阶段新引入的研究方法，显示了大数据时代数据挖掘方法在流动研究中的重要作用。但也有研究者指出，履历数据的可获取性、异质性、信息缺省及信息编码不规范等问题制约着履历研究方法的使用，建立国家及更高层面的履历信息平台非常重要，而把文献计量学数据与科研履历信息关联起来，将履历分析和社会网络分析结合起来是未来的重要发展方向（田瑞强等，2013）。

3.科技人力资源的引进

海外科技人才的引进是我国人才政策的重要组成部分，对归国（来华）科技人才特征、海外科技人才回国（来华）意愿及其影响因素的分析则是近年来科技人力资源领域研究的重点议题。

（1）归国（来华）科技人力资源特征。

对归国（来华）科技人才特征的分析既出于对引才效果的评估，也有发现引才结构可能存在的问题的考虑。比如一些研究以"千人计划"入选者为例，利用履历信息分析法开展的研究发现，海外回流的科技人才来源国家广泛，大多具有较长的学术生涯和丰富的海外经历，在海外大都经历过多次工作流动，学科背景主要集中在理学和工学，同时这些人才回国后主要留在北京和上海等东部沿海地区，并且大多数人在多个高校身兼数职（刘晓璨等，2014）。另一项对入选"长江学者"、"百人计划"和"千人计划"的海外高层次人才学科领域分布的分析发现，我国引进的高层次科技人才主要聚焦在生物学、化学和物理学等基础学科占大多数，而国家发展同样急需的工程技术领域高层次人次引进相对不足（牛珂等，2017）。

（2）海外科技人才回国意愿及其影响因素。

对海外科技人才归国（来华）意愿及其影响因素的分析具有重要的政策意义。一些研究者通过大规模问卷调查发现，影响科研人员回国的因素则主要是家庭亲人的影响，在国内有更好的发展空间以及对祖国的热爱等因素。同时还发现，当前影响我国引进国际一流顶尖人才的主要问题是空气环境恶化、大城市的高房价以及科研管理不规范问题等问题，而企业难以吸引国际人才的主要因素是企业的发展前景不好预测、工作不如高校和科研机构稳定以及各种人才计划较少覆盖到企业等（周建中，2017）。另一项研究发现，在海外获得本科以上理科或工科学位、从业超过一年但仍拥有中国国籍的海外科技人才群体中，有回国发展意愿的达到68.9%，而个体特征、留学过程、职业发展状况及与国内联系的紧密程度等因素是影响海外科技人才回流意愿的最主要因素（高子平，2012）。另一些研究者则利用CES生产函数计量分析，发现吸引海外人才回流的因素主要包括中国国内工资水平、中国国内资本价格、国外收入水平、海归回国付出的成本、中国失业劳动力总量等（许家云等，2012）。此外，西安交通大学的孙晓娥、边燕杰通过对30名留美中国科学家的深入访谈发现，是社会网络中人际强弱关系的互相协调、共同发挥作用才成功促成了双方的跨国合作（孙晓娥等，2011）。

（3）引进海外科技人才工作存在的问题。

一些研究通过对海外科技人才群体获取中国国内人才引进政策信息的途径、与中国驻外人才机构的直接接触、对中国人才引进政策信息的了解程度等方面的调查发现，人才政策的制定主体与政策对象之间的信息不对称导致了海外科技人才的逆向选择、人才高消费与人才浪费、不诚信流动等问题。很多研究者也因此建议从矫正行政部门与用人单位在海外科技人才引进中的角色定位、引进工作的专业性、加强信息采集与甄别、构建不同机构间的信息共享机制等方面入手，完善人力资本市场，更好促进我国海外科技人才引进工作（高子平，2012）。

4. 科技人力资源的评价

科技人力资源评价方面的研究主要集中在科技人才评价指标体系的建构、科技人才评价方法以及科技人才评价存在的体制机制问题三个方面。

构建科学合理的评价指标体系是进行科技人力资源评价的基本前提，因此有大量学者开展了相关研究。从评价维度来看，和之前的研究一样（李思宏等，2007），近五年的研究仍然主要集中在科技绩效评价和科技人才综合评价两个方面。科技绩效评价反映科技人才在科学技术领域取得的工作成绩和获得的工作积累。有学者认为，科技创新人才综合绩效考核应着重从科技创新人才的科研组织能力、科技投入产出、科研水平、学术交流、人才培养、知名度六方面综合考虑，构建考核体系（黄文盛等，2014）。另有学者认为，绩效考核应该包括科研任务、科技成果、知识产权、论文与著作、科技成果转化、科技推广服务、科技条件建设、人才培养、科技交流合作、科技管理十项关键指标（欧阳欢等，2012）。在这些方面，根据成果或影响的不同等级，还需要进行进一步的分级和定量统计（谷坚等，2013）。在企业科研人员的考核中，除了强调科技成果的数量和质量，新产品的市场份额、新产品引致的销售额增长、工作完成的及时性和成本、客户的满意度等也纳入新产品研发项目团队和个人的绩效考评指标之中（王娟，2011）。

在科技人才综合评价方面，赵伟等依托胜任力模型理论与个体创新行为理论，提出了创新型科技人才评价的冰山模型，该模型包括创新知识、创新技能、影响力、创新能力、创新动力（包括兴趣导向、自由感和控制感、社会价值观等）和管理能力等六大方面（赵伟等，2012）。在构建理论模型的基础上，赵伟等针对基础研究与应用基础研究类、技术研发与应用类、创新创业类科技人才的不同特点，在六大方面聚类和筛选了细化指标，形成了不同类型创新型科技人才的评价指标体系（赵伟等，2013；赵伟等，2014）。除此之外，另有学者构建了由四个一级指标（包括道德素质、智能素质、学术水平和绩效水平）、九个二级指标和二十五个三级指标组成的产业导向的科技人才评价指标体系（张晓娟，2013）。还有学者从创新知识、创新技能、创新品质、创新表现、团队领导能力五大方面构建了包含众多指标的企业高层次创新型科技人才评价指标体系（吴欣，2014）。

对科技人才评价方法的讨论从定量和定性两个角度展开。定量方面的研究主要集中在绩效考核方法。有学者指出，常见的绩效考核方法包括层次分析（AHP）法、关键指标法（KPI）、平衡计分卡（BSC）、目标管理法（MBO）、360度考核法等，并比较了不同绩效考核方法的特点和缺点（黄文盛等，2014）。另有学者指出，科研工作的计分考核方式包括序列法、分类法（等级法）、点数法等，其中分类法是实务中较常用的计分方法，并以案例的形式呈现了分类法的具体使用（刘喆等，2012）。定性方面的研究主要集中在同行评议法。有学者指出，近年来高校在人才同行评议的制度上进行了改进和完善，但是工作模式还处于比较落后的人工处理模式，他们提出应加强人才同行评议信息化建设，改进工作效率（蔡瑞，文鹏，2013）。

有很多学者探讨了科技人才评价存在的体制机制问题。包括在价值导向上，重数量轻质量，重头衔轻贡献，重科学理论轻工程技术；在评价标准上，评价指标单一化、标准定量化，分类评价实施不到位；在组织方式上，缺乏有效的专家遴选机制，"外行"评"内行"的现象时常出现；在评价方式上，评价方法简单化，重视短期评价轻长远评价；在评价主体上，政府行政干预多，第三方评价少等（李军锋，2014；朱郑州等，2011）。有鉴于此，学者们提出了确立面向实际贡献的价值导向，提升科技成果质量；构建分类评价标准，采取多元化评价方式；引入第三方评价机制；延长评价周期、规范评价程序、构建长效评价机制；赋予用人主体评价自主权，支持其开展自主评价等建议（李军锋，2014；陈宝龙，樊立宏，2015）。

总体而言，目前国内对于科技人才评价指标体系的研究采用的方法多种多样，包括德尔菲法、层次分析法、模糊综合评判法、熵值法、数据包络分析法、TOPSIS 法等。另外，灰色关联度分析法、主成分分析法、因子分析法、变异系数法等在各类型人才评价指标体系中也有所采用。但是对于科技人才评价的指标体系构建，在选择评价指标时大多采用传统的主观经验判断，或是仅从数据的可得性出发构建指标体系，具有明显的随意性，缺乏对指标有效合理的筛选，由此导致了指标体系构建和计算结果的巨大差异性，影响了研究结论的准确性。在科技人才评价存在的体制机制问题的讨论方面，研究论述还存在着较大的重复性，而且对最新改革实践的关注总结不够，这些在将来的研究中都需要加以改进。

5. 科技人力资源的激励

科技人力资源激励方面的研究主要集中在科技人才激励的构成要素、激励的效果、科技成果转化收益分配对科技人才的激励以及科技人才激励存在的体制机制问题等四个方面。

在科技人才激励的构成要素方面，张术霞等通过对企业知识型员工的调研发现，知识型员工认为最为重要的前五位激励因素为：薪酬福利、能力发挥、公司前景、工作保障和领导素质（张术霞等，2011）。另有研究发现，较高的薪金和福利、良好的工作环境、较多的培训和晋升机会，是科技人才最为看重的激励因素（鲁旭，何秀云，2011）。与国外知识型员工更看重个体成长和工作自主性等不同（Tampoe，1989），我国的知识型员工更看重薪酬福利，分析认为，这是因为当前我国的知识型员工的物质财富收入仍然没有得到满足，且与一般员工相比差距不大，优越程度不够明显，这是薪酬福利对知识型员工仍有显著激励效应的重要原因（张术霞等，2011）。此外，有学者根据实地调查归纳出了创新型人才比较关注的十大需求要素，分别为工作稳定性、良好的科研环境、医疗保障、晋升、奖励、薪酬、教育培训机会、住房、带薪休假、配偶工作与子女教育。她们的调查同时显示，对于创新型人才在完善现有的物质激励的同时，更要关注法精神层面的需要（卓玲、陈晶瑛，2011）。

在科技人才激励的效果方面，有学者通过实证研究发现，绩效奖励究竟是鼓励还是抑制个体的创新投入与具体的创新类型有关。由于探索式创新属于变革式创新，风险性较高。在期望收益最大化的前提下，当绩效薪酬激励强度到达一定水平时，员工的探索式创新行为会减少，绩效薪酬与探索式创新形成倒 U 形关系。利用式创新多为渐进式创新，风险相对较低，收益稳定，故绩效奖励与利用式创新行为之间有显著正向关系（张勇、龙立荣，2013；顾建平、王相云，2014；白贵玉，2016）。有学者研究了企业科技人才的薪酬激励、工作满意度与离职倾向之间的关系（张四龙，2015），其中，薪酬激励采用广义的全面薪酬概念，包括工资报酬与奖励、工作激励（工作自主性和挑战性等）、学习与成长（学习与培训机会、成长与晋升空间）三部分。研究发现，工资报酬与奖励、工作激励、学习与成长对科技人才的工作满意度均有显著正向影响，但是工资报酬与奖励对离职倾向没有显著影响，而工作激励、学习与成长则对其离职倾向有显著负向影响，这表明，科技人才的激励和保留需要采用全面薪酬激励的政策。

科技成果转化收益分配对科技人才的激励研究也是近几年的一大热点。有学者总结了我国关于科技人员参与科技成果转化收益分配的政策法规，分析了我国科技人员参与科技成果转化收益分配存在的问题，包括法律法规对科技成果转化后技术权益分配的标准不一致，国有科研事业单位缺乏自主转化权，科技人员参与科技成果转化收益分配激励难以落地，优先受让权的立法存在不足等（丁明磊等，2013；郭英远，张胜，2015）。有学者将科技成果转化过程分成研究开发、后续实验和推广、工业化实验和产业化三个阶段，根据不同阶段的社会经济活动特点、风险性种类及大小、所需资源情况，针对性地制定出了不同阶段的具体激励机制（董超等，2014）。

在科技人才激励存在的体制机制问题方面，有学者对我国现有激励政策进行了评价，并系统梳理了我国激励政策中存在的突出问题，包括人事制度改革滞后，现行工资制度和职称制度激励作用弱化；激励政策对工程技术人才、青年科技人才关注不足；知识产权制度不健全，对非职务发明人的激励存在盲区；重学术成果激励而不重产业转化激励；重正向激励轻负向激励；单位激励自主权小等。研究指出，未来改革的方向应包括构建多元主体分工合作的激励体系，更好发挥科学共同体和用人单位的激励作用；改革现行工资制度，突出市场化激励，改革科研管理体制，激励科研成果实现产业转化等（王剑等，2012）。有学者对科研院所科技人才的激励机制开展了研究，发现还存在着绩效考评指标模糊、考核过程形式化、薪酬分配平均化、职位晋升论资排辈、激励方式单一成长激励不充分、科技人才自我激励空间不足等问题，并提出了相应的政策建议（彭义杰等，2015；

吕鹏纲，2013）。另有学者认为，我国"十三五"期间适应创新驱动的科技人才激励应主要从内在动机和外在动机两个方面构建职业发展激励、工作氛围激励、荣誉激励、工作设计激励、薪酬激励和奖励政策激励等六种激励机制，并发展公平竞争、共享合作、合理评估、多元发展和自由流动五种保障机制（孔德议，张向前，2015）。

总体而言，目前国内关于科技人才激励的研究涉及的学科多元，研究议题涵盖的范围较为广泛，既有宏观层面上对政府科技人才激励政策的梳理和对存在问题的探讨，也有微观层面上对科技人才需求、对具体激励因素以及激励效果的研究。不足之处在于，研究的方法仍然不够多样，对于激励的作用机制，即具体激励手段与激励结果之间的因果机制研究还稍显不足，而且研究多为横断面研究，时间跨度还不够长，这是将来可以努力的方面。

三、平台与团队建设

（一）科技人力资源领域主要学术活动

2016 年，中国科学学与科技政策研究会下设的科技人力资源专委会开始活跃起来。专委会挂靠在中国科协创新战略研究院，以《中国科技人力资源发展研究报告》研究工作中凝聚的专家学者为主要成员，组织和调动全国科技人力资源相关研究学者关心科技人力资源研究。目前专委会成员已覆盖中国科协、科技部、教育部、人社部等人才工作密切相关部委的下属研究机构，同时也包括清华大学、北京理工大学、中国人民公安大学、武汉工程大学等科技人力资源研究的专家学者。随着专委会组织机构不断完善，服务会员的能力也在不断增强。专委会以搭建学术交流平台、支持青年后备人才、促进学科繁荣为使命，在促进学科发展方面做了很多工作，尤其在开展学术活动方面做出了重要贡献。2016年 11 月 12 日，科技人力资源专业委员会在中国科技政策与管理学术年会上设立分会场，以"科技人力资源与创新驱动"为主题设立两个平行会场。第一会场邀请了来自北京大学、北京理工大学、武汉工程大学、中国科学技术信息研究所、清华大学、中国科学院等单位的知名专家针对科技人才评价、高端人才引进、科技人力资源质量与贡献、国际人才竞争等展开研讨。第二会场以青年学者为主，就科技人才政策、科技人力资源研究方法、人才计划、区域人才四个议题进行报告和讨论。2017 年 10 月 28 日，科技人力资源专业委员会在第十三届中国科技政策与管理学术年会上设立分会场，以"增加知识价值导向的分配政策"为主题，邀请经济学、人才学领域专家和期刊负责人从不同学科领域和视角针对科技人力资源研究的理论和方法、政策设计等角度进行分析，并邀请青年学者基于有关热点问题进行研讨。两次会议结合科技人力资源研究的特点，选取既有理论价值又有实践意义的话题，充分体现了学术共同体的凝聚力和吸引力。

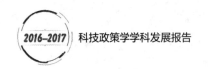

（二） 重要研究基地和研究团队

随着对科技人才问题的关注度不断提高，科技人力资源的研究队伍不断成长壮大，在科研院所、高校以及民间智库都分布着相关研究力量。近五年，表现较为活跃的研究机构主要有中国科协、中国科协创新战略研究院、中国科学院科技战略咨询研究院（中国科学院科技政策与管理科学研究所）、中国科学技术信息研究所、中国科学技术发展战略研究院、中国人事科学研究院、中国教育科学研究院、科技部科技人才交流开发服务中心、上海社会科学院、北京理工大学、南京理工大学、对外经贸大学、中国与全球化智库等单位。

中国科协作为中国科技工作者的群众组织，以为科技工作者服务为己任，在科技人力资源研究方面起到了系统整合资源和成果的作用。中国科协长期组织和培养研究团队，对科技人力资源这一议题进行系统研究。近年来，中国科协调宣部和中国科协创新战略研究院出版了四本《中国科技人力资源发展研究报告》，从理论上促进了科技人力资源领域研究的科学化水平，从实践方面也解决了科技人力资源的总量与结构测算问题，通过研究向公众发布我国科技人力资源的总量与结构数据，并结合热点问题和国内外现状，为完善我国科技人力资源政策提出建议。中国科协承担的《国家中长期人才发展规划纲要（2010—2020年）》中期评估工作获得了委托部门的认可和好评。

中国科学院科技战略咨询研究院（原中国科学院科技政策与管理科学研究所）在科技创新人才培养与成长规律、高层次科技人才研究等方面开展了诸多研究工作。曾任《国家中长期科学和技术发展规划战略研究》科技人才队伍建设专题组组长方新研究员为代表的研究团队长期关注科技人才队伍建设，近年来尤其针对女性科技人才、青年科技人才、受人才计划资助的高层次科技人才等群体展开了调查、分析、评价等多维度研究，为学术研究贡献了大量研究成果，并通过多种渠道向社会、政府、公众提出影响决策的观点和建议。

中国科学技术信息研究所以科技人力资源的国际比较和国外科技人力资源研究为重点，近年来承担了众多国家级科研项目，包括国家社科基金项目"中国海外高层次科技人才政策研究"、国家软科学研究计划项目"国外科技人才发展趋势比较研究"、"公立科研机构人员绩效激励机制研究"、"国外引进高端科研人才政策研究"等，形成了很多高质量的研究成果。另外，在研究方法上，中国科学技术信息研究所在将科学计量学、大数据挖掘等方法运用到科技人力资源相关研究方面也做出了很多探索。

作为科技部直属的综合性软科学研究机构，中国科学技术发展战略研究院长期从事科技创新人才成长规律、人才体制机制及科技人才队伍建设等方面的研究，并于2015年成立了创新人才研究中心。近五年来，中国科学技术发展战略研究院参与了《关于加强女性科技人才队伍建设的意见》《科研事业单位领导人员管理暂行办法》等文件的起草工作，同时承担了《国家中长期人才发展规划纲要（2010—2020年）》中期评估工作。这些工作对科技管理部门进行科学决策发挥了重要的支撑作用。

中国人事科学研究院在科技人才激励和保障政策等方面做了研究；中国教育科学研究院在科技人力资源的总量、学科结构、学历结构统计与测算等方面做了持续性的研究；科技部科技人才交流开发服务中心承担了《中国科技人才发展研究报告》的编撰工作，并在科技创新人才评价方面开展了系列研究；上海社会科学院的海外人才研究室在海外科技人才与中国科技创新、海外高层次科技人才流动与集聚等方面做了诸多研究；北京理工大学对科技人才计划、博士后资助制度等进行了深入探讨；南京理工大学成立了江苏人才发展战略研究院，就科技人力资源开发、科技人才的创新创业等议题开展了研究；对外经贸大学对科技人才的开发与集聚进行了探索；中国与全球化智库作为为数不多的开展科技人力资源研究的民间智库，对中国留学生、中国海归科技人才创新创业开展了系统研究。

四、国外最新进展

（一）国外科技人力资源研究的重要成果

在科技人力资源的基础研究方面，国际上也有一些系统的研究成果，主要是《美国科学与工程指标》《日本科学技术指标》。美国、日本发布的科学与工程指标主要从数据上对国际有关国家科技人力资源状态进行报告和描述。《科学与工程指标》由美国国家科学基金会（NSF）每两年发布一份，提供美国科学、技术和工程领域的客观、量化信息，是国家制定政策的基础。2011—2016 年间，美国国家科学基金会分别在 2012 年、2014 年和 2016 年发表了《科学与工程指标报告》。美国科学与工程指标体系结构较为稳定，包括初等和中等数学与科学教育、科学与工程高等教育、科学与工程劳动力、研究和开发、学术研发、产业、技术和全球市场、科学与技术、公众的态度和认知七大部分。《日本科学技术指标》由日本科学技术政策研究所（NISTEP）从 1991 年开始每年定期发布，通过定量化和客观的指标数据反映日本科技活动情况。2009 年之后，日本科学技术指标体系基本保持稳定，每年会结合研究者和决策者等各界的反馈，以及数据采集的可行性，根据新需求对指标进行微调或补充。以 2015 年为例，《日本科学技术指标》包括 R&D 支出、R&D 人员、高等教育、R&D 产出以及科学、技术与创新五大部分（徐婕，2016）。OECD 发布的《科学、技术与工业展望》和《科学技术和工业记分牌》均为每两年发布一次，前者对 OECD 成员国及包括中国在内的大量重要非成员国在科学、技术和创新方面的表现及关键性趋势进行综述。后者对 OECD 成员国科技和工业的发展趋势、前景和政策进行了系统分析和全面总结。除了提供主要政策变化和统计的最新信息外，还对科技政策和工业政策的重大问题以及这些政策与创新和经济发展的联系进行了详细的分析（OECD，2006）。2011—2016 年间，OECD 分别在 2011 年、2013 年和 2015 年发布科学技术和工业记分牌报告。

从科技人力资源研究成果角度来看，OECD 发布的报告涉及科技人力资源本身及其发展环境的相关要素分析，是科技人力资源领域研究的重要成果。但从其专业性来看，科学与工程指标作为科技人力资源数据积累的重要组成部分，是科技人力资源研究最为直接的研究成果，而 OECD 的相关研究则以科技人力资源及其所在国家（地区）科技发展的关系为研究重点。

（二）科技人力资源质量研究的国外进展

国外研究学者对于科技人力资源的质量研究集中在科技人才质量评价、竞争力国别比较等方面。有学者构建了高校教师胜任力评价模型，可以为教师工作绩效评价提供参考依据（Blašková，et al，2014）。有学者认为评估各国人力资源的能力提供了指导国家资源配置和资源利用的关键信息，并采用数据包络分析方法测算了 39 个国家的科技人力资源使用效率（Chou，et al，2011）。有学者通过比较欧洲 8 个国家 601 所高等院校的科技人才竞争力，为国家制定人才引进政策提供决策依据（Lepori，et al，2015）。此外，国外对人才的创新能力的理解比我国要宽泛一些，他们注重从心理学角度研究创造性思维、创造性人格的特点，大都在强调人的个性全面发展的同时突出创新意识、创新能力的培养（吴江，2011）。

（三）科技人力资源培养研究的国外进展

近年来，国外科技人才培养的相关研究在领域上主要关注 STEM 人才培养，在重点人群上比较关注博士后等青年科研人员的就业和职业发展问题，并追溯和反思人才培养体制和机制问题（Kendall Powell，2015）。比如 2015 年美国国家科学院（NAS）发布的研究报告都认为美国博士后供过于求（National Academy of Sciences，2015），2016 年科学欧洲发布的一份研究报告认为，欧盟国家同样存在博士后供过于求的问题，博士后人员在学术界就业困难，薪资和福利待遇水平偏低，职业拓展受限（Science Europe，2016）。特别需要指出的是，从 1957 年起美国国家科学基金会（NSF）等六个部门每年都会对上一年度从美国获得博士学位的人进行博士毕业生调查（survey of earned doctorates SED），从 1973 年起 NSF 启动了博士获得者调查（Survey of Doctorate Recipients SDR）。这两项调查为监测和评估美国高级科技人才培养和成长提供了丰富的数据。

对比可以发现，近年来国内关于科技人力资源培养的研究主要关注科技人员特别是科研人员成长规律、影响因素和政策环境等议题，而对国外相关研究比较关注的中小学科学教育、企业研发人员培养和职业发展的关注相对较少。在研究方法上，国内相关研究除了继续采用传统的定性研究方法外，近年来也越来越多地采用国际上比较流行的履历分析、文献计量、问卷调查等方法，在方法多样性上取得了较大进展，但离国际前沿研究仍有一定的差距。

（四）科技人力资源评价研究的国外进展

国外的科技人力资源评价研究主要集中在对科技人力资源绩效评价方面。很多文章反思了用期刊影响因子来评价科学家工作的优势与劣势。有学者梳理了影响因子功能的变迁，并探讨了科学家对影响因子的看法（Buela-Casal & Zych，2012）。研究认为，以出版物数量及其引用量来评估科学家和临床医生的工作，存在被滥用和不当使用的风险。将科学家或医生的科学活动简单地化约为出版物数量及引用量，而不分析工作本身的重要性和影响，可能导致严重的错误（Bach，2011）。用获得的科研项目等级和资金量来评价科研人员也存在着很大的风险。研究发现，科研人员获得的科研资助类别与每年发表的论文数量显著相关，而与引用次数无关。研究者认为，需要一个更好的带有定性和定量指标的工具来评价具有卓越科学产出的研究人员（Oliveira E.A.，Colosimo E.A.，et al，2012）。研究者们一致认为，对科技人才的评价方法应该既包括定量评价、也包括定性评价，科研人员对教育和社会服务的专门贡献需要进行评估和适当的重视；必须有评估团队成员的地位和成就的明确标准；必须在制度层面制定和实施收集评估数据的机制（Mazumdar M.，Messinger S.，et al，2015）。

（五）科技人力资源激励研究的国外进展

国外关于科技人力资源激励方面的研究更多集中在激励与科研产出之间的关系方面。一些研究关注不同的激励策略对科研产出的影响。有研究发现集合商业部门和学术部门的资源及激励，可以有效地提升科学研究的质量（Edwards，2016）。有学者研究了不同资助机构采取的不同资助策略对研究者产出的影响，发现宽容失败、给予受资助者更多的工作自由会产生更多高影响的论文（Azoulay，et al，2011）。有研究发现，大学提高职称晋升的最低发表要求，提高了论文发表的数量，但降低了发表的质量（Kim & Bak，2016）。

还有一些研究探讨了工作动机及其对研究绩效的影响。发现在动机来源方面，内部自我概念动机最强，而工具性动机最弱。内部自我概念动机对研究绩效有显著的积极影响，工具动机则对研究绩效有显著的负面影响（Ryan，2014）。另有研究发现，内在激励在个体需求满意度与创新行为之间存在一定的调节效应（Devloo，et al，2014）。还有研究得出了内在激励会直接、单向影响员工的创造力的结论（Wang and Tsai，2013）。由此观之，对科技人才的内在激励可能比外在激励更为重要。

五、发展趋势与展望

（一）理论方法的不断深化与进步

科技人力资源的研究，已经进入了理论和方法不断优化的阶段。随着研究不断深入，科技人力资源研究的理论和方法不断创新。科技人力资源相关理论研究，从关注科技人力资源本身状况，逐步拓展到人才成长规律、绩效产出评价等人才发展层面。随着信息技术的发展和新媒体手段的广泛应用，科技人力资源研究开始引入抽样调查法、CV 分析法等，通过与其他学科交叉融合，尤其是大数据挖掘的思路和实际探索，形成了一系列前所未有的研究思路和成果。

尽管我国科技人力资源领域的研究已经有了一定规模和进展，但依然存在各知识点间联系不够紧密、聚集性不高的问题。这与我国科技人力资源领域研究的内容非常宽泛，缺乏公认的研究重点等因素有关。针对我国科技人力资源领域近几年来的研究较为分散的现状，应在未来有意识地挖掘的知识点，形成有理论体系的研究架构。人才和培养和成长是一个动态、持续的过程，及时跟踪和监测科技人力资源成长状况有利于更好地把握新时期人才成长规律，同时也提高相关政策的针对性和及时性。与此同时，目前关于人才培养和职业发展的研究更多关注院士、国家人才计划入选者的成长轨迹，对普通科技人才成长的研究还非常少。这都应该成为未来科技人力资源研究的关注点。同时，科技人力资源研究目前尚未形成学科，加强理论系统化和科学化的目标依然任重而道远。

（二）学术建制与平台大力改善

国家越来越重视科技人力资源的作用，表现在国家和地方层面是引进人才，表现在学术界即为各类人才相关的专门化研究机构和平台的建立。近年来，从国家有关机构到各省市研究机构，人才发展研究院（所）纷纷建立起来，有关人才研究的学术活动也日益增多。与之相适应，科技人资源研究的相关投入、资源不断增加，并形成了一些相对稳定的研究团队。

随着科技人力资源领域研究力度的不断加大，相关人才供给不足的问题凸显。目前，科技人力资源领域尚未有专门的人才培养，研究机构中的研究人员多是工作后转入相关研究方向，相比其他学术建制齐全的学科，容易出现知识系统性不足的问题，影响研究深入。建议未来在相关学科分支下，建立科技人力资源研究方向的硕士博士培养点，同时在日益增多的人才研究机构中加强相关领域的交流平台建设，国际交流方面也应加以关注。学科建制与研究平台的不断改善，将促进科技人力资源领域的研究不断走向深入。

（三）对现实问题的关注和影响力增强

人才是第一资源，是推动社会经济发展的动力。科技人力资源研究由于密切结合社会经济发展需求，对现实问题的解释能力不断增强。如在人才培养、激励等问题方面，已有研究取得了较好的成果，特别是通过承担相关研究任务等在决策咨询方面也发挥着巨大的作用。

随着科技体制改革的不断深化，对于科技人资源领域的研究，在正确的人才发展理念和基本制度供给方面，都提出了更高的要求。随着经济全球一体化和高新技术的快速发展，创新以及创新能力对企业的核心竞争力有着至关重要的影响。作为创新的主体，科技人力资源能否发挥应有的作用，关键在于是否具备应有创新能力。未来结合协同创新理论进行这一方向的研究无疑将具有重大的理论价值和实践意义。全球化背景下，人才流动、人才引进都将成为未来研究的重点。随着我国各类人才计划、人才政策越来越多，科技人力资源相关政策在人才培养、引进和激励等环节的影响越来越大。一方面各部分、各地方仍在继续执行或推出新的人才计划项目；另一方面科研人员以及社会公众对于各类人才计划的作用也存在不同意见，其中不乏尖锐的批评。未来应加大对人才计划影响的科学评估加强相关理论和方法研究的基础上，不断增强服务现实社会的能力。

参考文献

［1］ Ackers L. Moving people and knowledge：scientific mobility in the European Union［J］. International Migration，2015，43（5）：99–131.

［2］ Azoulay P，Zivin JSG，Manso G. Incentives and Creativity：Evidence from the Academic Life Sciences［J］. Social Science Electronic Publishing，2011，（3）：527–554.

［3］ Bach JF On the proper use of bibliometrics to evaluate physicians and scientists［J］. Bulletin De Lacad é mie Nationale De M é decine，2011，（6）：1223–1233.

［4］ Blaškov áM，R Blaško，A. Kucharc í ková. Competences and Competence Model of University Teachers［J］. Procedia–Social and Behavioral Sciences，2014，（159）：457–467.

［5］ Buela–Casal G & Zych I. What do the scientists think about the impact factor?［J］. Scientometrics，2012，（2）：281–292.

［6］ Canibano C，Bozeman Barry. Curriculum vitae method in science policy and research evaluation：The state-of-the art［J］. Research Evaluation，2009，18（2）：86 — 94.

［7］ Cañibano C，Otamendi J，And ú jar I. Measuring and assessing researcher mobility from CV analysis：the case of the Ram ó n y Cajal programme in Spain［J］. Research Evaluation，2012，17（1）：17–31.

［8］ Chou，Y.–C.，Y.–Y. Hsu，H.–Y. Yen. Evaluating capacity utilization of human resources in science and technology［J］. African Journal of Business Management，2011，5（11）：4254–4262.

［9］ Devloo T，Anseel F，Beuckelaer A D，Salanova M. Keep the fire burning：Reciprocal gains of basic need satisfaction，intrinsic motivation and innovative work behaviour［J］. European Journal of Work and Organizational Psychology，2014，24（4），491–504.

［10］ Edwards A. Reproducibility：Team up with industry［J］. Nature，2016，（531）：299–301.

［11］ Geuna A. Global Mobility of Research Scientists：the Economics of Who Goes Where and Why［M］. San Diego：Academic Press，2015：35–62.

［12］ Kendall Powell. The future of the postdoc［J］. Nature，2015，520（7546）：144–147.

［13］ Kim Do Han & Bak Hee–Je. How Do Scientists Respond to Performance–Based Incentives? Evidence From South Korea［J］. International Public Management Journal，2016，（1）：31–52.

［14］ Lepori B，M Seeber，A Bonaccorsi. Competition for talent. Country and organizational-level effects in the internationalization of European higher education institutions［J］. ResearchPolicy，2015，44（3）：789-802.

［15］ Mazumdar M，Messinger S，et al.Evaluating Academic Scientists Collaborating in Team-Based Research：A Proposed Framework［J］.Academic Medicine Journal of the Association of American Medical Colleges,2015,（10）：1302-1308.

［16］ National Academy of Sciences. The Postdoctoral Experience Revisited［R］，2015.

［17］ Oliveira EA，Colosimo EA，et al.Comparison of Brazilian researchers in clinical medicine：are criteria for ranking well-adjusted?［J］. Scientometrics，2012，（2）：429-443.

［18］ Ryan JC. The work motivation of research scientists and its effect on research performance［J］. R & D Management，2014，（4）：355-369.

［19］ Science Europe. Postdoctoral Funding Schemes in Europe——SURVEY REPORT，2016.

［20］ Tampoe M. Project managers do not deliver projects，teams do［J］. International Journal of Project Management，1989，7（1），12-17.

［21］ Wang C，Tsai C. Managing innovation and creativity in organizations：an empirical study of service industries in Taiwan［J］. Service Business，2013，8（2）：313-335.

［22］ 爱思唯尔.海外人才流动情况分析报告［R］，2016.

［23］ 白波，王艳芳，吴妮娜.北京市某功能社区科技工作者心理健康状况调查［J］.中国社会医学杂志，2014，31（6）：413-416.

［24］ 白贵玉.知识型员工激励、创新合法性与创新绩效关系研究［D］.济南：山东大学，2016.

［25］ 白少君，王欢，安立仁.西安市科技人才资源开发战略研究［J］.科技进步与对策，2011，（23）：156-160.

［26］ 白新文，黄真浩.高层次青年人才成长效能的影响因素——以百人计划为例［J］.科研管理，2015，（12）：138-145.

［27］ 边婷婷.京津冀一体化R&D人才流动研究［J］.北京联合大学学报，2015，29（2）：88-92.

［28］ 卞永峰，李恩平.基于组合预测模型的山西省转型期紧缺科技人才需求预测研究［J］.科技管理研究，2013，（21）：41-45.

［29］ 蔡瑞，文鹏.高校人才同行评议现状分析及信息化建设的思考［J］.中国高校师资研究，2013，（2）：32-34.

［30］ 曹希绅.我国地质人才结构现状及优化［J］.资源与产业，2014，16（1）：34-37.

［31］ 陈宝龙，樊立宏.科技人才评价机制如何创新［J］.中国人才，2015，（17）：24-25.

［32］ 党亚茹，陈韦宏.大中型工业企业科技人力资源发展状态分析［J］.科技管理研究，2012，（7）：128-132.

［33］ 丁明磊，陈宝明，张炜熙.科技成果转化中科技人员激励问题研究［J］.管理现代化，2013，（5）：68-70.

［34］ 董超，刘玉国，宋微，史琳.基于过程分析的科技成果转化激励机制研究［J］.现代情报，2014，（7）：166-170，176.

［35］ 樊威，刘文澜，杨芳娟，等.我国博士后基金促进青年人才成长绩效分析［J］.科学学研究，2013，（8）：1171-177.

［36］ 范惠明，邹晓东，吴伟.常春藤盟校工程科技人才创业能力培养模式探究［J］.高等工程教育研究，2012，（1）：46-52.

［37］ 高建丽，孙明贵.研发人员心理资本、组织支持感对敬业度的作用路径［J］.科技管理研究，2015，（1）：231-236.

［38］ 高瑾，李育民，田峰，崔晓红，韩晓蕾，毛利娟.山西省科技工作者心理健康状况及其影响因素分析［J］.

临床医药实践，2012，21（3）：163-166.

［39］高晓巍，旷宗仁，左停.我国农业科技人力资源分析［J］.调研世界，2011，（12）：27-30.

［40］高子平.海外科技人才回流意愿的影响因素分析［J］.管理现代化，2012，（4）：56-58.

［41］高子平.海外科技人才回流意愿的影响因素分析［J］.科研管理，2012，33（8）：98-105.

［42］高子平.海外科技人才回流与信息不对称问题研究［J］.当代青年研究，2012，（10）：25-31.

［43］古继宝，蔺玉.基于不同学科的博士生科研绩效管理［J］.科研管理，2011，（11）：115-122.

［44］谷坚，施冬梅，陈军.水产科技人员绩效考核体系研究［J］.科技管理研究，2013，33（12）：130-134.

［45］顾建平，王相云.绩效薪酬、创新自我效能感与创新行为关系研究——基于江苏高新技术企业研发人员的实证分析［J］.科技管理研究，2014，（16）：168-173.

［46］顾远东，周文莉，彭纪生.组织创新氛围，成败经历感知对研发人员创新效能感的影响［J］.研究与发展管理，2014，26（005）：82-94.

［47］顾远东，周文莉，彭纪生.组织支持感对研发人员创新行为的影响机制研究［J］.管理科学，2014，27（1）：109-119.

［48］桂昭明.人才资本对经济增长贡献率的理论研究［J］.中国人才，2009，（12）：10-13.

［49］郭嘉，罗玲玲，邢怀滨.自然科学基金促进人才成长的对策与绩效研究［J］.科研管理，2015，（6）：92-101.

［50］郭铁成，孔欣欣.中国正在进入科技人力资源红利期［J］.红旗文稿，2013，（6）：27-30.

［51］郭英远，张胜.科技人员参与科技成果转化收益分配的激励机制研究［J］.科学学与科学技术管理，2015，（7）：146-154.

［52］何洁，王灏晨，郑晓瑛.高校科技人才流动意愿现况及相关因素分析［J］.人口与发展，2014，20（3）：24-32，42.

［53］何勤，刘雅熙.京津冀协同发展背景下的科技创新人才流动研究［J］.北京联合大学学报，2015，29（2）：83-87.

［54］何勇，姜乾之，李凌.未来30年全球城市人才流动与集聚的趋势预测［J］.中国人力资源开发，2015，（1）：74-80，108.

［55］胡进梅，沈勇.工作自主性和研发人员的创新绩效：基于任务互依性的调节效应模型［J］.中国人力资源开发，2014，（17）：30-35.

［56］黄涛，黄文龙.杰出科技人才成长的"四优环境"——以23位"两弹一星"功勋科学家群体为例［J］.自然科学辩证法研究，2015，（7）：59-64.

［57］黄文盛，李秋萍，熊敏，王潇潇，于树清.企业科技创新人才绩效考核方法研究［J］.石油科技论坛，2014，（5）：19-24.

［58］黄园淅.中美科技人才统计的对比分析［J］.科协论坛，2016，（10）：46-47.

［59］黄志强.关于我国科技人力资源统计界定的探讨［J］.经营管理者，2015，（22）：140.

［60］江红艳，孙配贞，何浏.工作资源对企业研发人员工作投入影响的实证研究——心理资本的中介作用［J］.科技进步与对策，2012，29（6）：137-141.

［61］蒋正明，张书凤，李国昊，田红云.我国科技人才对经济增长贡献率的实证研究［J］.统计与决策，2011，（12）：78-80.

［62］科学技术部.中国科学技术指标2002［M］.北京：科学技术文献出版社，2003.

［63］孔德议，张向前.我国"十三五"期间适应创新驱动的科技人才激励机制研究［J］.科技管理研究，2015，（11）：45-49，56.

［64］李从欣，张再生.中国区域人力资源竞争力评价［J］.经济与管理，2011，25（8）：28-31.

［65］李锋亮，陈鑫磊，何光喜.女博士的婚姻、生育与就业［J］.北京大学教育评论，2013，（3）：114-123.

［66］李军锋.深化高校科技人才评价机制改革［J］.中国高等教育，2014，（18）：53-55.

［67］李良成，杨国栋．基于因子分析的广东省创新型科技人才竞争力评价［J］．科技管理研究，2012，32（10）：51-55．

［68］李林．国外科技竞争力评价方法述评［J］．科技管理研究，2009，29（2）：85-87．

［69］李思宏，罗瑾琏，张波．科技人才评价维度与方法进展［J］．科学管理研究，2007，（4）：76-79．

［70］李亚员．创新人才成长规律：一个学术史的考察［J］．国家教育行政学院学报，2016，（7）：33-38．

［71］李燚，黄蓉．研发人员心理授权与创新绩效：内在工作动机与控制点的作用研究［J］．华东经济管理，2014，28（2）：116-120．

［72］李永周，黄薇，刘旸．高新技术企业研发人员工作嵌入对创新绩效的影响——以创新能力为中介变量［J］．科学学与科学技术管理，2014，35（3）：135-143．

［73］李永周，王月，阳静宁．自我效能感，工作投入对高新技术企业研发人员工作绩效的影响研究［J］．科学学与科学技术管理，2015，36（2）：173-180．

［74］林崇德，胡卫平．创造性人才的成长规律与培养模式［J］．北京师范大学学报，2012，（1）：36-42．

［75］林锴，王鹏，高峰强，谢殿钊．企业科技工作者工作倦怠的聚类分析［J］．中国心理卫生杂志，2014，28（2）：133-138．

［76］林荣日．教育经济学［M］．2001，复旦大学出版社．

［77］林喜庆，郑琳琳．区域科技人力资源竞争力的"一体两翼"理论模型与指标体系构建［J］．中国人力资源开发，2011，（11）：79-82．

［78］林喜庆．科技人力资源定义及其相关概念辨析［J］．当代经济，2015，（4）：126-128．

［79］刘俊婉．高被引科学家人才流动的计量分析［J］．科学学研究，2011，29（2）：192-197，180．

［80］刘伟．科技人才的现状、问题及培养体系建设研究——基于辽宁的个案分析［J］．科技与经济，2011，（5）：85-89．

［81］刘晓璨，朱庆华，潘云涛．国际科技人才回流规律研究——以"千人计划"入选者为例［J］．现代情报，2014，34（9）：24-30．

［82］刘颖，吕华，江礼娟．我国科技人力资源总量测算方法的研究［J］．北京行政学院学报，2011，（3）：78-81．

［83］刘云，杨芳娟．我国高端科技人才计划资助科研产出特征分析［J］．科研管理，2017，（38）：610-622．

［84］刘泽渊．科学合作最佳规模现象的发现［J］．科学学研究，2012，（4）：481-486．

［85］刘喆，蒋新，曹崇军，孙秋芬，赵启阳．科研人员绩效考评方法研究［J］．科技创业月刊，2012，（4）：18-20．

［86］鲁旭，何秀云．科技人才激励问题初探——基于马斯洛理论的实证分析和对策建议［J］．中国科技信息，2011，（7）：321-322．

［87］罗晖．我国科技人力资源的总量、结构与利用效率［J］．中国国情国力，2016，（7）：6-9．

［88］吕富彪．企业科技人才创新能力开发聚集效应的影响研究［J］．科学管理研究，2012，30（1）：65-68．

［89］吕科伟，韩晋芳．美国、欧盟与中国女性科技人力资源发展状况的比较研究［J］．中国人力资源开发，2015，（3）：62-69．

［90］吕鹏纲．中科院西部科研院科技人才激励机制研究［D］．兰州：兰州大学，2013．

［91］马亚莉．我国中部地区自主创新人才竞争力评价与分析［J］．科技管理研究，2012，32（14）：16-20．

［92］牛珩，周建中．海外引进高层次人才学科领域的定量分析与国际比较——以"长江学者"、"百人计划"和"千人计划"为例［J］．科技管理研究，2017，（6）：243-249．

［93］牛萍，曹凯．关于促进青年科技人才成长的若干思考［J］．中国青年研究，2013，（5）：32-35．

［94］欧阳欢，王庆煌，方骥贤，唐冰，陈诗文，陈峡汀．科研机构科技人员绩效考评体系构建研究［J］．科技管理研究，2012，32（8）：145-148．

［95］潘朝晖，刘和福．科技人才流动中的性别差异——以安徽省科技人才为例［J］．江淮论坛，2011，（6）：

144–148.

［96］彭义杰，杨媛，刘凤芹，殷艺琼，胡广隆. 新时期农业科研院所科技人才激励机制探析［J］. 农业科技管理，2015，（4）：79–82.

［97］石长慧，黄莎琳，张文霞. 科技工作者职业倦怠现状及相关因素研究［J］. 中国科技论坛，2013，1（1）：132–138.

［98］苏津津，杨柳. 天津市科技人才吸引影响因素研究［J］. 科学管理研究，2013，31（3）：109–112.

［99］孙洁，姜兴坤. 科技人才对区域经济发展影响差异研究——基于东、中、西区域数据的对比分析［J］. 广东社会科学，2014，（2）：15–21.

［100］孙锐. 战略人力资源管理、组织创新氛围与研发人员创新［J］. 科研管理，2014，35（8）：34–43.

［101］孙树慧，王鹏，高峰强，韩洪玉. 企业科技人员工作压力与焦虑的关系：社会支持的调节作用［J］. 潍坊教育学院学报，2012，25（4）：6–12.

［102］孙晓娥，边燕杰. 留美科学家的国内参与及其社会网络强弱关系假设的再探讨［J］. 社会，2011，（2）：194–215.

［103］谭崇台. 发展经济学的新发展［M］. 武汉：武汉大学出版社，1999.

［104］唐祯，张玮琳. 中国青年科技奖统计分析［J］. 科技导报，2016，（10）：81–84.

［105］田帆，方卫华. 科技工作者离职意愿的影响因素研究［J］. 自然辩证法研究，2013，29（6）：61–65.

［106］田瑞强，姚长青，袁军鹏，等. 基于履历信息的海外华人高层次人才成长研究：生存风险视角［J］. 中国软科学，2013，（10）：59–67.

［107］田瑞强，姚长青，袁军鹏，潘云涛. 基于科研履历的科技人才流动研究进展［J］. 图书与情报，2013，（5）：119–125.

［108］田瑞强，姚长青，袁军鹏，潘云涛. 基于履历数据的海外华人高层次科技人才流动研究：社会网络分析视角［J］. 图书情报工作，2014，58（19）：92–99.

［109］涂崇民. 中美科技人力资源评价比较研究［D］. 北京：北京化工大学，2011.

［110］万玺，白栋. 国防科技人力资源胜任特征评估模型研究［J］. 科技管理研究，2011，（1）：147–149.

［111］王成军，冯涛. 基于调查、统计的西部科技人力资源流动状况分析［J］. 西北人口，2011，（4）：85–88，92.

［112］王剑，蔡学军，岳颖，等. 高层次创新型科技人才激励政策研究［J］. 第一资源，2012，（2）：56–67.

［113］王娟. 新产品研发项目团队绩效测评研究［J］. 科技管理研究，2011，（5）：149–152，157.

［114］王林雪，吴琳. 我国科技人力资源贡献率差异比较研究 – 以电子及通信设备制造业为例［J］. 工业技术经济，2011，30（2）：110–117.

［115］王蕊，叶龙. 基于人格特质的科技人才创新行为研究［J］. 科学管理研究，2014，32（4）：100–103.

［116］魏浩，王宸，毛日昇. 国际间人才流动及其影响因素的实证分析［J］. 管理世界，2012，（1）：33–45.

［117］吴殿廷，刘超，顾淑丹，等. 高级科学人才和高级科技人才成长因素的对比分析——以中国科学院院士与中国工程院院士为例［J］. 中国软科学，2005，（8）：70–75.

［118］吴海燕. 系统视角下的企业研发人员创新能力开发机理分析［J］. 科技管理研究，2012，（8）：153–157.

［119］吴江. 尽快形成我国创新型科技人才优先发展的战略布局［J］. 中国行政管理，2011，（3）：11–16.

［120］吴欣. 高层次创新型科技人才评价指标体系研究［J］. 信息资源管理学报，2014，（3）：107–113.

［121］谢彩霞. 河南省高校科技人力资源状况分析［J］. 科技管理研究，2011，（2）：98–101.

［122］徐芳，周建中，刘文斌，等. 博后经历对科研人员成长影响的定量研究［J］. 科研管理，2016，（7）：117–125.

［123］徐婕. 日本科学技术指标概览及对中国的启示［J］. 全球科技经济瞭望，2016，31（3）：51–57.

［124］许家云，李淑云. 基于CES生产函数模型的海外人才回流问题研究［J］. 中国科技论坛，2012，（12）：

102–106.

[125] 薛俊波, 周志田, 杨多贵. 科技人力资源对区域经济增长贡献的实证研究——基于省级尺度的分析 [J]. 技术经济, 2010, 29 (7): 31–35.

[126] 杨敏, 安增军. 产业转移背景下科技人才流动模型研究——基于福建省的实证调研 [J]. 东南学术, 2015, (5): 140–147.

[127] 杨倚奇, 孙剑平, 周小虎. 创造力工作环境缺失及构建路径研究——基于我国技术研发人员需求偏好的视角 [J]. 科技进步与对策, 2015, 32 (14): 151–155.

[128] 杨月坤. 科技人才结构现状分析及优化对策研究——以江苏省常州市为例 [J]. 常州大学学报 (社会科学版), 2011, 12 (3): 55–58.

[129] 易蓉, 周学军. 心理契约、组织创新气候与科技人才创新绩效 [J]. 科技进步与对策, 2015, 32 (16): 144–148.

[130] 岳卫丽, 朱孔来. 基于心理契约视角研究科技工作者管理对策 [J]. 人才资源开发, 2015, (14): 62–63.

[131] 张春海, 孙健. 我国科技人才集聚的动因研究——基于省际数据的实证分析 [J]. 科技与经济, 2011, (2): 81–84.

[132] 张华磊, 袁庆宏, 王震, 黄勇. 核心自我评价、领导风格对研发人员跨界行为的影响研究 [J]. 管理学报, 2014, 11 (8): 1168–1176.

[133] 张建伟, 杜德斌, 姜海宁. 江苏省科技人才区域差异演变研究 [J]. 地理科学, 2011, 31 (3): 378–383.

[134] 张莉, 朱庆华, 徐孝娟. 国际科技人才成长特征及演变规律分析——基于文献计量的分析 [J]. 情报杂志, 2014, (9): 64–71.

[135] 张术霞, 范琳洁, 王冰. 我国企业知识型员工激励因素的实证研究 [J]. 科学学与科学技术管理, 2011, 32 (5): 144–149.

[136] 张四龙. 全面薪酬激励、工作满意度与离职倾向关系研究——以企业科技人才为例 [J]. 中国劳动, 2016, (5): 64–69.

[137] 张廷君. 绩效结构理论及其职业群体新视角: 科技工作者三维绩效 [J]. 中国科技论坛, 2011, (2): 112–118.

[138] 张相林. 我国青年科技人才科学精神与创新行为关系研究 [J]. 中国软科学, 2011, (9): 100–107.

[139] 张晓娟. 产业导向的科技人才评价指标体系研究 [J]. 科技进步与对策, 2013, (12): 137–141.

[140] 张永莉, 邹勇. 创新人才创新力评估体系与激励制度研究 [J]. 科学管理研究, 2012, 30 (6): 89–93.

[141] 张勇, 龙立荣. 绩效薪酬对团队成员探索行为和利用行为的影响 [J]. 管理科学, 2013, 26 (3): 9–18.

[142] 赵斌, 付庆凤, 李新建. 科技人员心理资本对创新行为的影响研究: 以知识作业难度为调节变量 [J]. 科学学与科学技术管理, 2012, 33 (3): 174–180.

[143] 赵丽. 美国科技人才流动的特点及其政策机制 [J]. 中国高等教育, 2014, (18): 60–63.

[144] 赵伟, 包献华, 屈宝强, 林芬芬. 创新型科技人才分类评价指标体系构建 [J]. 科技进步与对策, 2013, 30 (16): 113–117.

[145] 赵伟, 包献华, 屈宝强, 林芬芬. 基础研究类创新型科技人才评价指标体系的构建 [J]. 科技与经济, 2014, (1): 81–85.

[146] 赵伟, 林芬芬, 彭洁, 包献华, 屈宝强, 白晨. 创新型科技人才评价理论模型的构建 [J]. 科技管理研究, 2012, (24): 131–135.

[147] 郑巧英, 王辉耀, 李正风. 全球科技人才流动形式、发展动态及对我国的启示 [J]. 科技进步与对策, 2014, 31 (13): 150–154.

[148] 中国科协调研宣传部, 中国科协发展研究中心. 中国科技人力资源发展研究报告 [M]. 北京: 中国科学

技术出版社，2008.

[149] 中国科协调研宣传部，中国科协发展研究中心.中国科技人力资源发展研究报告2012[M].北京：中国科学技术出版社，2013.

[150] 中国科协调研宣传部，中国科协发展研究中心.中国科技人力资源发展研究报告2014[M].北京：中国科学技术出版社，2016.

[151] 周大亚.迎接科技人力资源红利期的到来[N].科技日报，2016-03-09（2）.

[152] 周建中，肖小溪.科技人才政策研究中应用CV方法的综述与启示[J].科学学与科学技术管理，2011，32（2）：151-156，179.

[153] 周建中.我国科研人员跨国流动的影响因素与问题研究[J].科学学研究，2017，（2）：247-254.

[154] 朱安红，郭如良，高燕，孔维秀.中部六省科技人才竞争力评价及其比较研究[J].科技管理研究，2012，32（10）：66-71.

[155] 朱晓莉.合芜蚌科技人力资源分布与创新绩效的相关性研究[J].蚌埠学院学报，2016，5（1）：181-187.

[156] 朱云鹃，刘湘君，戈力.我国科技人力资源统计界定问题的思考[J].科学管理研究，2012，30（1）：69-72.

[157] 朱郑州，苏渭珍，王亚沙.杰出科技人才成长的生态环境研究[J].科技管理研究，2011，（19）：132-137.

[158] 朱郑州，苏渭珍，王亚沙.我国科技人才评价的问题研究[J].科技管理研究，2011，（15）：132-135.

[159] 卓玲，陈晶瑛.创新型人才激励机制研究[J].中国人力资源开发，2011，（5）：99-102.

撰稿人：黄园淅　赵容加　石长慧　卢阳旭　马　茹

科技评价

一、科技评价发展基本情况

科技评价是对科学技术活动及其产出和影响的价值进行判断的认识活动，它遵从评价活动的一般规律，又由于科技活动而具特殊性。国家科技部给出的定义是：科技评价是指受托方根据委托方明确的目的，按照规定的原则、程序和标准，运用科学、可行的方法对科学技术活动以及与科学技术活动相关的事项所进行的论证、评审、评议、评估、验收等活动。显然，在建制化的科学技术活动中，科技评价是科技管理的工具，是对科学技术活动进行监测、调控、管理的手段，作为科学共同体运行的内在机制，通过评价获得"承认"也是科学共同体内部的"硬通货"，而科学技术活动形式的多样性，直接决定了科技评价内容的广泛性和形式的多样性。

如果从经济社会的角度去考察科学技术活动的整个过程，科技评价涉及科研经费的投入和分配、科研机构的管理和文化、论文及专利等直接科研产出、国际交流和人才培养等效果与影响、科技政策与科技计划、科技战略及可持续发展、科技目标的完成情况、科技活动的效率等。

20 世纪 80 年代以来，将科技评价作为政策工具引入科技管理、提高决策科学化水平已成为国际趋势。特别是近二十年来，美国、英国、法国、德国、日本、加拿大等国都建立了较为完善的科技评价机制，科技评价已成为这些国家科技管理过程中不可缺少的重要环节，评价结果对于政府有关科技政策、计划项目的出台、实施、调整、改进发挥着重要作用。

（一）科技评价的建制化发展

我国科技评价的建制化是伴随着我国政府管理科学化、决策民主化的需求发展起来的。为满足政府职能转变与科技计划管理改革需要，1994年科技部（原国家科委）成立科技评估中心（国家科技评估中心）开始科技计划评价的实践与探索。为进一步推动全国科技评价工作的开展，科技部于1997年在武汉召开"部分省市科技评估工作研讨会"，宣传和推广科技评估工作。进入新世纪，伴随着知识创新工程的实施，中国科学院于2000年9月专门成立评估研究中心，以加强对科学院进入创新基地的单位的监督和评估，提高知识创新的效益和水平。此后，科技评价工作在我国大部分省市陆续展开，科技评价活动不断深化和拓展。到2002年底我国从事科技评价的机构已有七十多家，专职人员超过一千人，全国有七个中央部委、二十七个省市自治区建立了科技评价机构，科技评价管理办法、评估标准和实施规范也在逐步发展和完善（见表1）。

表1　科技评价相关文件规范

文件规范名称及发布时间	发文机关
科技评估管理暂行办法（2000年）	科技部（2001年）
科技评估规范（2001年）	国家科技评估中心
国家高技术研究发展计划课题预算评估规范（2002年试行）	科技部
国家高技术研究发展计划课题预算评审规范（2002年试行）	科技部
关于改进科学技术评价工作的决定（2003年）	科技部等五部委
社会公益类科研机构体制改革工作评估验收指导意见（2004年）	科技部、财政部、中编办
科技计划课题预算评估评审规范（2006年）	科技部
科技计划课题预算评估评审实施细则（2006年）	科技部
科技企业孵化器评价指标体系（2007年）	科技部
国家重点实验室评估细则（2009年）	国家自然科学基金委
国家大学科技园评价指导意见（2010年）	科技部、教育部
国家级示范生产力促进中心绩效评价工作细则（2011年）	科技部
国家重点实验室评估规则（2014年）	科技部
国家国际科技合作基地评估办法（2014年试行）	科技部
科技评估工作规定（2016年试行）	科技部、财政部、发改委

资料来源：科学技术部网站（http：//www.most.gov.cn）。

（二）若干重要科技评价实践

在科技评价实践层面，自1993年原国家科委将科技评价作为国家重大科技计划管理改革的突破口引入宏观科技管理以来，我国的科技评价以政府资助的公共研发活动为主要

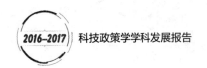

对象，以提高研发活动效率和质量为目标，结合政府部门和科研机构管理决策的需要蓬勃开展。

首先是对科技政策和科技体制改革的认识和评价。罗伟（1993）认为科技政策研究要以改革开放为中心，重视技术创新政策、科学技术的社会影响以及对科技政策本身的评价和比较研究。从实践的角度看，我国较为规范的科技政策评价是由原国家科委和加拿大国际发展研究中心在1996年合作完成的《十年改革：中国科技政策》研究专著。该项研究由加拿大、英国、澳大利亚和美国等国家从事科技政策各方面研究的学者完成，专著在综合回顾过去十年科技体制改革的基础上，将国家技术创新系统的概念及其作用引介到中国，并分析了中国国家技术创新系统的相关者及其在国家技术创新系统中的职能作用。尽管此后国家科技部曾先后委托中国科学院科技政策与管理科学研究所、国家科技评估中心等单位开展过科技政策评估和科技体制改革评价，但从现有文献看，并未形成公开发布的研究报告。正如方新（2014）所指出的，虽然中国三十多年的科技体制改革历程是对科技发展和科技政策不懈探索的过程，但总体而言缺乏科学的论证、认真的咨询和评估，对政策的可操作性、可能产生的后果，以及其成本收益等都有待加强。

在科技计划项目的评估方面，重要的评估实践有国家科技评估中心承担的"八五"科技攻关计划评估、国家高技术研究发展计划（"863"计划）执行十年评估及十五年总结评估、国家重点基础研究发展规划（"973"计划）评估、"863"计划"十五"评估、中国科学院知识创新工程试点评估、国家自然科学基金资助与管理绩效国际评估、国家中长期科学和技术发展规划纲要（2006—2020年）中期评估、民口国家科技重大专项中期评估等；中国科学院评估研究中心、中国工程院、中国社会科学院组织的民口国家科技重大专项标志性成果咨询评议等。

机构层面的科技评价活动也在探索和发展。如在过去十几年里，中国科学院从关注科研产出的研究所评价（1993—1998年）、关注重大创新成果和目标完成度的绩效评价（1999—2004年）、同时关注科技创新能力和整体发展绩效的综合质量评估（2005—2012年），发展到目前重大成果产出导向的科研评价体系（2013年以来），在积极开展科技评价实践活动的同时，在理论研究和方法创新上不断取得进展，如2012—2014年完成的中国科学院研究所"一三五"国际专家诊断评估（2012—2014年）等评估活动。类似的评估活动还有科技部委托国家自然科学基金委组织的国家重点实验室评估以及由教育部委托教育部学位与研究生教育发展中心组织开展的学科评估等，这些评估活动的开展有效地促进了国家重点实验室整体建设管理水平和科研院所研究生培养和学位授予质量的提高。

（三）科技评价研究热点领域

尽管世界范围内的科技评价实践已有三百多年的历史，科技评价的研究成果也相当丰硕，但国内科技评价学术研究的起步却是在 20 世纪 80 年代。以"科技评价"为主题词，通过国家图书馆文津搜索和知网数据库跨库检索，截止到 2016 年底共检索到相关专著 186 部、期刊论文 10862 篇。从论著发表数量的时间分布看，2001 年以来国内有关科技评价的学术专著和期刊论文数量迅速增加，研究主题日益丰富，显示出科技评价研究的繁荣发展和学术界对科技评价的关注（见图 1）。

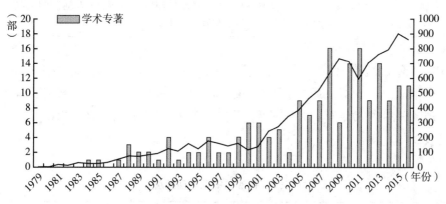

图 1　我国科技评价主题相关论著发表情况

　　科技评价研究热点及其变迁，在很大程度上反映了我国科技评价理论和实践活动的发展与研究主题的深化。每年全国科技评价学术研讨会的会议主题很好地反映出这一点，如近年来围绕学术评价、科技影响与创新评价、科技创新能力、创新管理、第三方评价及创新驱动发展等热点问题的讨论（见表 2）。

表 2　全国科技评价学术研讨会主题变迁（2011—2016）

会议	时间	会议主题
第十一届	2011 年	科技评价与学术评价：科技活动的不确定性与可评价性；第三方评价与独立评价的政府主导和社会参与；大学评价、教学科研评价、企业创新评价
第十二届	2012 年	科技影响与创新评价：科技评价理论与方法、科技政策方法论、大学评估与学科评估、科研机构评价、科研项目与计划评价、科技人才及科技团队评价、企业研发及区域创新能力评价
第十三届	2013 年	科技创新能力评价：科技评价理论与方法、科技政策学、科研机构评价、科研项目与计划评价、科技人才及科研团队评价、创新能力与研发评价、区域创新与创新网络评价、技术管理与技术评估
第十四届	2014 年	科技评价与创新管理：科研机构评价及科研项目与计划评价，科技人才及科技团队评价，企业创新能力评价与企业管理创新，区域创新与创新网络评价，第三方评价

续表

会议	时间	会议主题
第十五届	2015 年	第三方评价：科技政策评价、科研成果评价、科研项目评价、科研机构评价、科技人才及科技团队评价、协同创新评价、企业创新能力评价。
第十六届	2016 年	创新驱动发展与科技评价：创新创业评价、科技成果评价、科技与创新政策评价、协同创新评价、要素投入效率评价、区域创新与创新网络评价、科研机构与大学评价、科技评价的理论与方法。

从期刊论文发表情况看，以科技评价为主题，在中国知网共检索到 2011—2016 年间发表的学术论文 4715 篇。通过对题名、关键词、摘要进行机标关键词分割，共获机标关键词出现频次 39067 次，经归并整理后，共获得高频关键词 84 个，累计出现频次为 19076 次（见表 3）。

表 3　高频关键词出现频次

关键词	频次	关键词	频次	关键词	频次	关键词	频次
评价指标	1603	因子分析	284	影响因素	141	定量评价	85
科技创新	831	科技竞争力	267	财政经费	137	创新投入	83
综合评价	697	农业科技	260	熵权法	134	发展水平	82
科技人员	690	主成分分析	236	规模效率	133	产业发展	81
绩效管理	680	科技经费	234	项目评价	133	创新效率	81
科技成果	621	效率水平	216	资源配置	132	影响因子	81
创新能力	571	项目管理	212	决策单元	131	国际化	78
高等院校	570	经费管理	211	经济增长	122	评价模型	76
科技评价	522	技术效率	209	科技资源	120	发展状况	74
科技管理	422	科技体制改革	204	对策建议	119	投入产出效率	74
企业	398	基础研究	197	科技政策	118	激励机制	73
层次分析法	386	科技奖励	197	文献计量法	109	创新团队	71
数据包络分析	381	评价体系	189	灰关联分析	102	高层次人才	71
区域经济	361	科技发展	187	发展战略	99	学术评价	71
评价方法	342	科技进步	187	国家创新体系	98	科技服务	70
经济发展	312	高新技术产业	176	同行评议	96	科研绩效	69
科研机构	312	科技计划	175	技术转移	95	研发投入	69

关键词	频次	关键词	频次	关键词	频次	关键词	频次
科技投入	302	人才培养	174	聚类分析	90	财务管理	68
科技产出	298	科研活动	162	人才评价	87	模型分析	68
成果转化	293	科技期刊	152	测评方法	86	模糊综合评价	67
科技项目	289	成果评价	141	被引频次	85	期刊评价	66

进一步考察文献中的关键词共现网络。按照其在期刊论文中的共现频次构造关键词共现矩阵,并将其转换为皮尔逊相关性矩阵(见表4)。

表4 高频关键词出现矩阵及相关性矩阵(节选)

共现频次	被引频次	财务管理	财政经费	测评方法	层次分析法	产业发展	成果评价	成果转化
被引频次	85	0	0	1	1	0	1	0
财务管理	0	68	3	1	7	0	0	5
财政经费	0	3	137	1	11	1	0	2
测评方法	1	1	1	86	11	0	2	5
层次分析法	1	7	11	11	386	8	10	23
产业发展	0	0	1	0	8	81	5	4
成果评价	1	0	0	2	10	5	141	20
成果转化	0	5	2	5	23	4	20	293

相关系数	被引频次	财务管理	财政经费	测评方法	层次分析法	产业发展	成果评价	成果转化
被引频次		0.003	−0.012	0.045	0.095	−0.018	0.058	0.023
财务管理			0.222	0.094	0.274	0.023	0.047	0.139
财政经费				0.072	0.229	0.023	0.003	0.057
测评方法					0.312	0.076	0.074	0.110
层次分析法						0.212	0.168	0.222
产业发展							0.100	0.085
成果评价								0.451
成果转化								

通过NetDraw软件对高频关键词按K—core值进行可视化分层可以发现,科技评价研究主要以"评价指标"为核心,以"综合评价"为手段,针对"区域经济"、"科技创新"

等基础性问题，细化到具体评价对象、理论方法等现实问题逐层展开（见图2）。

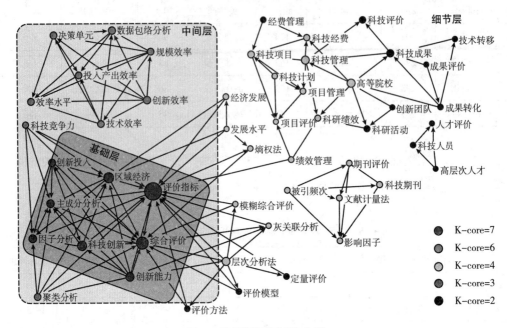

图2　高频关键词网络分层

进一步对高频关键词进行聚类分析。以皮尔逊相关系数不小于0.43为阈值进行聚类，可得到五个聚类簇（见图3）。

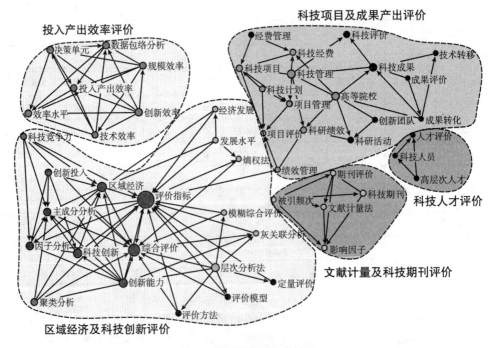

图3　高频关键词聚类结果

根据图 3 给出的结果，若按高频关键词在期刊论文中共现的相关性，可将科技评价研究初步划分为五个热点研究领域：区域经济及科技创新评价、科技项目与成果产出评价、投入产出效率评价、文献计量及科技期刊评价以及科技人才评价等。

二、主要领域方向研究进展

基于上述科技评价热点研究领域的划分，结合五年来我国科技政策的演变和重要科技评价实践活动的开展，本报告将科技评价研究进展分为科技政策与科技体制改革评价、科技计划项目及成果产出评价、科研院所及高等教育机构评价、科技人力资源与科技期刊评价以及科技评价理论研究与方法实践五个领域方向展开。

（一）科技政策与科技体制改革评价

为充分发挥科技对经济社会发展的支撑引领作用，加快推进创新型国家建设，中共中央、国务院在 2012 年 7 月召开的全国科技创新大会上，发布了《关于深化科技体制改革加快国家创新体系建设的意见》，国务院成立了由刘延东副总理担任组长的国家科技体制改革和创新体系建设领导小组，协同 26 个部门和单位，对科技改革发展和国家创新体系进行顶层设计。在此背景下，科技政策研究与科技体制改革评价成为学者们新的一轮研究热点。尤其是在 2015 年中共中央、国务院《关于深化体制机制改革加快实施创新驱动发展战略的若干意见》和国务院《深化科技体制改革实施方案》出台后，相关研究围绕科技创新能力、特色智库建设以及第三方评估等关键问题进一步拓展并取得显著成效。

1. 科技政策评价

从逻辑上讲，科技政策研究的首要问题是，政府为什么要支持科学技术的发展。由此，科技政策主要围绕三个方面的问题开展研究：首先是政策客体，即科学技术和创新系统的运行机制是什么、遵循哪些规律、与社会经济发展的相互作用机制是怎样的。其次是政策体系，如科技政策的目标、实现这些目标的机制和政策工具及其发挥作用的方式；第三是政策主体和政策过程，如参与科技政策的主体有哪些、决策过程是怎样的等。

从科技政策、科技计划及科技战略评价的角度看，国内学者在这些年做了很多卓有成效的工作。如王再进等（2011）基于公共政策评估的理论方法，尝试设计了具有可操作性的国家中长期科技规划纲要配套政策评估指标体系。郭金明等（2013）则提出了国家科技营销的理念与方法，他们认为国家科技计划应在组织管理中引入现代市场营销理念，借鉴企业市场营销的思想和做法促进科技成果有效扩散。在战略决策方面，王硕等（2016）从合作博弈的角度通过效用函数对于三方两边威慑问题进行了讨论，并对具体决策实例进行求解。王玉民等（2016）则从驱动对象、驱动方式和驱动力源泉三要素出发，以科技创新和管理创新链条为坐标轴，通过构建了"四相模型"，理清创新驱动发展战略的基本认识问题，提出了创新驱动发展战略的策略选择思考和策略选择路径。

除此以外，我国科技政策相关评估也正在从政策措施实施层面逐步深入到政策文本回溯分析中。郭戎（2013）等对面向北京中关村、武汉东湖和上海张江三个国家自主创新示范区的科技创新政策着力点、实施效果及存在问题进行探讨，指出了天使投资匮乏、科技担保困难、资本市场门槛较高等问题，并从人才软环境建设、实用人才激励和鼓励人才"软性"流动三个方面给出了建议。张永安和耿喆（2015）以中关村国家自主创新示范区政策为例，通过PMC指数模型并结合文本挖掘方法对相应的区域科技创新政策进行量化评价后发现，政策制定者在出台此类政策时应注意奖惩措施，依靠激励机制充分调动改革的积极性，提升改革效率，从而为政策制定的合理性、完整性及有效性营造更多的发挥空间。

2. 科技体制改革评价

全国科技创新大会召开之后，深化科技体制改革成为科技评价研究的新热点，而其中的关键点之一便是科技评价的导向问题。对此，中国科学院院长白春礼（2012）提出，中国科学院作为科技国家队，在科技体制改革中要发挥先行探索作用：根据"创新2020"的战略目标和任务改革科技评价，建立重大成果产出导向的评价体系。中国科学院党组副书记方新（2012）则在回顾中国科技体制改革三十年的变与不变的基础上，就科技体制改革所面对的问题和解决方案进行了分析：优化科技资源配置的重点由数量增长转向注重效益、深化科研院所和高等院校体制改革重在能力建设和制度建设、人事制度改革着眼于完善人才发展机制，激发科技人员积极性、创造性。对于以企业为主体的创新能力建设，学者王元（2012）认为，应将目前偏重于研发的管理转向以创新为重点的管理，特别是要有一种政策的平衡，需要围绕产业发展，以重大项目来加以组织各方面的创新活动。

学者李侠（2012）认为，我国科技体制存在的最大问题就是权力的分配严重不对称：科技体制之内权力分配过于分散；科技体制之外，权力分配过于集中，其结果是部门间条块分割、各自为政，导致科学场域实际处于割据状态。在资源分配时，各个权力主体争着分蛋糕；在盘点国家目标（使命）或责任时，没有任何机构愿意为此负责，这就是通常所说的责任主体不明确现象。要扭转这种局面，就需要改变传统的政策制定范式，引入外部智力资源，提升政策制定的知识内涵，并最大程度限制行政部门日益泛滥的自由裁量权，加快政策制定主体的转型，这也是倡导设立国家科学顾问委员会的意义所在。

3. 科技创新能力评价

科技创新评价相关研究主要包括三个层面：宏观层面是从经济区域入手，探讨创新政策、创新能力以及创新政策的评价问题；中观层面主要围绕行业展开，关注集群创新、技术创新、知识管理及绩效测度等问题；微观层面则以科研机构、高校、企业及创新团队为研究对象，对协同创新等问题较为关注。

王宗军等（2011）以全国经济普查数据为基础，按我国传统东、中、西部经济区划分，构建区域创新能力评价指标体系进行综合评价，在比较中部六省创新能力的基础上，就这些区域结合中部崛起战略培育和提升创新能力进行了探讨。傅为忠等（2012）将中部地区省会城市和长三角直辖市作为基本区域单位构建区域自主创新能力评价模型，以合芜蚌试验区为案例，从管理体系、区域平台、人才服务、金融支撑等角度探讨提高区域自主创新能力的政策措施。邹秀萍等（2013）对我国各地区包容性创新能力进行了测度和评价，相对于一般意义上的创新能力，包容性创新能力更关注社会中低收入阶层的需求及参与创新活动的能力，注重国家或区域创新体系对民生科技的支持程度，有助于区域创新政策中对创新主体与创新环境的包容性考量。

区域经济可持续发展应依靠学科集群和产业集群的协同创新。杨道现（2011）认为，学科集群与产业集群的协同创新有助于共同完成企业产品和技术创新全过程或某些创新环节的资源共享和优势互补，从而更好地整合资源、提升创新效率。通过构造双集群协同创新能力评价指标体系和基于 OWA 算子的指标权重确定方法，集合语言标度与灰度相结合的评价标度，可建立双集群协同创新能力评价方法，并在此基础上进行政策研究。欧光军等（2013）基于集群系统协同创新能力指标体系和对 56 个国家高新区的评价，针对我国多数高新区尚未实现由产业簇群向创新簇群转变的问题进行了探讨。张治河等（2015）通过战略性新兴产业创新能力评价和评价结果的内核密度分析，发现我国区域战略性新兴产业创新能力遵循"蠕虫状"内在演化规律，这就需要通过资源合理配置和资源边际效用最大化政策来进行方向性引导，促进产业和社会经济发展。类似地，李廉水等（2015）探讨了中国制造业"新型化"的评价问题，从经济创造、科技创新、能源节约、环境保护以及社会服务等五个维度构建指标体系，对中国制造业"新型化"程度进行了分析与评价。

自主创新能力已经成为国家竞争力的核心。对于我国这样的农业大国，农业科研机构自主创新能力强弱，直接关乎国家农业科技进步水平和现代农业发展的方式。陆建中和李思经（2011）在分析影响自主创新能力要素的基础上，建立了农业科研机构自主创新能力评价指标和综合评价模型。孙燕等（2011）认为，高校科技创新能力应该包括两个知识创新能力和解决社会生产实际问题中的技术创新能力两个方面，并相应建立指标体系，尝试对教育部直属高校进行评估和排序。秦德智和胡宏（2011）提出了评价企业技术创新能力的成熟度模型，运用模糊多层次评价法确定等级并相应给出处于不同成熟度等级企业应选择的创新模式及其组合。对于快速增长且有力支撑国民经济持续发展的科技型中小企业，陈云等（2012）构建了既考虑企业现有技术创新能力，又兼顾技术创新能力提升潜力的评价体系，以期更客观和全面地进行评价。陈恒（2014）进一步探讨了企业技术创新能力与知识管理能力之间的耦合关系，并构建由功效函数、耦合度函数、耦合协调度函数构成的评价模型，为企业管理和提升创新能力提供了参考依据。

4. 特色智库建设评价

智库是一种独立运作且相对稳定的政策研究和咨询机构，是促进决策民主化和科学化的制度和组织安排，学界的共识认为：智库已经成为衡量国家"软实力"水平的重要指标，同时建设我国特色新型智库已经上升为国家战略，迫切需要拓展相关领域的研究。《深化科技体制改革实施方案》也明确提出要"发挥好科技界和智库对创新决策的支撑作用"。

为此，学者们在对发达国家智库发展进行分析和总结的基础上，就智库定义、发展模式、发展机制和评价问题进行了探讨。郭岚（2013）从产业视角分析了美国、欧洲和日本等国外智库产业发展模式及其演化机制，认为智库产业培育需要有自身的演化和外部演化两个方面：自身的演化过程包括产业组织的培育、产业机制的完善和合理的产业布局；外部的演化机制包括产业功能定位、提供有影响的知识产品、建立相关的产业扶持政策。赵可金（2014）将现代美国智库的发展特点归纳为"性质倡议化、结构扁平化、机制项目化、发展网络化、服务个性化"，并就我国未来智库发展提出了保持相对独立、鼓励政策研究和交流、专业化以及完善制度性渠道的意见和建议。王桂侠等（2014）在广泛调研国内外典型科技智库的基础上构建了科技智库影响力界面模型，从创新能力、产出效率、产出效果、衍生效果四方面提出提升科技智库影响力的建议。

薛澜（2014）认为，公共政策的科学化与民主化带来智库的兴起，但是在全社会智库热之后，学者们必须对智库问题进行一些冷思考：现阶段中国智库主要有三个职能，即理性决策外脑、多元政策参与渠道和决策冲突的理性辨析平台。因此，我国智库建设应当加强政府内部公共政策的研究能力，增强对高质量政策研究的需求；减少政策研究禁区，增强社会脱敏能力，为政府调整政策提供更广阔的空间；推进信息公开，加强政策研究投入，提供公平的政策研究市场环境。王辉耀（2014）也认为我国智库发展应当从解决生存问题入手，优化智库发展环境，不断增长智库的影响力。

伴随着我国研究型大学的发展，大学智库已经成为国家软实力建设的重要组成部分。但任何智库的成功首先取决于它所拥有的专家的实力，因此智库要寻找的是那些在各自领域领先的优秀研究者和决策者，这就需要以"学者"为中心，谋划更加人性化的管理办法，如通过分类评价科研成果吸纳青年研究骨干、通过创新聘用制度整合智力资源、通过推广研究成果提升社会声誉以及扩大智库自主权和加强文化建设等。也只有保持独立、加强合作，建立起科学合理的人才评价与培养机制，大学智库才能更好地服务于我国经济社会的快速发展。

在中国特色新型智库建设中，如何科学、客观和公正地评价智库及其影响力，从而更好地管理、建设和发展智库显得尤为重要。国内学者也从不同角度，采用不同方法对智库及其影响力进行了评价。如上海社会科学院智库研究中心（2014）结合经济转型与社会发展背景下中国特色新型智库建设的实际需求，采用基于调查问卷的主观评价法，构建了中国特色的智库分类与评价标准，从智库综合影响力、系统内影响力和专业影响力三个层面对国内智库进行了评价与排名。陈杰等（2016）基于静态、动态、特征和趋势等方面的评价准则和尺度，构建了包括组织有效性、影响力有效性、多元化有效性、国际化有效性四个方面指标的评价体系。鲍嵘和刘宁宁（2016）以文化软实力为视角，建立了以政治性影响力、学术性影响力、专业服务性影响力和物质依存性影响力四测度为核心的高校智库影响力评价体系，以反映高校智库的性质与使命。与此同时，国外定量、定性评价智库的一些典型案例和学者对智库评价指标、机制等方面的研究和认识也被引荐到国内，如对美国、英国、日本等典型国家智库发展主导模式、智库评价主客体及评价方法的调研和比较研究等，这些研究也为我国规范智库的标准化定义、构建多元化评价机制、提高评价过程透明度、丰富智库评价参与主体等提供了参考与借鉴。

5. 第三方评估的开展

从国际经验看，以美国兰德公司、布鲁金斯学会等智库以及专业机构为代表的第三方机构，一直都是美国科技评估的基本常态和程序式表达。但我国以往的评估多数是政策制定者或执行者的内部评估，评估效果和公信力难免受损，科技评价也不例外。比较而言，独立的第三方评估因为其利益超脱性而使得评估结果更具公正性，同时专业评估机构也更加权威性。

2013年9月，国务院首次引入第三方评估，委托全国工商联对鼓励民间投资"新三十六条"的落实情况进行评估；2014年国务院再次委托中国科学院、国务院发展研究中心、国家行政学院和全国工商联等四家单位开展第三方评估；2015年，国务院进一步吸纳更加广泛的专业力量参与，并通过竞争性遴选增加了中国科协、中国国际经济交流中心、北京大学、中国（海南）改革发展研究院等独立第三方参加评估。在上述参与第三方评估的机构中，既有专业咨询研究机构，又有高等院校和社会机构，充分体现了权威性、专业性、独立性、客观性，也标志着我国科技评价主题的繁荣和发展进入了新的阶段。

一般认为，第三方科技评价是由不存在利益关系的第三方开展的科技评价，独立性和公正性是其基本要求。中国推行第三方科技评价，需要结合国内实际问题，密切关注国际上第三方科技评价的理论、方法、支撑决策等前沿趋势。李靖等（2011）认为，通过引入以第三部门作为承接项目评审、技术评价、绩效评估等公共科技服务的主体，在政府宏观管理下建立多元化的管理体系，既充分体现学术组织的技术权威性、独立性和创新性，又有利于提高科技管理与公共科技服务的公平与公正，可以作为科技管理多元化模式的有益探索。肖小溪等（2015）对近年来国际上第三方科技评价在提供定量决策依据、开展过程评估、开展影响评估、有效支撑决策等方面的前沿探索进行归纳和分析，并结合中国实际，就推行第三方科技评价给出若干政策建议。

从实践角度看，近年来随着我国政府转移职能和行政放权，越来越多的科技评估事项都交由社会组织来做，科技社团作为社会组织的重要力量，在当前形势下如何发挥其作用，也是学者们关注的重点。杨拓（2016）认为，独立性、客观性和权威性是学会参与第三方评估的逻辑起点，学会参与第三方评估是国家政策导向的必然趋势，更是自身发展的现实诉求。这就需要以创新、协调、绿色、开放、共享为理念，有序承接政府职能转移，发展第三方评估、提高我国科技评价管理水平。边全乐（2016）等针对目前科技社团第三方评估发展不平衡、评估机构独立性不强等问题，建议更多地开展科技社团第三方评估工作的理论研究，规范科技社团第三方评估工作的管理与监督，在科技社团第三方评估工作试点的基础上，应用与推广成熟经验和先进模式。

（二）科技计划项目及成果产出评价

科技项目及其成果产出评价一直以来就是科技评价的热点主题。尤其伴随着新世纪科教兴国和可持续发展战略实施，科技规划与重大科技计划项目逐步开展，科技评价也以创新质量为导向，越来越关注科技项目的管理及成果产出与经济结合方面。相应地，科技评价改革问题也得到学者们的关注，在相关研究中，比较有影响的有方衍和田德录发表的《中国特色科技评价体系建设研究》以及中国科学院科技评价研究组发表的题为《关于我院科技评价工作的若干思考》等文章。前者针对我国科技评价工作中存在的主要问题，提出了宏观制度保障、中观多元化组织和微观规范化操作三个体系与政府、科学共同体和社会三大主体参与的改革思路；后者则在总结中国科学院科技评价实践经验和存在问题的基础上，提出探索适合中国科学院特点的科技评估模式，让科技评价支撑战略管理、促进研究所竞争发展并体现政策导向。

1. 科技项目管理评价

在宏观管理层面，陈华雄（2012）等分析了将技术成熟度评价应用于国家科技计划项目管理的必要性、可行性和局限性，并就如何在科技计划项目管理中开展技术成熟度评价提出了建议。万红波和康明玉（2013）根据项目特点、评价对象和评价内容，构建了基于"投入－过程－产出－效果"的多层次绩效评价指标体系，以综合反映项目经费支出在效益、效率、经济和公平四个方面的绩效。施筱勇等（2016）则从实践的角度设计开发了包括相关性、目标实现、创新性、转化与效果、影响和实施管理六个准则的绩效评价指标体系，并通过十一个国家科技项目试点评价检验了其有效性。

在资源配置方面，吴建南等（2012）引入循证设计方法进行科学基金国际评估的方案设计。阿儒涵和李晓轩（2014）引入经济学分析方法，提出基于效用函数的嵌套双层委托代理模型，并通过对稳定拨款和竞争性项目资助的分析，就未来我国政府科技资源的配置模式给出建议。在实践的角度，张恩瑜等（2015）在科学基金项目中引入基于 Vague 集多准则决策方法的综合评价，这些研究和实践为完善科学基金资助结构与管理模式提供了较好的决策支持。

在项目实施层面，薛惠锋等（2012）建立了项目管理的 WSR 分析模型，尝试通过引入物理、事理、人理来构建系统化、科学化的东方式项目管理模型。索玮岚（2015）在考虑科研机构多阶段投入产出的时滞性和各类投入之间以及各种产出之间关联性的基础上，提出了科技资源使用效益的深度分析模型，是对科技资源配置路径优化的有益探索。类似的还有对高校科技资源配置效率基于共享投入关联网络 DEA 模型的研究，以及基于 DEA–Malmquist 方法对中外大学技术转移效率的比较等。

2. 科技活动绩效评价

科技活动绩效是科技评价的重点，也是难点和热点问题。在区域层面，孙斌和赵斐（2011）以生态化技术创新理论为依据，构建包括经济效益、社会效益和生态效益维度的区域创新绩效评价体系，并引入超效率数据包络分析模型展开实证研究，类似研究还有杜英等（2012）结合因子分析评价模型和聚类分析方法对甘肃省区域创新能力的定量评价，张博榕和李春成（2016）通过构建两阶段动态模型对区域创新绩效进行的评价等。刘焕等（2016）则从官员晋升预期的视角出发，将创新驱动作为变量引入评估模型，从实证的角度验证了创新驱动发展战略对改善政府治理绩效和降低政府绩效目标偏差的积极意义。

在产业层面，有学者从可持续发展的角度评价了风能、新能源汽车等产业的发展战略和技术路径。如张政等（2014）研究发现，由于发展目标导向不同，中国和美国在新能源汽车产业的活动特点和发展模式上存在明显差异，尤其是在激活市场基础配置功能方面。而在产业创新网络内部，目标差异会直接导致创新参与者间界面啮合程度不佳，成为制约整个创新网络绩效的关键因素。

在机构层面，徐芳等（Xu F，2013）提出可以通过软系统方法学（SSM）来构建具有理想层次结构、适用于学术影响力评估的指标体系。具体在大学管理与发展等方面，针对大学绩效目标多元性和时滞性的特点，史璞和孟潆（2012）认为在构建和优化大学绩效管理制度时，应加强绩效管理及配套规章制度建设，以体现绩效评价的规范性和有效性。林梦泉等（2013）提出在学位点质量评估时应从学位点建设利益相关者的责权关系出发，建立协同机制。蔡红梅和许晓东认为，在实践层面可以构建与学校定位相匹配的评价指标体系和指标模型，并使用群决策层次分析等方法确定指标权重，这就需要以治学为宗旨，耦合权力关系，形成政治权力、行政权力、学术权力和民主权力共治的"四位一体"的格局，完善学术治理体系。

3. 科技成果产出评价

科技成果管理及科技成果转化是我国科技工作的重点。贺德方（2011）认为，由于不同创新主体对科技成果及其转化的认识不同，在科技管理研究和实践中产生了许多相近的概念或指标，导致在实际评价中产生不符合客观实际的结果和对社会公众一定程度的误导。就社会上对科技成果转化的认识偏差，蔡跃洲（2015）认为科技成果评价首先要确定好科技成果转化的内涵边界、做好调查统计和测度评价等基础性工作，并在实践中充分考虑诸如政府扶持力度、社会文化氛围等因素，进行全面综合评判。

在科技成果评价实践中，成果的复杂性使得成果评价成为多层次、多目标的复杂认知过程，而成果的科学性、社会性、经济性都是时间和空间因素的函数。陈洪转等（2011）通过对成果在时间上的离散和集结，用带有激励偏好的双激励控制线法，建立高校科研成果动态综合评价模型，并基于时空角度的成果差异性分析进行相关政策探讨。张立军和林鹏（2012）提出了基于序关系法的科技成果评价模型，该模型通过和谐指数和非和谐指数值构造强弱关系图，运用排序迭代法比较科技成果，可操作性与实用性较强。田雅娟等（2016）基于国家重点实验室的评价案例，探讨了基于文献产出间接评估科研机构的科研水平与学术地位的方法。

成果转化及其经济社会影响是成果产出评价的另一个重要方向。在区域层面，段婕和刘勇（2011）综合运用 DEA 和多元回归分析法，评价科技成果转化对区域经济增长的有效性，并指出了东北三省科技成果转化对经济增长贡献率低的问题。在产业层面，王新其等（2011）尝试设计了包括成果转化研发、经济效益、社会效益、知识产权及法规等四个维度的农业科技成果转化评价指标。在机构层面，陈伟等（2011）基于数据包络分析方法探讨了区域高技术企业科技成果转化的效率，发现黑龙江、内蒙古等地高技术企业科技成果转化效率远低于平均，表明这些地区在科技成果转化方面存在着高技术企业实力偏弱、产业科技成果投入匮乏等问题值得关注，杨栩和于渤（2012）从经济、社会、科技和环境四个方面对我国科技成果转化效率的评价也有类似发现。在科技成果市场转化模式与效率的评价中，戚湧等（2015）基于委托代理模型探讨了科技成果的市场转化模式，通过对十七所江苏高校 2009—2013 年间面板数据的分析发现，成果生产方在科技成果转化中实际上是处于信息劣势，而利用科技中介服务机构能够更有效地促进科技成果市场转化，这就需要相应法律、制度、规范的后续发展与完善。

（三）科研院所与高等教育机构评价

自 1995 年中共中央、国务院在《关于加速科学技术进步的决定》中提出实施"科教兴国"战略以来，面对新世纪科技变革带来的机遇和挑战，我国将科学教育和科技创新提到前所未有的历史高度，坚定不移地走科技强国之路。为促进世界一流大学与科研机构建设，学者们围绕科研体制与学术评价的关系、现代科研院所治理与创新发展评价、学科竞争力与教学评价、国家重点实验室评估与绩效管理等问题展开研究。

1. 科研院所管理与评价

作为国家科技创新体系的核心组成，科研院所在国家治理体系和治理能力现代化建设过程中，应遵循从"管理"向"治理"的改革思路，逐步建立完善现代科研院所治理体系。但从科研经费分配机制与科研产出的关系来看，温珂等（2013）通过对国立科研机构投入产出数据的分析，发现政府竞争性科研经费对科研产出的激励作用并不显著，而量化科研评价导向与竞争性科研项目体制相互作用，既不利于科研人员自身能力的提升，也容易造成科研资源的不合理配置。徐芳等（2013）认为，科研评价不应仅仅局限于科研论文的数量，而应更多关注科研质量及科研活动对经济社会的贡献，因此机构层面的科研影响力评价更有意义，就评价方法而言，英国采用的卓越研究质量评价框架（REF）对我国在机构层面开展科研影响力评价具有借鉴意义。

刘彤等（2014）在总结新型科研机构基本特征的基础上，提出包括高层次人才团队、经营管理者水平、科学管理水平、技术创新能力、运作模式、交流与合作、创新文化建设等七个方面的科研院所发展状况衡量指标，并通过构建基于层次分析法的评价模型，以评价为导向推动科研院所管理方式和体制机制改革。李慧聪和霍国庆（2015）在回顾三十多年来我国科研院所改革历程的基础上，按照治理结构、治理行为和治理对象的框架，构建了科研院所治理结构的评价体系，提出了科研院所治理转型的对策建议。

在实践层面，陆建中和李思经（2011）基于系统论的观点构建了农业科研机构自主创新能力结构模型和评价指标体系，张卫国等（2012）利用灰色关联度评价理论建立了公益类科研院所科技创新能力的评价模型，刘华周等（2013）以农业科研机构为例，构建财政支持农业科研机构新实验基地建设项目绩效评价的基本框架，并就财政支出的经济性、效率性和有效性辩证统一的指标设计进行了探讨。何颖波等（2016）以中国工程物理研究院为样本，探讨了国防科研院所的特点及其科技创新能力内涵，提出了包括共性能力与核心能力两个体系，分为年度动态监测、研究所自评估和同行专家第三方评估三个阶段的评估思路，为国立科研机构科技创新能力评估提供了一定的参考或指导。

2. 高校学科与教学评估

伴随着研究型大学的发展和学科的高度建制化，追求一流的学科或科研的卓越成为了世界各国大学发展的普遍观念。但李志义等（2011）认为，如果从构建高等教育质量保证体系的视角看，我国的一级学科整体水平评估（以下简称"学科评估"）存在模式选择失当、推进节奏太快、政府主导过强以及各方期望太高等方面的问题。王建华（2012）认为，高校学科评估既要依靠先进的评估技术手段又要尊重学科自身发展规律，对于学科评估，应充分尊重科学规律和学科文化的差异，在完善同行评议机制的基础上，谨慎使用量化评价技术，并及时对学科评估本身进行元评价。但蒋林浩等（2014）在比较分析美国研究理事会博士点评估、英国高等教育资助委员会科研评估和我国一级学科评估的基础上，提出可继续采用量化评估和同行评估相结合的方式，并在规范评估组织和评估过程的基础上，在评估指标方面兼顾人才培养和社会服务功能，而评估结果应慎重与政府拨款挂钩。

袁本涛和李锋亮（2016）通过对学科评估不同利益相关方的问卷调查，就如何利用评估结果、如何有效评估科学研究、如何体现国际化办学、如何评估专家团队，如何确定合理的评估周期及未来提高评估透明度、扩大评估主体、推进特色化分类评估等问题进行了探讨。王立生等（2016）系统地回顾了2002年以来我国四轮学科评估的发展历程和改革探索，在总结"培养过程质量"、"在校生质量"、"毕业生质量"三维评价模式，"质量与数量、客观与主观、国内与国外"三结合标准，学科门类"绑定参评"规则等三个方面主要经验的基础上，提出第四轮学科评估将在人才培养、学科建设成效、师资队伍和学术论文和学科社会贡献评价以及聘请国际专家参与和强化分类评估等方面进行改革探索，以期更好地服务学科建设和学科发展。

与学科评估不同，教学评估作为保证和提高教育质量的政策工具，在发达国家已有百余年历程。我国从 20 世纪 70 年代末引入高等教育评估以来，从 1985 年的理工科院校评估试点、1996 年的"211 工程"本科教学优秀评估、直到 2003—2008 年的高校本科教学水平评估，这些评估工作在促进教学资源投入、改善办学条件、强化教学管理、确保了教学质量等方面成效显著，有效促进了我国高校由过去重视规模扩张向重视质量的内涵发展转变。刘振天（2013）认为，教学评估应该是评估者（政府、机构、专家）与被评估者（高校、师生）围绕价值问题平等交流与协商对话的过程，评估活动同时也是多方对话机制，这就需要针对以往评估中存在的倚重物理性指标、兴师动众、弄虚作假、搞形式主义等问题，完善评估制度、指标体系、评估程序以及评估方式方法有效性等方面的顶层设计，使评估能直抵教学深处，回归教学生活本身。

钟秉林（2014）认为，与以往的教学评估相比，2014 年启动的普通高等学校本科教学工作审核评估，旨在通过引导高校多样化发展、强化高校主体地位、使高校在评估过程中保持平和心态和工作常态等做法，更加突出质量为本、引导高校内涵式发展的理念。张安富（2016）在后续研究中就如何结合认识教学质量标准的确切含义来强化高校办学与人才培养目标定位，突出教学中心地位和深化教育教学改革，结合武汉理工大学的经验进行了探讨。

3. 国家重点实验室评价

国家重点实验室建设是我国贯彻科教兴国战略的一项重要举措，自 1984 年国家重点实验室建设计划实施以来，到 2016 年初已建成 317 个基本覆盖我国基础研究大部分学科的国家重点实验室，成为我国开展高水平基础和应用基础研究、聚集和培养优秀科学家、开展学术交流的重要基地。在 1990—2015 年间，国家重点实验室已进行过 25 次评估，并形成较为成熟的做法，尤其是 1995 年委托国家自然科学基金委员会组织统一评估以来，评估方法及评估指标体系逐步规范和完善。

吴根和马楠（2013）探讨了国家重点实验室评价的基本理念与指标遴选原则。他们提出了包括实验室科技竞争能力、科研产出与影响力、社会地位、人才队伍建设与培养等四个方面的指标框架，认为在实际操作中应基于实验室定位和目标确定重点指标，并结合专家定性判断开展评估活动。杨晓秋和李旭彦（2015）在总结国家重点实验室建设运行成效的同时，也指出目前较为普遍存在的定位不够准确、研究方向和研究内容趋同、原始创新能力不足、日常管理有待加强等实际问题，而如何用好评估这样的政策工具进行规范和引导，是很值得管理者和评估者共同探讨的问题。

（四）科技人力资源及科技期刊评价

科学研究与试验发展活动的评价虽然以结果或绩效为基础，但评价结果必须与科学技术活动的本质相一致。因此，在科技人才和科技期刊评价方面，既有从应用的角度结合科技评价指标与方法展开研究，也有思辨的讨论。

1. 科技人才评价

朱郑州等（2011）探讨了当前我国较为普遍存在的科技人才评价行政化、评价主体责任心缺失、评价责任从用人机构到期刊转移等问题，这就需要减小行政权力对学术评价的影响，加强科学共同体内部成员之间以及科学共同体各学科组织对其成员的监督，打破各评估主体的责任转移链条，针对评价对象建立起公平、合理、高效的科技人才评价体系。何光喜（2015）认为，我国当前科技人才评价和激励机制的突出问题表现在政府过度主导、用人单位缺乏自主、评价导向不够合理、分配激励亟待完善等方面，这就需要真正实现分类评价、按能力贡献评价和按评价激励。王前和李丽（2016）在反思当前科技人才评价中学术成果越多越好、人才成长越快越好、有显示度的指标越全越好、有层次的指标越高越好等问题的基础上，强调应考虑代表作质量、学术影响、原创性以及学者的学术潜力、发展态势、社会责任感等因素，以促进科研活动健康有序地开展。

在理论与方法方面，徐芳等（2011）针对现有文献计量学指标的缺陷，通过引入价值理论分析方法和聚焦学术论文创作过程，来测量学术论文中包含的等同工作量，以实现对学术论文质量的评估。周建中和肖小溪（2011）提出可根据科技人员的履历数据，通过编码分析来描绘其职业发展轨迹、职业特征、流动模式，以更好地支撑评价活动。赵伟等（2013）通过专家调查和因子分析结合特征指标，提出了创新型科技人才评价的冰山模型，通过指标聚类和筛选，形成评价不同类型创新型科技人才的指标体系。就科技人才发展而言，梁文群等（2014）通过对经济、环境、社会、生活、自然和人才市场六大环境因素、三十三项指标的分析，比较了区域人才发展环境差异及其影响，并就改善和优化西部省份的人才发展环境进行探讨。在政策层面，徐芳等（2016）初步探讨了博后经历不同学科领域科研人员成长的影响，表明了我国科技人才评价研究主题的不断深入和拓展。

科技奖励作为建制化人才评价与激励手段，是我国科技政策的重要组成部分。经过近六十年特别是改革开放三十多年来的探索和改进，我国科技奖励体系日臻完善，并已走上科学化、制度化和法制化的轨道。熊小刚（2011）在回顾我国科技奖励机制、功能、效应及评价指标与方法模型的基础上，提出应加强关于科技奖励运行绩效等方面的定量研究。周建中（2014）通过抽样调查，指出了当前我国科技奖励中存在的行政干预过多、奖励人员名单不实以及与个人利益挂钩太紧等问题，探讨了改进科技奖励体系的政策路径。李强等（2014）在系统梳理美国、德国、印度、俄罗斯等国青年科技奖项的基础上，提出我国科技奖励体系应强化对青年科技人才的激励。在后续研究中，李强（2016）进一步探讨了现有科技奖励体系对不同年龄群体获奖者的激励效用，基于对诺贝尔奖获得者及和我国自然科学奖获得者最佳成果产出年龄分布的对比，讨论了增设国家级青年科技奖项的重要性和必要性。

2. 科技期刊评价

就科技期刊评价而言，按照朱剑（2012）的观点，真正能成为某一学术共同体交流对话平台的学术期刊必须具有学科专业（专题）边界清晰、开放、通畅传播的特征，但在目前"以刊评文"盛行的情况下，如何改变封闭和半封闭的综合性期刊占据多数的现状，建立起以开放的专业（专题）期刊为主并能通畅传播的学术期刊体系和相应的评价标准便成为学者们较为普遍关注的问题。叶继元（2015）进一步探讨了科技期刊评价的多元性与复杂性，由于众多作者学术研究的目标多元、研究内容观点多种多样，研究的层次和深度各不相同，如何将个性鲜明的科技期刊进行分组分类评价本身就是一个国际性难题，也是未来科技期刊评价研究的热点和难点问题。

在期刊评价理论与方法方面，朱军文和刘念才（2012）探讨了科研活动评价的目的与方法的适切性问题，基于对"同行评议"和"科学计量学评价"等方法合理性及缺陷的梳理，给出不同类型评价中各类评价方法相互协同的改进框架。王文军和袁翀（2015）则针对实践中科学计量学指标被异化为学术"GDP"的问题，尝试从期刊、学科、机构、年龄四个维度统计分析国内一流人文社会科学期刊并构建 C100 指数模型，以评估高校或科研机构的学术生产力。

（五）科技评价理论方法研究与应用

在科技政策研究中，评价方法是特别受关注的，针对现有评价方法比较零散、缺乏足够的系统性、科学性和针对性的问题，方新（2014）提出有必要形成政策研究的评价方法库，对关键评价方法进行标准化和规范化。这就需要基于科技政策价值的多元性，相应设计可操作的评估框架，如"目标－执行－效果"模式、经济模式以及利益相关者模式等，除此以外还有近年来发展起来的基于事实维度的公共科技政策评价以及"基于证据"的科技政策制定的新趋势。但在科技评价理论方法研究实践中，学者们较多采用的依然是层次分析、聚类分析、因子分析、主成分分析、灰关联分析以及模糊综合评价等传统评价方法。

如在区域科技创新方面，张军涛和陈蕾（2011）基于区域创新系统的研究视角阐释自主创新能力，运用因子分析和聚类分析方法对我国三十个省级行政区域的自主创新能力进行综合评价和分类，类似研究还有巴吾尔江等（2012）对我国内地三十个省（自治区、直辖市）区域科技创新能力的实证研究和比较分析，并针对新疆提出的对策和建议，肖永红等（2012）基于层次分析法，从创新投入、孵化能力和创新产出三方面设立创新能力评价指标，对 2008 年我国五十四个国家级高新区的创新能力进行的评价。

机构层面的研究主要涉及科研院所、高校及企业。刘彤等（2014）基于科研院所评价目标的多样性构建层次分析模型，并根据评估结果，指出科研院所技术创新能力提高还应重视制度保障、绩效牵引和文化滋养。俞立平和张晓东（2013）采用熵权 TOPSIS 方法构建各省市高校科技竞争力评价模型，针对较为普遍存在的管理体制落后、改革缺乏力度、研究力量分散等问题进行讨论。郭俊华和徐倪妮（2016）建立高校科技成果转化能力评价指标，采用因子分析法和聚类分析法，从转化条件、转化实力和转化效果三个维度，考察了全国三十一个省、直辖市、自治区高等学校 2015 年的科技成果转化能力，并针对较大的区域差异从资金支持、利益分配、激励机制、管理机制与中介机构等方面进行政策探讨。在企业层面，刘继兵和王定超（2013）从科技型小微企业创新能力的形成及作用方式出发构建指标体系，运用层次分析法进行测算分析，并就科技型小微企业自主创新能力的培育给出相关建议。姜滨滨和匡海波（2015）则基于"效率—产出"模型对企业创新绩效评价模型进行了探讨。

数据包络分析（DEA）是科技评价方法应用和研究的热点。在国际上，截至 2016 年底仅 SCI 索源期刊发表的相关论文就有一万多篇，国内大量相关研究主要围绕投入产出效率评价展开，研究主题形成了相对独立的簇群（见图 3）。沈赤等（2011）构建我国政府科技资源配置效率评价指标体系，采用 VRS 模型对 1998—2009 年我国政府科技资源配置效率进行评价，发现我国政府科技资源配置效率处于较高水平，而合理控制科技投入总量、继续调整和优化投入结构有助于未来继续保持高配置效率。钱振华（2011）引入数据包络分析方法研究国家大学科技园技术创新综合效率，并就未来国家大学科技园管理与决策的改善进行探讨。沈能和宫为天（2013）采用可以剔除环境因素和随机干扰影响的三阶段模型对我国 2000—2011 年三十个省（自治区、直辖市）的高校科技创新效率进行分析，指出科技创新效率较低且易受到产业基础、政策扶持和创新文化等外部环境影响的问题。张秀峰等（2016）以不同所有制企业主导的产学研合作研发项目为例，探讨了产学研合作的研发效率。针对由国有企业主导的产学研合作研发效率低的问题，他们认为应在顶层设计方面推进国企分类改革，完善治理结构，健全合作研发活动风险分担机制和激励机制。彭佑元和王婷（2016）以科技创新型上市公司为例，探讨了科技创新型企业的投资效率问题，发现这些企业在研发支出、无形资产及长期投资等方面投资冗余现象明显，需要从投资方向、投资机会、资金成本等方面统筹规划和组织协调，以利企业可持续发展。

三、国际发展趋势及其借鉴

在过去几十年里，伴随着经济社会发展对科技评价的大量需求，许多科技评价活动通过明确的计划目标、规范的概念界定、学界的广泛参与，以及评估结果和改进措施向项目管理者、决策者和其他利益相关者的及时反馈，在增进社会福祉的同时，也促进了国际科技评价理论的迅速发展。

科技评价理论的第一次大发展是在二十世纪六七十年代，当时的美国、德国、加拿大、英国等国家已经开始认识到跟踪计划项目进展、监测活动组织效用、评估政府部门绩效的必要性，伴随着这一时期自然科学的巨大发展，将自然科学及其方法引入社会科学用以解决社会问题几乎是社会科学家不可动摇的信念。这一阶段又被称为传统科技评价理论发展阶段，其突出特点是强调科学方法：评价者应当客观、中立、注重结果，评价质量应当建立在严谨的方法论基础之上，而可靠、有效的数据甚为关键。

但各国科技评价理论研究的发展方向不尽相同。在美国，评价是肯尼迪和约翰逊两位总统"战胜贫困"动议下社会科学研究的重要内容，相关部门引入应用社会科学的方法，通过资源分配的合理化和项目进展控制，促进了大规模统计分析模型和调查研究理论的发展；与此同时，科技政策评估开始兴起并在美国政府机构中得到普遍采用，被公认为是良好管理的必备工具。在加拿大，科技评价研究的重点并不是如何定义项目产出、效果以及影响等纯理论分析，而是如何向客户提供及时、准确的信息来帮助他们更好地配置资源、改善方案的模型与方法。

二十世纪八九十年代，科技评价理论无论是在政治领域和学术领域都获得了长足的发展。日趋激烈的竞争、更加审慎的决策、不断缩减的经费、产出要求的提升以及问责机制的强化，促使政府部门和非营利组织在履行职责、改善绩效、展示成果等方面面临更大的压力，并逐渐地趋向于企业化运作。企业化运作模式的普及、基于理论的评估等技术手段的进步强化了传统评价理论的方法论基础，知识建构及其运用也开始在学术界得到重视。尽管依然关注指标数据，强调评价的客观性与严谨性，但科技评价的重点正在从机构活动本身和类似营业费用率等指标转向活动结果及其影响。

进入新世纪，评价者拥有日益多样化的理论工具来应对评价需求，如客观主义方法与建构主义假设、定量分析与定性判断等。正如美国评价学会（AEA，American Evaluation Association）2012 年会主题中所提到的：在对复杂全球科技创新生态系统中的计划、政策、项目等进行评价时，联系、责任与相关性是最为关键的三个问题，这也正是国际上科技政策及重大研究计划或项目评估中特别关注的问题。

在美国，科技评估程序的完善与方法的发展一直为政府部门和学术机构所关注。以《项目评价标准》（*The Program Evaluation Standards*）为例，该标准自颁布以来已经两次修订，尤其是 2011 年第三版的修订，历时八年，通过广泛的利益相关者参与和专家讨论，借鉴了其他国家和组织已经实施的研究成果，最终在原有四个基本维度：实用性、可行性、正确性及精确度的基础上，增加了评价问责制的维度，形成包括五个维度、三十个指标和三百个测度的指标体系。

如在对美国技术创新计划（Technology InnovationProgram，TIP，实为先进技术计划

ATP 的延续）的评估中，美国国家技术与标准研究院（NIST）创新与产业服务部专门设立 TIP 咨询委员会，并通过建立影响分析与评估报告制度来确保评估的科学性和有效性。这种评估理念和方法在我国科技项目的评估中也得到较多采用，如我国科技重大专项管理中要求的年度自评价报告、中期报告等，这对于跟踪国家重大需求领域及其投入情况、完善现有运行机制、支撑后续资助决策，改进国家在高风险、高回报研究上的管理实践具有重要意义。

作为支持和协调欧洲区域科学研究和产业技术发展的跨国科学计划，欧盟框架计划经过几十年演变，已形成了一套多种评估活动各有侧重、相互支撑的模式，从最初相对简单的计划评估，逐渐演变为包括年度监测、计划评估、五年评估、影响评估、国别评估、专题研究等在内的评估体系。这种服务管理和政策需要、评估边界和被评估对象明确的评估活动发展至今已成为欧洲一体化的政策工具，广泛涉及研发、人才、就业等方面。评估内容也从最初的技术为导向，向重视经济社会等全方位的结果转变。在方法上，欧盟框架计划近年来越来越注重将新的方法，如 Meta 分析、社会网络分析、文献计量学等用于框架计划的评估中，以应对框架计划复杂性对评估的要求。总的来说，伴随着欧盟框架计划的实施和评估的持续开展，整个整个欧洲的评估网络逐渐形成，成为评估活动的主力军，在政策咨询和评估方面积累了丰富的经验。此外，框架计划评估对行业专家的高度依赖，促进了大学、科研机构、企业、基金会、政策学会、研究理事会等高层专家的积极参与，使得评估体系得以高效运转。这一点，无论是我国科技评估体系的建设完善，还是我国科技评估学科发展都很值得借鉴。

四、我国科技评价未来展望

我国科技评价活动虽然起步较晚，但经过二十多年的不断实践和经验总结，科技评价理论与方法研究成果斐然。但总体看来，我国科技评价学科的发展仍处于初步阶段，在行业和学科发展、方法与程序规范、科技评价主体多元化以及评价制度化方面仍与发达国家有较大差距，有待进一步发展和完善。

首先，在行业组织管理和学科发展方面，全国科技评估机构协作网的影响力还很有限，中国科技评价协会至今仍未筹建。而从对科技评价的需求和科技评价主体来看，我国科技评价活动仍由政府主导，虽然近年来有不少第三方科技评估机构成立，但这些机构的发展还比较薄弱、独立性难以体现，科技评价活动往往会受到行政干扰，甚至与政府部门的利益相冲突。

其次，专业人才缺乏和评价方法程序的不规范，造成评价活动透明度低、参与性差、程序不规范。我国目前已有的科技评价活动大都属于系统内部的管理评估，再加上评估人员素质不高、评估过程不透明等原因，使得评价结果的权威性和实用性受到质疑，科技评价作为改善管理的工具性作用还不十分明显。科技评价活动也没有做到公开透明，评估标准、评估方法和评估结果等有关评估信息没有及时公布于众，很容易导致"人情风"盛行，使科技评价的信度和效度都大打折扣。

最后，科技评价缺乏规范的制度安排和法律意义上的管理。一是我国整体缺乏科技评估的规划和明确的任务导向，特别是地方科技主管部门在管理中普遍存在"重立项、轻过程、不问结果"的倾向；二是评估经费没有适当和稳定的渠道，绝大部分临时从计划管理费、项目费中安排，很容易造成"谁给钱，向谁交账"的评估立场；三是没有建立完备的评估报告制度，评估报告经过"层层把关"后面目已非。

有鉴于此，未来我国科技评价的发展和相关研究将主要围绕以下方面展开。

第一是科技评价制度和法律保障及其与已有规章制度兼容性问题的研究。这些研究将主要涉及如何明确科技评价在科技管理中的定位，如何促进评估管理工作的规范化，如何通过科技评价立法解决科技评价法律地位缺位的问题。除此以外，还需要研究解决与已有的相关规章制度的兼容性问题，如何建立和完善科技评价信息反馈机制、促进科技评价结果的公开化等问题。

第二是评价理论与方法的发展和科技评价指标体系的完善。面对日益复杂多样的评价需求，未来科技评价的研究将进一步丰富评估指标体系，不断改善评价方法的适用性。除此以外，大量研究将会结合实际需求，针对同行评议、文献计量、经济计量等评价方法的局限性，探讨评价方法改进和综合使用。

第三是关于科技项目、科技人才、科研机构的分类评价研究。这就涉及如何从科技项目性质、研究宗旨及项目等级进行划分，如何建立和完善专家选择机制、信用和问责制度，如何发展"第三方"评估机制，通过制度建设确保第三方独立机构评价的独立性、专业性和可信任度等。

第四是关于元评估和后评估的研究。从国际经验看，美国和欧盟都非常重视后评估研究对科技管理的作用。针对当前我国科技计划项目资助与管理存在的立项较紧而结题管理相对较松等现象所造成后期决策无据可循的局面，无论国家重大需求领域的微调，还是科技计划的绩效评估，影响分析与评估应是重要的发展方向。

参考文献

[1] 中华人民共和国科学技术部. 科学技术评价办法（试行）[Z]. 2003-09-20.

[2] 连燕华，马晓光. 关于科技评价的思考与探索[C]. 中国科学技术指标学术研讨会论文集，2003.

[3] Nagarajan, N., Vanheukelen, M. Evaluating EU Expenditure Programmes: A Guide [M]. Directorate-General for Budgets of the European Commission, 1997.

[4] 欧阳进良，张俊清，李有平. 我国科技评估与评价实践的分析与探讨[J]. 中国科技论坛. 2010，(5):

5-8.

［5］朱效民. 中国科学院自然科学与社会科学交叉研究中心、评估研究中心成立［J］. 科研管理, 2000（06）:
107-108.

［6］刘志宇. 完善科技评价体系健全决策咨询机制［J］. 企业技术开发. 2005, 24（9）: 80-82.

［7］罗伟. 科技政策研究的发展［J］. 科学学研究, 1993（01）: 9-17.

［8］中华人民共和国国家科学技术委员会国家科学技术委员会, 加拿大国际发展研究中心. 十年改革: 中国科
技政策［R］. 北京: 北京科学技术出版社, 1998.

［9］樊春良. 科技政策学的知识构成和体系［J］. 科学学研究, 2017,（02）: 161-169.

［10］王再进, 方衍, 田德录. 国家中长期科技规划纲要配套政策评估指标体系研究［J］. 中国科技论坛, 2011
（09）: 5-10.

［11］郭金明, 杨起全, 王革. 国家科技营销及其基本思想［J］. 中国科技论坛, 2013（06）: 15-19.

［12］王硕, 谢政, 游光荣, 戴丽. 基于偏好序列的"三方两边"威慑问题的谈判解［J］. 运筹与管理, 2016
（05）: 184-187.

［13］王玉民, 刘海波, 靳宗振, 梁立赫. 创新驱动发展战略的实施策略研究［J］. 中国软科学, 2016（04）:
1-12.

［14］郭戎等. 国家自主创新示范区科技创新政策评价研究［J］. 中国科技论坛, 2013（11）: 11-15.

［15］张永安, 耿喆. 我国区域科技创新政策的量化评价——基于 PMC 指数模型［J］. 科技管理研究, 2015,
35（14）: 26-31.

［16］白春礼. 以重大成果产出为导向改革科技评价［J］. 中国科学院院刊, 2012（04）: 407-410.

［17］方新. 中国科技体制改革——三十年的变与不变［J］. 科学学研究, 2012（10）: 1441-1443.

［18］王元. 深化科技体制改革的若干思考［J］. 科学与社会, 2012, 2（03）: 34-36.

［19］李侠. 障碍、协调与国家科学顾问委员会——关于科技体制改革的一些思考［J］. 科学与社会, 2012, 2
（03）: 28-34.

［20］王宗军, 毛磊, 王清. 我国中部地区区域创新能力评价与比较分析［J］. 技术经济, 2011, 30（08）:
44-50.

［21］傅为忠, 韩成艳, 刘登峰. 区域自主创新能力评价与建设研究［J］. 科技进步与对策, 2012, 29（11）:
107-111.

［22］邹秀萍, 徐增让, 宋玉平. 区域包容性创新能力的测度与评价研究［J］. 科研管理, 2013, 34（S1）:
343-348.

［23］杨道现. 学科集群和产业集群协同创新能力评价方法研究［J］. 科技进步与对策, 2012, 29（23）: 132-
136.

［24］张治河, 潘晶晶, 李鹏. 战略性新兴产业创新能力评价、演化及规律探索［J］. 科研管理, 2015, 36（03）:
1-12.

［25］陆建中, 李思经. 农业科研机构自主创新能力评价指标体系研究［J］. 中国农业科技导报, 2011, 13（04）:
1-6.

［26］孙燕, 杨健安, 潘鹏飞, 孙敏. 高校科技创新能力评价指标体系研究［J］. 研究与发展管理, 2011,
23（03）: 125-129.

［27］秦德智, 胡宏. 企业技术创新能力成熟度模型研究［J］. 技术经济与管理研究, 2011（07）: 53-57.

［28］陈云, 谭淳方, 俞立. 科技型中小企业技术创新能力评价指标体系研究［J］. 科技进步与对策, 2012,
29（02）: 110-112.

［29］陈恒, 徐睿姝, 付振通. 企业技术创新能力与知识管理能力耦合评价研究［J］. 经济经纬, 2014, 31（01）:
101-106.

［30］杨安, 蒋合领, 王晴. 基于知识图谱分析的我国智库研究进展述评［J］. 图书馆学研究, 2015（10）: 6-11.

［31］郭岚. 国外智库产业发展模式及其演化机制［J］. 重庆社会科学，2013（03）：121-126.

［32］赵可金. 美国智库运作机制及其对中国智库的借鉴［J］. 当代世界，2014（05）：31-35.

［33］王桂侠，万劲波，赵兰香. 科技智库与影响对象的界面关系研究［J］. 中国科技论坛，2014（12）：50-55.

［34］薛澜. 智库热的冷思考：破解中国特色智库发展之道［J］. 中国行政管理，2014（05）：6-10.

［35］王辉耀. 中国智库国际化的实践与思考［J］. 中国行政管理，2014（05）：20-24.

［36］郭华桥. 研究型大学智库建设模式与困境突围——基于"学者"使命的视角［J］. 中国高教研究，2014（05）：50-57.

［37］江胜尧. 中国大学智库的发展现状及转型之策［J］. 中国高校科技，2014（10）：30-33.

［38］上海社会科学院智库研究中心项目组，李凌. 中国智库影响力实证研究与政策建议［J］. 社会科学，2014（04）：4-21.

［39］陈杰，高亮，徐胡昇. 中国特色新型智库建设有效性评价指标体系构建研究［J］. 中国高校科技，2016（11）：8-11.

［40］鲍嵘，刘宁宁. 高校智库影响力评测体系初探［J］. 非洲研究，2016（01）：64-75.

［41］谭玉，张涛，吕维霞. 智库评价的国际比较及其对中国的启示［J］. 情报杂志，2016（12）：6-11.

［42］李靖，高崴. 第三部门参与：科技体制创新的多元化模式［J］. 科学学研究，2011（05）：658-664.

［43］肖小溪，程燕林，李晓轩. 第三方科技评价前沿问题研究［J］. 中国科技论坛，2015（08）：11-14.

［44］刘学璞，朱孔来. 科技社团以"第三方"身份参与科技评估的若干思考［J］. 智富时代，2015（06）：178-180.

［45］杨拓. 学会参与第三方评估的逻辑起点与路径思考［J］. 科技导报，2016（10）：73-76.

［46］边全乐等. 关于加强科技社团第三方评估工作的建议［J］. 中国农学通报，2016（26）：194-200.

［47］方衍，田德录. 中国特色科技评价体系建设研究［J］. 中国科技论坛，2010（07）：11-15

［48］中国科学院科技评价研究组. 关于我院科技评价工作的若干思考［J］. 中国科学院院刊，2007（02）：104-114.

［49］陈华雄等. 技术成熟度评价在国家科技计划项目管理中的应用探讨［J］. 科技管理研究，2012（16）：191-195.

［50］万红波，康明玉. 国家科技计划项目绩效评价指标体系研究［J］. 社会科学管理与评论，2013（02）：78-82.

［51］施筱勇，杨云，迟计，邢怀滨. 科技项目绩效评价指标体系研究［J］. 科技管理研究，2016（10）：43-43+49.

［52］吴建南，马亮，郑永和. 基于循证设计的科学基金绩效国际评估研究［J］. 科研管理，2012（06）：137-145.

［53］阿儒涵，李晓轩. 我国政府科技资源配置问题分析——基于委托代理理论视角［J］. 科学学研究，2014（02）：276-281.

［54］张恩瑜，王珏，张奇，郑永和，汪寿阳. 国家自然科学基金资助项目综合评价［J］. 管理科学学报，2015，18（02）：76-84

［55］薛惠锋，周少鹏，杨一文. 基于 WSR 方法论的项目管理系统分析［J］. 科学决策，2012（03）：1-13.

［56］索玮岚，高军，陈锐. 科研机构科技资源使用效益评估研究［J］. 科学学研究，2015（02）：234-241.

［57］陈琨，李晓轩，杨国梁. 中外大学技术转移效率比较研究［J］. 科学学与科学技术管理，2014（07）：98-106.

［58］孙斌，赵斐. 基于超效率 DEA 模型的区域生态化创新绩效评价［J］. 情报杂志，2011（01）：86-89.

［59］杜英，王士军，张爱宁，马巧丽. 甘肃省创新型城市评价研究［J］. 中国科技论坛，2012（03）：98-103.

［60］张博榕，李春成．基于两阶段动态 DEA 模型的区域创新绩效实证分析［J］．科技管理研究，2016（12）：62-67．

［61］刘焕，吴建南，孟凡蓉．相对绩效、创新驱动与政府绩效目标偏差——来自中国省级动态面板数据的证据［J］．公共管理学报，2016（03）：23-35+153-154．

［62］张政，赵飞．中美新能源汽车发展战略比较研究［J］．科学学研究，2014（04）：531-535．

［63］赵志华，刘兰剑．目标差异情形下高规格创新网络演化路径仿真分析［J］．科技进步与对策，2016（24）：59-66．

［64］Xu F, Li X X, Meng W, et al. Ranking academic impact of world national research institutes—by the Chinese Academy of Sciences［J］. Research Evaluation, 2013, 22（5）: 337-350.

［65］史璞，孟澈．我国大学绩效管理的制度基础探究［J］．华东师范大学学报（教育科学版），2012（03）：34-39．

［66］林梦泉，朱金明，唐振福，吕磊，梁莹．学位点质量评估协同机制探究［J］．学位与研究生教育，2013（07）：20-24．

［67］蔡红梅，许晓东．高校课堂教学质量评价指标体系的构建［J］．高等工程教育研究，2014（03）：177-180．

［68］许晓东，阎峻，卞良．共治视角下的学术治理体系构建［J］．高等教育研究，2016（09）：22-30

［69］贺德方．对科技成果及科技成果转化若干基本概念的辨析与思考［J］．中国软科学，2011（11）：1-7．

［70］蔡跃洲．科技成果转化的内涵边界与统计测度［J］．科学学研究，2015（01）：37-44．

［71］陈洪转等．基于双激励控制线的高校科研成果动态综合评价［J］．科学学与科学技术管理，2011，32（03）：129-133．

［72］张立军，林鹏．基于序关系法的科技成果评价模型及应用［J］．软科学，2012，26（02）：10-12．

［73］田雅娟等．科研成果评价研究——国家重点实验室评价案例［J］．科研管理，2016，37（S1）：264-269．

［74］段婕，刘勇．科技成果转化对我国区域经济增长的有效性评价［J］．科技进步与对策，2011，28（12）：136-140．

［75］王新其等．农业科技成果转化评价指标体系的设计［J］．江苏农业科学，2011，39（06）：34-36．

［76］陈伟等．基于 GEM-DEA 模型的区域高技术企业科技成果转化效率评价研究［J］．软科学，2011，25（04）：23-26．

［77］杨栩，于渤．我国科技成果转化效率综合评价研究［J］．商业研究，2012（08）：81-84．

［78］温珂，张敬，宋琦．科研经费分配机制与科研产出的关系研究——以部分公立科研机构为例［J］．科学学与科学技术管理，2013，34（04）：10-18．

［79］徐芳，刘文斌，李晓轩．英国 REF 科研影响力评价的方法及启示［J］．科学学与科学技术管理，2014，35（07）：9-15．

［80］刘彤等．以新型科研机构为导向的科研院所创新发展评价指标体系研究［J］．科技管理研究，2014，34（01）：91-95．

［81］陆建中，李思经．农业科研机构自主创新能力评价指标体系研究［J］．中国农业科技导报，2011，13（04）：1-6．

［82］张卫国，柴瑜，曹万立．公益类科研院所科技创新能力评价实证研究［J］．重庆大学学报，2012，18（01）：77-82．

［83］刘华周，陆学文，郭媛嫣，亢志华，陈海霞，秦建军．财政支持农业科研机构的绩效评价指标体系研究——以农业科研机构新实验基地建设项目为例［J］．农业科技管理，2013，32（01）：50-53．

［84］何颖波，王建，李洛军，吴兴春，唐勇，李晓轩，周红萍，钟华，刘先忠．国防科研院所科技创新能力评价研究［J］．科研管理，2016，37（03）：68-72．

［85］李志义，朱泓，刘志军．我国本科教学评估该向何处去？［J］．高教发展与评估，2011，27（06）：1-9．

［86］ 王建华. 一流学科评估的理论探讨［J］. 大学教育科学，2012（03）：64-72.

［87］ 蒋林浩，沈文钦，陈洪捷，黄俊平. 学科评估的方法、指标体系及其政策影响：美英中三国的比较研究［J］. 高等教育研究，2014，35（11）：92-101.

［88］ 袁本涛，李锋亮. 对我国学科评估发展的调查与分析［J］. 高等教育研究，2016，37（03）：28-33.

［89］ 刘振天. 我国新一轮高校本科教学评估总体设计与制度创新［J］. 高等教育研究，2012，33（03）：23-28.

［90］ 刘振天. 高校教学评估何以回归教学生活本身［J］. 高等教育研究，2013，34（04）：60-66.

［91］ 钟秉林. 遵循规律平稳开展本科教学工作审核评估［J］. 中国高等教育，2014（06）：4-7.

［92］ 张安富. 本科教学工作审核评估若干问题的理性认识［J］. 高教发展与评估，2016，32（01）：1-7.

［93］ 杨晓秋. 关于国家重点实验室评估的思考［J］. 实验室研究与探索，2015，34（09）：141-144

［94］ 吴根，马楠. 国家重点实验室评价指标体系探索与思考［J］. 中国基础科学，2013，15（06）：36-41.

［95］ 杨晓秋，李旭彦. 国家重点实验室运行情况和发展思考［J］. 中国基础科学，2015，17（01）：28-32.

［96］ 朱郑州，苏渭珍，王亚沙. 我国科技人才评价的问题研究［J］. 科技管理研究，2011，31（15）：132-135.

［97］ 何光喜. 改革人才评价激励机制［N］. 光明日报，2015-11-20（10）.

［98］ 王前，李丽. 科技人才评价导向的若干误区与调整对策［J］. 科学与社会，2016（04）：29-36.

［99］ 徐芳，刘文斌，李晓轩. 等同论文数（EPN）：学术论文质量评估的新指标［J］. 科研管理，2011，32（7）：150-156.

［100］ 赵伟，包献华，屈宝强，林芬芬. 创新型科技人才分类评价指标体系构建［J］. 科技进步与对策，2013（16）：113-117.

［101］ 梁文群，郝时尧，牛冲槐. 我国区域高层次科技人才发展环境评价比较［J］. 科技进步与对策，2014，31（09）：147-151.

［102］ 徐芳，周建中，刘文斌，李晓轩. 博后经历对科研人员成长影响的定量研究［J］. 科研管理，2016，37（07）：117-125.

［103］ 熊小刚. 科技奖励运行绩效评价研究述评［J］. 科技管理研究，2012，32（18）：23-26.

［104］ 周建中. 中国不同类型科技奖励问题与原因的认知研究［J］. 科学学研究，2014，32（09）：1322-1328+1338.

［105］ 李强，李晓轩，吴剑楣. 国外政府青年科技奖项设置及其启示［J］. 中国科技奖励，2015（12）：64-70.

［106］ 李强. 基于获奖者年龄的国家科技奖激励效用分析［J］. 科研管理，2016，37（06）：37-44.

［107］ 朱剑. 重建学术评价机制的逻辑起点［J］. 清华大学学报（哲学社会科学版），2012，27（01）：5-15+159.

［108］ 叶继元. 学术期刊质量评价具有多元性与复杂性［J］. 清华大学学报（哲学社会科学版），2015，30（02）：182-186.

［109］ 朱军文，刘念才. 科研评价：目的与方法的适切性研究［J］. 北京大学教育评论，2012（03）：47-56

［110］ 王文军，袁翀. 社会科学学术论文生产力评价的新视角［J］. 山东社会科学，2015（02）：186-192.

［111］ 方新. 科技政策研究的问题与方法［J］. 创新科技，2014（13）：16-18.

［112］ 赵峰，张晓丰. 科技政策评估的内涵与评估框架研究［J］. 北京化工大学学报（社会科学版），2011（01）：25-31.

［113］ 张军涛，陈蕾. 基于因子分析和聚类分析的中国区域自主创新能力评价［J］. 工业技术经济，2011，30（04）：36-44.

［114］ 巴吾尔江，董彦斌，孙慧，张其. 基于主成分分析的区域科技创新能力评价［J］. 科技进步与对策，2012，29（12）：26-30.

［115］ 肖永红，张新伟，王其文. 基于层次分析法的我国高新区创新能力评价研究［J］. 经济问题，2012（01）：

31-34.

［116］刘彤等. 以新型科研机构为导向的科研院所创新发展评价指标体系研究［J］. 科技管理研究，2014，34（01）：91-95.

［117］俞立平，张晓东. 基于熵权 TOPSIS 的地区高校科技竞争力评价研究［J］. 情报杂志，2013，32（11）：181-186.

［118］郭俊华，徐倪妮. 中国高校科技成果转化能力评价及聚类分析［J］. 情报杂志，2016，35（12）：155-161.

［119］刘继兵，王定超. 基于层次分析法的科技型小微企业创新能力研究［J］. 科技进步与对策，2013，30（18）：165-169.

［120］姜滨滨，匡海波. 基于效率－产出的企业创新绩效评价——文献评述与概念框架［J］. 科研管理，2015，36（03）：71-78.

［121］沈赤等. 基于数据包络分析 VRS 模型的我国政府科技资源配置效率评价［J］. 企业经济，2011，30（12）：145-150.

［122］钱振华. 基于 DEA 的国家大学科技园创新绩效评价［J］. 北京科技大学学报（社会科学版），2011，27（02）：86-92.

［123］沈能，宫为天. 我国省区高校科技创新效率评价实证分析［J］. 科研管理，2013，34（S1）：125-132

［124］张秀峰，陈光华，杨国梁. 基于 DEA 模型的产学研合作研发效率研究［J］. 研究与发展管理，2016，28（05）：82-90.

［125］彭佑元，王婷. 基于网络 DEA 的科技创新型企业投资效率评价分析［J］. 工业技术经济，2016，35（01）：83-91.

［126］Rosalie T. Torres, Hallie S. Preskill. Evaluation and organizational learning: Past, present, and future［J］. American Journal of Evaluation, 2001, 22（3）: 387-395.

［127］Robert S. Kaplan. Strategic performance measurement and management in nonprofit organizations［J］. Nonprofit Management and Leadership, 2001, 11（3）: 353-370.

［128］邱均平，欧玉芳. 美国《教育项目评价标准》的制定及启示［J］. 重庆大学学报（社会科学版），2015（06）：140-144.

［129］蔡乾和，陈磊. 美国中小企业技术创新计划管理实践及启示——以 TIP 为例［J］. 创新，2016，10（5）：49-56.

［130］陶蕊，胡维佳. 欧盟框架计划评估体系研究与启示［J］. 科学学研究，2016，34（5）：652-659.

撰稿人：李　强　李晓轩

技术创新

一、引言

二十世纪八十年代，伴随着中国的改革开放以及新技术革命"第三次浪潮"的冲击，以发展经济学家熊彼特、管理学家德鲁克、制度经济学家诺斯为代表的"创新学说"被引入中国，引起科技政策界的关注和重视，并作为探究中国如何迎接新技术革命挑战，促进国民经济走上依靠科技进步发展之路的理论支撑。贾蔚文、马驰、傅家骥、许庆瑞、汤世国等一批专家学者从不同角度结合国情开展了政策研究、学术研究、著书立说、培养人才。还针对国内对"创新"语词的广泛应用，提出了"技术创新"的概念来对应国外的"创新"概念。

概括而言，技术创新理论的研究范围主要包括以下几方面：一是企业技术创新理论研究。从熊彼特的创新模型 I 到创新模型 II，主要从微观层面注重研究企业技术创新动力、过程、机制，以及创新管理、创新测度和指标。二是产业技术创新理论研究。产业技术创新是企业技术创新在产业空间层面的延展，是基于中观层面的研究，主要研究产业技术创新发生、发展的过程，以及所需的支撑体系等；国外学者多从产业或部门创新系统展开研究。三是技术创新体系理论的研究。与前两部分不同，技术创新体系的研究从宏观层面关注创新活动主体之间的协调互动、创新要素之间的相互影响，从技术创新全过程，着眼于提高创新活动的效率，研究参与技术创新活动的各类行为主体、创新要素，在一定的政策环境、社会环境影响下，如何相互联系、相互作用、有效互动，形成网络系统。以上三个方面在中国，结合国情有一些新的表述和研究需要，如提出了"以企业为主体的技术创新体系"研究。此外，还将技术创新体系看作是国家创新体系一个组成部分，所以技术创新体系研究与国家创新体系研究相互交叉研，但侧重点不尽相同。相比国家创新体系其他子系统的研究，技术创新体系研究更聚焦在技术创新成果转化为现实生产力的过程及其规律。

二十世纪八十年代后期，英国经济学家克里斯托弗·弗里曼提出了"国家创新体系（系统）"的概念，指出一个国家创新体系的效率高低决定了一个国家技术进步的快慢。此时正恰逢中国经济体制改革、科技体制改革兴起阶段，需要从国家层面系统考虑创新问题，因此，国家创新体系一时成为中国创新研究和政界关注的热门问题。

为了更好地促进各方面的研究聚焦"科教兴国战略"，服务于完善和发展国家创新系统，提高国家整体创新发展水平，中国科学学与科技政策研究会冯之浚、罗伟、方新、柳卸林、薛澜、王春法等组织编写了《国家创新系统研究纲要》。这本著作的出版不仅汇聚了当时国内有关国家创新系统研究的已有成果，更重要的是为结合国情深入研究国家创新系统提供了指导框架，促进了各方面研究共识的形成，为尽快制定和完善国家创新系统建设的政策提供了研究基础。

2004—2005 年，《国家中长期科学和技术发展规划纲要》研究制定工作启动，其中一项重要内容就是加快建设国家创新体系。在反复研究、讨论、争论的基础上，终于学术界、政界等各方面达成基本共识，在纲要中把国家创新体系表述为：以政府为主导、充分发挥市场配置资源的基础性作用、各类科技创新主体紧密联系和有效互动的社会系统。中国特色国家创新体系现阶段的建设重点：一是建设以企业为主体、产学研结合的技术创新体系，并将其作为全面推进国家创新体系建设的突破口。二是建设科学研究与高等教育有机结合的知识创新体系。三是建设军民结合、寓军于民的国防科技创新体系。四是建设各具特色和优势的区域创新体系。五是建设社会化、网络化的科技中介服务体系。至此，虽然国内部分专家学者对此表述仍有不同意见，但创新研究领域的分工比较明确，技术创新研究聚焦于企业技术创新、产业技术创新、技术创新体系等方面的研究。

近年来，国内在企业创新能力提升问题、企业创新管理、企业创新依存度评价、创新政策和环境、创新体制机制以及企业创新案例的实证研究和分析方面做了大量研究工作。尤其在技术创新理论层面，关于"产业技术创新支撑体系""以企业为主体的技术创新体系"等方面研究取得了较为突出的进展。相比以往的国外研究，给出了更为清晰的概念界定和理论分析工具，并且结合中国国情，为研究不同阶段、不同活动类型的企业和产业技术创新，以及差别化的技术创新政策提供了实用的理论工具。

二、关于"产业技术创新支撑体系研究"的新进展

新中国建立特别是改革开放三十多年，我国工业取得巨大发展，建立了完整的工业体系，许多产业已经具备国际竞争力，支持着我国综合国力的提升。但总体而言，我国仍处于工业化中后期，呈现出产业发展不平衡，工业化基础不扎实等突出问题，尤其是产业技术创新支撑体系尚未健全，产业核心技术供给不足，严重制约了我国产业核心竞争力的

提升。与此同时，已经开始进入后工业化时代的发达国家，凭借强大和高度融合的国际资本、雄厚的技术积累、完善的支撑体系以及与现代工业化相适应的创新文化氛围、国民教育体系和创新人才培养方式等，对我国工业进一步发展形成严峻挑战和冲击。

二十一世纪以来，随着新一轮科技革命和产业变革的孕育兴起，工业领域产业技术创新呈现出交叉、融合、跨界的新趋势，国家战略和政策的关注点日益转向产业技术创新，国际竞争日益聚焦于产业层面。对于进入创新驱动发展新阶段的我国来说，要确立建设创新型国家和世界制造强国的战略目标，就必须充分考虑大国地位对产业独立和均衡发展的要求，立足全球化背景，顺应新技术革命的趋势，借鉴世界产业技术创新的历史经验，发挥大国市场优势，针对我国产业发展不平衡和差异化特点，有针对性地加快产业技术创新支撑体系建设步伐。

然而什么是产业技术创新支撑体系，其定义、内涵、构成要素，如何建设等都有尚未有成熟的理论支撑。

在现有研究中，国内比较多地关注国家/区域层面、企业微观层面的技术创新，有关工业领域产业技术创新的研究相对较少。对市场经济占主导的发达国家来说，创新研究主要集中于企业层面，对产业技术创新理论的系统研究也相对较少。一般把相同类企业研究归结为产业或部门创新系统（sectoral system of innovation），该理论是在二十世纪八十年代形成的网络合作化技术创新理论，以及国家创新系统理论的基础上发展而来。虽然波特、马勒巴（Malerba）等人做了开创性研究，马勒巴对产业创新体系的概念内涵进行了研究，但尚属一个比较新的研究领域。

需要指出，由于发达国家和经济体的工业竞争力在全球范围处于领先位置，不存在产业发展不平衡，或落后赶超等问题，因而也就没有在产业层面开展技术创新研究的迫切需求。对发展中国家来说，目前普遍面临经济结构调整和发展方式转变的问题，与发展中国家产业发展问题相关的研究，主要有后发优势理论、赶超理论等。这些研究大多利用发展经济学理论从经济学视角进行的分析，而聚焦于产业层面，从技术创新角度开展的研究，无论是理论建构还是实证研究都非常薄弱。总的来看，对产业技术创新及其实现的支撑要素与系统，国内外学者尚未开展有针对性、深入的讨论，理论界也没有形成公认一致的概念。尤其是关于后发国家和转轨国家，对其产业技术创新的研究严重不足。

为此，中国科学学与科技政策研究会技术创新专业委员会的李新男、刘东、康荣平为首研究团队于2011年启动了关于产业技术创新支撑体系的理论研究。并于2012年12月结合由中国工程院为国务院开展的重大咨询项目"我国工业领域产业技术创新支撑体系研究"，选取了国家十四个重点产业作为理论研究的分析与验证基础，吸收有关产业领域的院士、的专家学者、相关产业技术创新战略联盟的企业家和行业专家共二百余人共同开展研究。

此项研究历时三年，以创新经济学、产业经济学、系统科学等理论为基础，采用了多元视角，坚持历史与逻辑统一，通过历史分析、比较分析、建模分析、实践调研，总结和凝练出典型工业化国家产业技术创新的发展历程和特点；探索针对产业技术创新的新的理论分析方法；基于产业技术创新功能实现的维度，系统地研究、阐述、提出"产业技术创新支撑体系"的概念、理论框架及其发展的政策环境。这一研究成果，丰富了产业技术创新的理论研究，为产业技术创新的实践提供理论依据。主要成果如下。

（一）明确提出产业技术创新支撑体系的概念内涵

将"产业技术创新支撑体系"定义为，是国家范围技术创新体系的重要组成部分，以系统提升国家产业核心竞争力为目标，旨在为产业发展和新兴产业培育提供技术创新支撑的社会系统，表现为促进、支持、保障产业技术创新活动的组织结构与运行机制。

其基本内涵包括：①产业技术创新是产业发展的重要内容，贯穿从产业技术获取到产业技术产品化、商业化的全过程。②产业技术创新支撑体系是产业技术创新的支持系统，为产业技术创新提供软件和硬件的支持。③产业技术创新支撑体系由支撑产业技术创新的人才、资金、技术、政策等一系列要素构成，涉及官产学研等各方主体，发挥着创新技术供给、创新技术产业化、技术创新服务及政策和社会环境营造的功能。

（二）设计了产业技术创新支撑体系的理论模型

根据上述分析，我们从功能角度提出产业技术创新支撑体系的基本框架（见图1），即由"创新技术供给、创新技术产业化、技术创新服务"三方面的基本功能及相应的政策和社会环境（简称"3+1"）构成立体系统。其间的箭头则表示其中的网络关系。

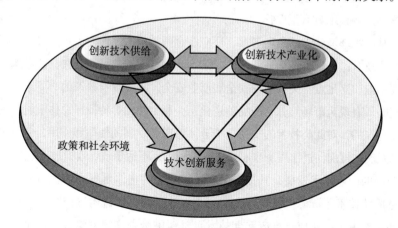

图1　产业技术创新支撑体系的基本框架

1. 产业创新技术供给

从技术的来源分析，产业创新技术供给应包含以下几类：一是具有产业技术创新潜在价值的基础研究与应用研究成果获取与开发；二是沿产业技术周期不同阶段展开的技术资

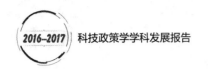

源的开发与集成；三是沿产业链关键环节相关技术的开发与集成。

根据产业生命周期不同阶段可以划分出以下两大类六个形态的产业创新技术：

（1）产业形成期技术，具体包括：①前瞻型技术。属于超前发展的技术资源类型，尚未形成任何可预测的市场前景。这些技术的存在主要出于技术发明者基于技术发展趋势的前瞻性开发，或常规研发过程的副产品。这类技术是萌芽型产业技术的重要来源和发展基础。②萌芽型产业技术。属于潜在的技术资源类型，多以发明专利形式存在，其市场发展具有高度不确定性，但是为新兴产业技术的发展提供了储备性资源，是市场性技术资源的重要补充，也是政策性激励导致的技术创新成果向产业化发展的一个路径。③新兴产业技术。是初见于市场并已经初步形成小规模产业的产品及其工艺支撑技术类型。从经济学角度观测，之所以称为新兴产业技术主要在于其较为突出的市场增长率水平。

（2）产业成长及成熟期技术，具体包括：①关键产业技术。是某一类产业发展特别是战略性产业发展的核心技术，或主流（主导）技术，这类技术往往相对成熟，但研发成本极高，对于发展中国家的企业来说，攻克关键产业技术，是重要的学习和赶超目标。②平台型产业技术。此类技术具有两种所谓平台含义，一是沿产业链条纵向发展的贯穿型平台技术，一是跨产业可以横向扩展的平台型技术。此类平台型技术多处于某一类产业技术发展的转型期阶段，也可能存在于另外一些产业的前产业期阶段，新兴产业的发展可利用已有产业的技术，后者就构成了平台型技术。③规模型产业技术。常见于大规模生产、集中度较高的产业中，从政策角度看，应主要集中于具有影响国民经济发展、影响产业附加价值定位的重要产业，这类产业一般具有资本密集型特征，具有较高的进入门槛，代表着一个国家或地区的核心生产能力，因此除了具有产业技术发展的自身特点之外，资本的控制和开发对这类产业技术具有重要作用。

同时，从政策环境建设的角度考察，还应注意两类技术，一是市场失灵型技术，多见于第二大类产业技术；一是市场竞争型技术，第一和第二大类都可能存在；前者属于产业技术创新的重要基础和立足点，关系国家安全和产业安全，需要政府政策的必要干预；后者属于市场竞争范畴，表现为市场细分、产品差别化、企业个性化等特征。总体上看，这类技术是大量和长期存在的，对此类技术的支持应十分注意市场发展的规律和作用，并兼顾国家和区域产业技术发展的可能促进作用。政府提供环境即可，不适于政府政策过度干预。

不同类型的产业技术发展，其提供创新技术供给的主体是不同的。第一类产业创新技术（产业形成期技术）资源供给主体主要以相对独立的科研机构群与企业结合产生，而第二类产业创新技术（产业成长与成熟期技术）资源供给主体则主要依靠企业群，特别是大型企业群来高质量地实现。

2. 创新技术产业化

创新技术产业化包含以下两个方面：一是实现潜在产业技术成果工程化和产业化；二是实现现有产业技术创新成果商业化，并创造创新产品市场价值。可以分三类产业技术形态来分析创新技术的产业化实现。

（1）产业内收敛型技术的产业化。

产业内收敛型技术创新主要体现为原有产业路径下的技术创新，体现为关键产业技术、平台型产业技术、规模性产业技术三类产业技术创新及其市场开拓活动。此类产业内收敛型技术创新往往是原有产业技术路径依赖型创新，其产业化过程必然在企业内或企业间完成，特别是在具有强大研发力量的大企业层面完成。因此，大型企业、跨国公司往往既是此类产业技术创新活动的技术供给主体，也是创新成果产业化的主体。但客观情况是，大企业并不一定倾向于走产业技术创新的道路来强化自己的竞争实力，因此对这些企业成为产业技术创新主体的前提条件是市场的技术竞争压力和创新政策约束驱使。这对这类技术创新的产业化活动所处的市场环境和政策环境需要提出一定的要求。值得指出的是，大型企业走国际化发展道路，面临技术竞争压力更大的国际市场环境，会有更强的产业技术创新倾向。

（2）产业间（跨产业）收敛型技术的产业化。

产业间或跨产业技术收敛的创新活动往往具有偶然性和多样性，仅仅靠技术目标明确来开展研发活动的大型企业往往不够。而高技术中小企业、甚至创业型企业群体积极性较高，因为它们参与市场竞争仅有的优势在于技术创新本身。作为企业群体来说，其对应的产业部门和类型也相对较宽，实现的技术创新供给资源可能蕴含萌芽型产业技术、新兴产业技术、关键产业技术等三类产业技术，因此这类企业群体应当是技术创新产业化的天然主体。同时，某些大企业也能在跨产业的平台类技术创新活动中积极参与，取得兼有资本和技术力量的竞争优势。相对而言，由于高技术中小企业群存在市场技术竞争的强大压力和市场环境的约束，往往需要更多的政府政策支持和更强的市场需求拉动，因此加速培育一个高新技术产品的消费市场，同时为中小型高新技术企业营造一个更便利的创新环境，是这类企业开展产业技术创新成果市场化和产业化的重要条件。

（3）多主体联盟框架下的创新技术产业化。

随着产业技术创新的发展与基础研究、应用研究的关系越来越密切，随着产业技术的跨产业发展和产业技术创新国际化的发展趋势，单一企业实现技术供给或实现产业化本身都越来越艰难，因而多主体联盟框架，特别是产学研联盟框架就成为创新技术产业化的最佳机制（或称主体）选择。典型形态包括：依托高校的创业活动、校企联合研发成果的产业化实现、企业间的纵向和横向联盟等。

3.产业技术创新服务

综合以上有关创新技术产业化过程的网络关系的描述，产业化过程除了技术资源的供给、产业化载体本身之外，还有一类设施及其相关服务不可忽视。综合发达国家产业技术创新的成功经验，它们往往成为良好创新环境的重要标志和不可或缺的组成要素。为强调这一设施性资源的重要性，本研究特别将这一类设施资源单独提出，构成产业技术创新支撑体系三极中的一个极点。从其功能表现可以分为以下三类：一是为产业技术创新过程提供经济资源的支撑，如风险投资等；二是为产业技术创新提供有形技术设施服务，如为产业共性技术开发过程提供试验、测试和检测设施；三是为产业技术创新过程提供无形技术设施服务，如为产业技术创新活动提供信息、文献、专利、技术评估、技术转移、技术交易等服务。

产业技术创新离不开这三类设施或服务的支撑，这些产业技术创新支撑设施和相关机构为产业技术创新提供社会资源，而不仅仅是市场资源。具体分析，可以分为以下几个类型：①技术开发的金融支持与服务：用于产业技术创新过程的资金支持，尤其是高新技术中小企业和高校参与的产学研联盟的技术开发过程的资金支持。具体表现形式多为民营和政府政策支持的高新技术投资机制，如天使投资、风险投资等机构及其支持功能，在高技术和新兴产业的发展过程中扮演重要角色。②技术信息和情报分析与服务：用于不同机构产业技术资源开发过程的技术导航、技术预测、技术扫描等环节的服务。③知识产权服务：用于不同机构在所有类型产业技术资源开发过程的知识产权的检索、导航、保护、价值开发、战略布局等服务。④工程技术开发服务：为技术创新活动提供所需的工程技术综合配套试验条件和专业化服务。⑤技术开发过程的人力资源平台与管理服务：在产业技术开发过程中，需要灵活的人力资源流动平台。通过现有的各类技术创新基地，也可以通过更具有组织创新类型的人力资源流动平台，为产业技术的研发和成果转化提供最为关键的创新资源。

值得指出的是，上述五个类型的设施及其服务，既可以由政策支持实现，也可以由市场化方式来实现。通过民营与国有机构，甚至外资机构共同发展的产业技术创新服务设施建设，本身也是创新型国家或区域建设的重要组成部分。

4. 政策和社会环境

产业技术创新得以顺利实现需要适宜的制度和社会文化环境，包括经济、科技、金融、法律、工程技术培训和教育等各项事业的繁荣和相适应的社会氛围，不同时期有针对性、参与适度的政府政策尤为重要。有关政策和社会环境的建设，主要反映为产业技术创新支撑体系中，针对不同功能构成所制定的或能够施加相当影响力的相关法律法规、政策规范和具体措施等，良好的政策环境可以不断完善推动这一支撑体系各基本功能构成及其作用的有效发挥。当然，政府政策的过度使用也可能导致产业技术创新活动的低效和创新环境的倒退。

总之，产业技术创新支撑体系的三个基本功能构成（创新技术供给、创新技术产业化、技术创新服务）的发展，都不能脱离特定国家或地区的政策和社会环境的影响。事实上，这些基本构成的内涵和外延发展都是在特定的制度和社会环境下，在或强或弱的政府政策环境下发生发展的。因此，本研究的理论分析框架将这一重要的影响因素作为三个基本构成的活动基础表现出来，所阐述的政策和社会环境面向产业技术创新支撑体系的三个基本构成，强调其间明确而有效的政策效应，由此形成政策和社会环境与三个基本构成之间的支持与互动关系。

（三）观点小结

通过对产业技术创新支撑体系的理论研究和对重点产业的实证研究，深化了我们对产业技术创新及其支撑体系的认识，归纳形成如下基本观点。

（1）产业技术创新支撑体系是客观存在的。

如同国家创新体系的概念一样，在国家创新体系概念提出之前，支撑一个国家创新发展的经济和科技机构所形成的组织网络及其运行的制度环境就是客观存在的，国家创新系统是提供了一个理论视角和分析框架，对这一客观存在进行描述，以便于人们认识和理解创新的内在机理。

同样，无论是哪个产业，无论在任何国家或地区，只要开展产业技术创新活动，就会需要对各种要素进行配置组合，各类主体形成互动关系，就会产生相应的组织结构和制度安排，来开展相应的研究与开发、技术应用和商业化。因此，围绕产业技术创新的这些组织结构和制度安排是客观存在的，产业技术创新支撑体系概念提出为分析产业技术创新提供一个新的理论视角和分析框架。为研究产业技术创新问题和制定政策提供了基本工具。

（2）产业技术创新支撑体系影响着产业技术创新的能力和效率。

产业技术创新支撑体系是由各种要素组合、各主体相互作用而形成的具有特定功能的有机整体。产业技术创新支撑体系中各组成部分不是分散无章的，而是具有层次结构性。各种要素按照特定的配置和组合方式形成不同的主体，各类主体之间通过相互作用形成相应的组织结构而构成体系，不同的结构安排体现出不同的功能。因此，各要素的配置和组合方式，主体之间的互动机制，体系的组织结构形式等，决定着体系的有效性，直接影响到产业技术创新的能力和效率。例如，在前面考察过的典型工业化国家不同产业技术创新模式中，由于不同国家所处的发展环境、拥有的资源禀赋和发展基础、国家体制和制度环境等不同，导致其要素的配置和组合方式的差异，主体状况及其相互作用关系的差异，从而形成具有不同的组织结构和运行方式的体系，这些不同体系发挥着不同的效果，直接影响到产业技术创新，影响到产业发展和结构合理性。这正是英国第一个完成产业革命、德国和美国实现成功超越、日本在二战后快速发展的重要基础，当然苏联构建的独特体系也有效地支撑其高速工业化和军事大国地位，同时也为其解体和衰落埋下了伏笔。

因此，在产业技术创新支撑体系建设中，要素的配置和组合有效，各类主体的功能定位恰当和相互作用机制合理，形成的组织结构和制度安排有效，就能够最大限度地发挥整个体系的功能。具体表现为要素的配置合理有效，产学研协作机制顺畅，政府与市场的关系适度（当），社会化服务体系的完善等，可以有效地促进产业技术创新能力和效率的提升。

（3）从功能角度凝练提出的产业技术创新支撑体系"3+1"理论模型提供了一个普适性的分析方法。

对产业技术创新支撑体系的研究可以从不同角度入手，本研究从实现功能的角度提出了支撑体系的"3+1"理论分析模型，即"创新技术供给、创新技术产业化、技术创新服务"三个基本功能构成及相应的政策和社会环境。这四个功能构成部分，是总结了不同产业的共性特点和规律而提出的，是所有产业的技术创新支撑体系普遍具有的基本组成部分，具有普适性和应用性。因此，产业技术创新支撑体系的"3+1"理论模型，可以为各类产业提供一个基本的分析框架，为各产业之间进行比较研究，分析各产业技术创新支撑体系的共性和差异性提供基本方法，也可以为具体产业技术创新支撑体系建设及其政策设计提供指导。

当然，产业技术创新支撑体系在各个产业之间表现出差异性和多样性。每一个产业领域，都有许多特殊的环境条件，其产业技术创新支撑体系的各个功能构成部分都带有特定产业领域的特点。如生物医药产业，除了创新技术供给、创新技术产业化和技术创新服务三个基本构成部分，"医院"也在体系中扮演了非常重要角色，其功能和作用需要特别加以考虑。另外，任何一个产业都有生命周期，不同的发展阶段的产业特点和市场条件不同，对要素和主体的需求也不同，其产业技术创新支撑体系及其各构成部分也会表现出阶段性的差异和特点。因此，产业技术创新支撑体系至少具有"3+1"的基本构成部分，针对具体产业的实际情况，还可能存在其他构成部分，从而体现出不同的组织结构形式。

（4）政策和社会环境营造影响着产业技术创新支撑体系整体功效的发挥。

按照产业技术创新支撑体系的"3+1"理论模型，政策和社会环境是重要的构成部分，是其他三个基本功能构成得以发挥作用的重要保障。在产业技术创新支撑体系中，主要反映为针对三个基本功能构成的相关法律法规、政策规范和具体措施等。事实上，产业技术创新支撑体系的三个基本功能构成（创新技术供给、创新技术产业化、技术创新服务）的内涵和外延发展都是在特定的政策和社会环境下，尤其是在或强或弱的政府政策下发生发展的。当然，这里涉及的政策包括科技政策、产业政策、经济政策、金融政策、知识产权政策和社会政策等方方面面的政策。在特定的发展背景下，不同政策之间的相互影响、作用与反馈，形成产业技术创新支撑体系的政策和社会环境。

在产业技术创新支撑体系中，适宜的政策和社会环境，能够使要素资源的配置更加合理，主体之间的互动更加有效，组织结构能够在自组织过程中更加优化，从而实现体系的动态平衡与协调发展。反之，如果政策组合和力度不适当，就会导致各种要素配置扭曲，阻碍各类主体的有效协同，影响体系的有效运行和功能发挥，造成产业技术创新活动的低效。例如，后发国家与发达国家相比，政府往往会运用更多的政策手段促进产业技术创新，如引进国外技术和人才、幼稚或重点产业保护、政府或军事采购等。但政策的组合和适度非常关键，苏联就是一个反例，由于资源过分集中在军事工业和重工业，导致产业结构和经济结构的严重扭曲，严重影响了产业进步和经济发展的可持续性。

产业技术创新支撑体系的三个基本构成作为政策着力点在不同时期和产业技术发展不同阶段而有所不同，从而应明确不同产业三个基本构成中创新主体及其功能定位，必须适合国情，针对具体产业的具体特征，指向支撑体系三个基本构成，进行差异化的政策设计。

三、关于"以企业为主体的技术创新体系"研究新进展

关于企业是技术创新主体的定论，在国内外技术创新理论界早已成为共识，但国内对企业能否成为技术创新主体一直争论不休。2006年，中共中央国务院发布了实施《国家中长期科学和技术发展规划纲要》（中发2006年4号文）决定，明确提出"建立以企业为主体、市场为导向、产学研相结合的技术创新体系。"并将其作为全面推进国家创新体系建设的突破口。对"企业能否成为技术创新主体"的质疑和争论依然存在，甚至在社会高层（如政协委员、院士）也存在不同意见，一定程度影响了相关政策的制定与落实。2013年1月，国务院办公厅再次发布《关于强化企业技术创新主体地位全面提升企业创新能力的意见》（国办发〔2013〕8号），明确提出"到2015年，基本形成以企业为主体、市场为导向、产学研相结合的技术创新体系。"

基于上述情况，中国科学学与科技政策研究会技术创新专委会李新男、刘东、邸晓燕为首的研究团队在梳理国内外已有研究成果的基础上，从理论与中国实际情况的角度启动"以企业为主体的技术创新体系研究"。

此项研究从技术创新体系的理论分析和梳理入手，选取世界典型市场经济国家（美、德、日、韩）技术创新体系历史和现状进行国际比较，尝试把握技术创新体系建设的国际规律；结合我国改革开放后建设技术创新体系的实践、政策导向，提出了"以企业为主体的技术创新体系"的理论框架；进而以统计数据分析和实证研究为基础，着重从动力、能力和政策环境角度分析了我国企业在技术创新体系中的现状和面临问题的深层次原因；同时还分析了在互联网、大数据等新技术背景下企业技术创新方式的重大变化，以及不同产业类型（如快产业）技术创新的新特点。在此基础上，形成了加强以企业为主体的技术创新体系建设的建议。

其中，在理论方面取得的新进展主要在以下三个方面：

第一，进一步明确了技术创新体系基本定义。

技术创新体系是国家创新体系的重要组成部分，是以实现技术创新全过程为目标，参与技术创新活动的各类行为主体，在一定的政策环境、社会环境影响下，相互联系、有效互动，构成的一个社会网络系统。

各类创新活动行为主体在体系中的作用，取决于所处的政策环境、社会环境和历史文化。

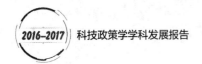

第二，提出了一系列新观点。

通过对典型国家技术创新体系的比较，可以看出技术创新体系状态与建设过程，因不同国家文化背景、体制演变、国际环境、资源禀赋以及经济不同发展阶段而异，但以"企业为主体"是各国技术创新体系建设过程中的共性规律。

我国在从计划经济向市场经济转轨过程中开始反省企业在技术创新体系中的地位和作用，逐步认识到技术创新体系建设的客观规律，于 2006 年明确提出建立"以企业为主体，以市场为导向，产学研结合的技术创新体系，并以此带动国家创新体系建设"。这个提法中特别强调了"以企业为主体"，同时也明确提出要以市场为导向，要产学研结合共同发挥作用。之所以如此表述是基于计划经济体制向市场经济体制转轨的国情，以及促进企业技术创新的政策导向需要。

以企业为主体是指企业在技术创新体系中和创新全过程中发挥主导作用。这种主导性作用主要体现在四个方面：首先，是决策和研发投入的主体，决定选题立项时的取舍。其次，是组织和推动创新活动的主体。再次，是创新成果商业化的主体，选择成果运用时机，提供产业化保障。最后，是技术创新风险承担的主体，同时也是利益的最大享用者。

技术创新活动需要有各种技术创新要素互相影响配合。企业作为技术创新体系的主体并不意味着排斥其他社会组织作为行为主体参与技术创新活动，而恰恰是企业要与各类参与技术创新活动的主体形成有效互动的体系，以企业需求为中心，组合各种技术创新要素，聚焦到社会财富的创造过程。因此，推进企业成为技术创新主体，也要注重建立有利于产学研结合的社会机制，促进企业和大学、科研机构以及其他社会技术创新要素形成有效的合作关系。

第三，描绘出了"以企业为主体的技术创新体系"基本架构图（见图 2）。

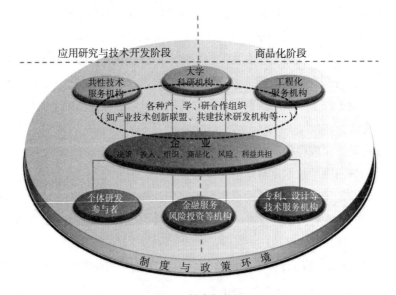

图 2　基本架构图

在体系基本构架图中，从功能角度把技术创新过程大致划分为两个阶段：应用研究与技术开发阶段、商品化阶段。这两个阶段的划分是既对体系中各主体行为观察、研究、分析的需要，也是制定创新政策把握着力点的需要。实际上技术创新过程的这两个阶段是紧密衔接在一起的，许多主体的行为是连贯的、接续的。

在上述体系框架中，企业的作用贯穿了技术创新两个阶段的全过程，在技术创新方向和立项决策、组织创新活动、创新投入、成果产业化和商品化等方面发挥着主导作用，并同时是创新收益的获得者和投入风险的主要承担者。在不同阶段，企业与技术创新体系中的各个行为主体发生着不同的互动行为，需要其他行为主体为其开展的技术创新活动提供各种有效支撑。

体系框架中的共性技术服务机构主要在应用研究与技术开发阶段发挥作用，可为企业技术创新活动提供各类共性技术性质的支撑。这类共性技术服务机构在我国目前有多种形式，如政府依托大学建立研究实验机构、大型科研仪器设施，隶属于政府部门的各种技术测试中心、专业性的研究所，行业协会建立的行业技术研究机构等。

体系框架中的大学和科研机构在技术创新的两个阶段都发挥着不可或缺的作用。在应用研究与技术开发阶段，除了提供共性技术源之外，还可培养创新人才，根据企业技术创新活动需求，为企业提供应用技术支持，或独立研究后输出给企业，或与企业合作研究开发。在商品化阶段，其主要为企业提供技术成果工程化、产业化相关方面的技术开发，支撑企业技术创新成果商品化。

体系框架中的个体研发参与者主要在应用研究与技术开发阶段发挥作用。他们以自己的智慧和创意开发出具有市场前景的技术成果，或创立公司，或多种形式向大公司转让成果，从而融汇到企业技术创新活动中去。这是新的经济、技术发展背景下的创客新业态。

体系框架中的金融服务与风险投资机构在两个阶段都需要发挥作用。在应用研究与技术开发阶段，需要其为企业研究开发活动提供信贷支持，弥补企业创新投入资金的短缺，需要为各主体新技术、新产品开发提供风险投资，为"创客"提供天使投资。在商品化阶段，需要其为技术创新的成果实现工程化、产业化、开拓市场，提供各种融资服务和风险投资，加速技术创新成果的商品化。

体系架构中的工程化服务机构主要在商品化阶段发挥作用。这类机构要为企业的新产品、新技术的工程化、产业化提供各种专业化的中试、工程试验、技术性能验证，开发、完善工业化工艺和装备等方面的服务，从而弥补企业工程化试验能力的不足，降低单个企业在这方面的投入，提高创新活动的效率与质量。这类机构对于中小企业技术创新活动尤为重要。

体系架构中的专利、设计等技术服务机构也主要在商品化阶段发挥作用。企业在应用研究与技术开发阶段选择创新方向时，也会考虑该方向的已有专利布局情况，制定专利战略。在商品化阶段更需要专业化专利组织为保护技术创新成果的知识产权、实施自己的专

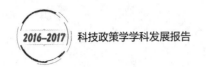

利战略提供服务。此外，专业化的工业设计、技术转移、市场策划、品牌塑造等机构也是企业最终完成技术创新活动的重要支撑。

体系架构中的各种产学研结合的组织，是体系中相关行为主体有效互动形成的各类新组织形态，有以关键技术研发为目标的产学研合作创办的实验室、研究院；有以技术成果产业化为目标的产学研合作创办的工程技术中心；还有以围绕产业链构建技术创新链为目标的产学研组建的产业技术创新战略联盟等。

根据前述技术创新体系的基本定义，体系是一个社会网络系统，是以现实制度和政策环境为基础的。因此，体系中各行为主体互动的动能、主动性、效率与体制机制和政策导向密切相关。体系内各行为主体的相互关系、交往机制取决于相关的制度环境、社会环境；体系的效率、功能实现的质量，取决于政策设计的科学性。

四、国内外其他相关研究

在国外，2010 以来，学术界主要关注国家创新体系和企业层面的创新行为和活动，对企业创新模式、企业创新管理、企业创新的生态环境以及企业创新案例研究比较多。相对而言，对技术创新、技术创新体系、产业技术创新体系方面理论研究较为零散。

国外有些研究从不同角度诠释创新的过程、创新企业的行为。如美国乔治·华盛顿大学工程与应用科学学院 Richard B. Wallace 博士（2010）提出：创新对企业而言是关系其长期发展的重要因素。创新可理解为新思想、新流程和新产品的集合。创新过程包括思想和概念的产生、新思想的编译、新思想转化为新产品或新流程。美国菲尼克斯大学 Lydia Lam Lee 博士（2011）提出创新是整合新思想的过程，通过这一过程可将新颖的、多样化的信息转化为新方法、新产品或新服务。英国萨塞克斯大学科技政策研究中心乔·蒂德教授和英国埃克塞特大学商学院约翰·贝赞特教授（2012）在其著作《创新管理》中，从过程角度认为创新始于搜寻，这种搜寻的源泉可来自于研发、灵感一现、复制、市场信号、法规和竞争者等；之后在这些源泉中进行选择那些有助于成长和发展的创意，最后在投入资源有限的约束下实施这些创意。

有些研究试图从企业创新活动的角度把握技术创新体系的内涵。如意大利卡罗·卡塔内奥大学学者 Lazzarotti V，Manzini R，Mari L（2011）在 *International Journal of Production Economics* 上发表的 A Model for R&D Performance Measurement 将企业技术创新系统阐述为企业为创新所进行的各项活动及相关资源的集合体。美国波兰特州立大学 Leong Chan 博士（2013）认为技术创新系统是针对特定技术领域，在一定的组织架构下研发、扩散和利用技术的各类机构所形成的网络。其组成主体包括企业、R&D 基础设施、教育机构和政策制定主体。

有些研究试图从结构和功能的角度把握产业技术创新体系的内涵。如美国弗吉尼亚联邦大学 D. Pulane Lucas 博士（2013）提出产业的技术创新体系可将创新商业模式和创新技术结合起来并创造经济产出。它主要有四部分组成：①高效的流程：支撑训练、发展、制造、预算和计划等反复进行的流程协同工作；②可获得的必备资源：在极具价值的命题转向目标顾客过程中所需的人力、技术、产品、基础设施、商标和资金等；③极具价值的命题：一项试图为顾客提供更为有效、便捷的产品；④盈利模式：能够支撑上述环节的资产、固定投资结构和边际利润。美国波兰特州立大学 Leong Chan 博士（2013）认为部门创新系统（Sectoral innovation system, 简称 SIS）是国家创新体系的一部分，是企业开发和制造部门产品以及研发和利用部门技术的系统。各主体在 SIS 中可以共享特定知识、技术、需求和供给。SIS 更加关注的是企业或代理商的非市场交互和系统交互过程。

有些学者在对大量企业创新案例的研究过程中，提出了开放式创新模式和包容性创新模式，如 Henry Chesbrough 提出了开放式创新是指企业在技术创新过程中同时利用内部和外部相互补充的创新资源实现创新。通过挖掘或与外部利益相关者合作，以及受到外部利益相关者的"推动"，企业可以获取并高效配置创新资源。Geroge 等（2012）提出包容性创新的概念，指的是为着实现包容性增长而进行的创新。开放式创新和包容性创新的相关研究丰富了技术创新体系的研究内容。

在研究企业创新活动外部环境的基础上，许多国外学者还提出了创新生态系统的概念并进行了研究。Kim 等、Peltoniemi 等、Den Hartigh 和 Van Asseldonk、Zahara 和 Nambisan 都给创新生态系统做了理论界定。Iansiti 和 Levin 研究了创新生态系统的结构特征，Roijakkers 等研究了创新生态系统的形成及发展。在理论层面，创新生态系统研究大多集中于企业战略、企业家精神与创新生态系统的关系、创新生态系统内成员之间以及成员与环境之间的协同进化等方面。

哈佛大学商学院克里斯坦森 Clayton Christensen 在《创新者的困境：当新技术使大公司破产》（*The Innovator's Dilemma：When New Technologies Cause Great Firms to Fail*）一书中，首次提出了"颠覆性技术（Disruptive Technologies）"概念。引起广泛关注，并成为分析新技术成果应用和发展趋势对经济社会影响的重要工具。

从总体上看，国外学者在技术创新体系的理论方面，深入、系统的研究成果较少，特别是 2010 年以后鲜见于可检索的文献中。

在国内，2010 年以来，随着国家创新驱动发展战略的逐渐清晰，国内专家学者围绕技术创新问题开展了一系列研究。

中国科学技术发展战略研究院的李新男、周元、张杰军、刘东、张赤东为主要成员的研究团队，提出了企业创新依存度指数概念和相关理论，并建立了评测指标模型，实用于国家创新型企业评价工作。从 2009 年起至 2014 年，在科技部、国务院国资委、全国总工会等部门的支持下，以李新男、刘东、康荣平、柯银斌等为主要成员的研究团队，开展了创新型企业成长规律的持续研究，编写出版了系列年度研究报告——《中国创新型企业发展报告》。李新男、梅萌主编的《中国创新型企业案例》共六辑，每个案例均紧密围绕企业的主要创新活动，从企业创新战略、体制与机制创新、研发支撑体系建设、知识产权管理、人才队伍凝聚、品牌塑造与市场营销、企业文化培育与建设、创新绩效等方面进行了深入剖析，旨在通过对创新企业群体系统调研观察范式、总结每家企业依靠创新获得发展的经验，试图提炼、把握具有普遍意义的企业创新之道。

浙江大学管理学院许庆瑞提出"二次创新—组合创新—全面创新"的中国特色技术创新理论体系，在我国技术创新管理领域具有重要影响，其著作《技术创新管理》是我国第一本有关技术创新学科的著作。2010 年再版为《研究、发展与技术创新管理》。

中国科学院大学柳卸林在区域创新、突破性创新等方面进行了研究，2014 年再版了其著作《技术创新经济学》。

清华大学吴贵生在技术创新管理、技术经济评价等方面做出很多研究，他在《技术创新管理：中国企业自主创新之路》（2013）中提出技术创新是指由技术的新构想，经过研究开发或技术组合，到获得实际应用并产生经济、社会效益的商业化全过程。

清华大学陈劲着重开展了创新管理的知识体系研究，在自主创新、全面创新管理、协同创新、开放创新等创新理论与方法体系方面取得了一些研究成果。他在《创新管理：赢得持续竞争优势》（第二版）（2012）中提出技术创新是从新思想（创意）的产生、研究、开发、试制、制造，到首次商业化的全过程，技术创新就是发明＋发展＋商业化，把创意变为现实，将设想推广到市场，使之商业化。

清华大学刘立 2011 年在《科学学研究》发表《创新系统功能论》，借鉴和吸收国外关于创新系统功能论的成果，从中国的实际和实践出发，提出中国特色的技术创新体系应包括十个功能要素，即技术引进和技术创新、研究开发及知识扩散、教育培训、创业试验及推广、市场形成、政策制定与体制改革、资本和资源动员、生产制造、基础设施和支撑平台建、正当性论证。

此外，国内学者在引入国外开放式创新、协同创新、包容性创新，颠覆性创新、创新生态等理念的同时，结合国内创新实践，在创新管理、创新生态、创新模式、企业创新能力等方面，做了许多理论分析与案例研究，积累了大量技术创新案例、业态创新案例，为进一步开展技术创新理论研究，推进学科建设提供了厚实的基础。

五、技术创新理论研究的若干趋势

当前，新一轮科技革命和产业变革形成了历史性交汇。以云计算、大数据、物联网和移动互联网等为代表的新一代信息技术迅速渗透各个领域，能源技术、材料技术、生物技术、人工智能技术孕育着突破性发展与应用，经济技术全球化、多领域技术交叉、融合为创新加速提供了基础，创新驱动已成为经济社会发展的首选战略。在此背景下，技术创新理论研究将进一步与创新驱动的各种实践活动相结合。

在企业技术创新研究方面，将结合变化着的经济、技术、社会发展背景，进一步补充、完善、修正以熊彼特理论模型为基础的技术创新理论；研究新技术应用和国际化新趋势对企业创新行为、创新管理、创新模式的影响；研究企业对创新政策环境和社会环境的诉求，以及企业依赖创新发展规律的演变等。

在产业技术创新研究方面，将会更多地关注产业链与创新链的关系、衔接、融合；深入研究政府在产业技术创新过程中的功能定位、政策措施的作用；研究技术交叉、融合创新和"突破式创新"形成新业态、新产业的规律；研究各种产学研结合开展产业技术创新的机理和有效模式；研究新形势、新背景下，产业技术创新支撑体系的建设与完善等。

在技术创新体系研究方面，将会更多地关注创新要素整合、协同的新机制、新模式；研究创新生态环境营造与技术创新体系建设、完善的关系；研究融入开放式创新、"双创机制"，借助"平台经济"、"共享经济"理念，技术创新体系的发展与演化趋势；研究创新驱动社会发展的新形势下，更多社会主体融入技术创新体系的趋势等。

总之，技术创新理论研究将密切与创新驱动发展实践相结合，不断从创新驱动发展的实践中提炼理论问题，不断在创新驱动发展实践中应用验证理论、完善理论；创新驱动发展的实践也将为技术创新理论研究提供丰富的题材，推动技术创新理论研究不断与时俱进。

参考文献

[1] Freeman C. Technology Policy and Economic Performance：Lessons from Japan［M］. London：Printer，1987.

[2] Nelson R R. National Systems of Innovation：A Comparative Study［M］. Oxford University Press，1993.

[3] David Teece，Pisano G，Shuen A. Dynamic Capabilities and Strategic Management［J］. Strategic Management Journal，1997，18（7）：509–533.

[4] Rothwell R，Zegveld W. Innovation and Technology Policy［M］. London：Printer，1980.

[5] Carlsson B. Technological Systems and Economics Performance：The Case of Factory Automation［M］. Dordrecht：Kluwer，1995.

[6] Collins S W. The Race to Commercialize Biotechnology：Molecules，Markets and state in the United States and Japan［M］. London and New York：Taylor&Tranus Group，2004.

[7] Malerba F. Sectoral Systems of Innovation：Concept，Issues，and Analyses of Six Major Sectors in Europe［M］. Cambridge University Press，2004.

[8] Klepper S. Entry，Exit，Growth and Innovation over the Product Life Cycle. American Economics Review 1996，86：562–583.

[9] Nelson R，Winter S. An Evolutionary Theory of Economic Change［M］. Cambridge：The Belknapp Press of Harvard University Press，1982.

[10] Keith Pavitt. Sectoral patterns of technical change：Towards a taxonomy and a theory［J］. Research Policy，

1984，13（6）：343-373.

［11］Powell C et al. Information technology as competitive advantage：the role of human［J］，business，and technology resources. Strategic Management Journal，1997，18（5）.

［12］詹·法格博格，戴维·莫利，理查德·纳尔逊，主编. 牛津创新手册［M］. 柳卸林，郑刚，蔺雷，李纪珍，译. 知识产权出版社，2009.

［13］吴贵生，李纪珍. 关于产业技术创新的思考［J］. 新华文摘，2000（3）.

［14］张耀辉. 产业创新的理论探索：高新产业发展规律研究. 中国计划出版社，2002.

［15］张凤，何传启. 国家创新系统——第二次现代化的发动机. 高等教育出版社，1999.

［16］柳卸林. 21 世纪的中国技术创新系统. 北京大学出版社，2001.

［17］陈劲. 创新管理与未来展望. 技术经济，2013（6）：1-9.

［18］克利斯·弗里曼，罗克·苏特.《工业创新经济学》，华宏勋，华宏慈，等译. 北京大学出版社，2004.

［19］理查德·R. 尼尔森，编著.《国家（地区）创新体系比较分析》，曾国屏，刘小玲，王程，李红林，等译. 知识产权出版社，2012.

［20］Mark Dodgson，Roy Rothwell，编. 创新聚集——产业创新手册，陈劲等译. 清华大学出版社，2000.

［21］中国创新型企业发展报告编委会. 中国创新型企业发展报告（2009/2010/2011/2012/2013-2014）. 经济管理出版社，2009；2010；2011；2012；2014.

［22］C. 埃德奎斯物，L. 赫曼，主编. 全球化、创新变迁与创新政策：以欧洲和亚洲十个国家（地区）为例，胡志坚、王海燕，主译. 科学出版社，2012.

［23］保罗·萨缪尔森，威廉·诺德豪斯斯. 经济学（第 16 版），萧琛译. 华夏出版社，1999.

［24］薛澜，柳卸林，穆荣平，等译. OECD 中国创新政策研究报告. 科学出版社，2011.

［25］迈克尔·波特. 国家竞争优势，李明轩，邱如美译，郑凤田，校：华夏出版社，2002.

［26］傅家骥. 技术创新学. 清华大学出版社，1998.

［27］杨公朴，夏大慰，龚仰军. 产业经济学教程. 上海财经大学出版社，2008.

［28］傅家骥，程源. 企业技术创新：推动知识经济的基础和关键. 现代管理科学，1999，5：4-5.

［29］贾蔚文，马驰，汤世国. 技术创新——科技与经济一体化发展的道路. 中国经济出版社，1994.

［30］傅家骥. 技术经济学. 北京：清华大学出版社，2004.

［31］许庆瑞. 全面创新管理. 北京：科学出版社，2007.

［32］柳卸林. 技术创新经济学（第二版）. 北京：清华大学出版社，2014.

［33］干勇，钟志华，主编. 产业技术创新支撑体系的理论研究. 经济管理出版社，2016.

［34］D Pulane Lucas. Disruptive Transformations in Health Care：Technological Innovation and the Acute General Hospital［D］. Virginia Commonwealth University，2013.

［35］Richard B Wallace.The Relationship of Organizational Learning to Knowledge Management and Its Impact on Innovation［D］. The George Washington University，2010.

［36］Lydia Lam Lee. Interaction of Technological Innovation and Generational Diversity in the View of Organizational Excellence and Success［D］. University of Phoenix，2011.

［37］经济合作与发展组织. 奥斯陆手册：创新数据的采集和解释指南（第三版）. 科学技术文献出版社，2011：35-36.

［38］Shadrach Pilip-Florea.ACritial Analysis of Technological Innovation and Economic Development in Southern California's Urban Water Reuse & Recycling Industry［D］. University of California，2012.

［39］Mohamed Oubaiden. Analysis of the Effects of Socioeconomic，Political and Institutional Determinants on Technological Innovation in the Maghreb［D］. Arizona State University，2012.

［40］乔·蒂德，约翰·贝赞特.创新管理（第四版）. 陈劲，译. 中国人民大学出版社，2012：15-20.

［41］陈劲，郑刚.创新管理：赢得持续竞争优势. 清华大学出版社，2013：22-25.

［42］ 吴贵生 . 技术创新管理：中国企业自主创新之路. 北京：机械工业出版社，2013：1-5.

［43］ 柳卸林 . 技术创新经济学. 清华大学出版社，2014：1.

［44］ 保罗·特罗特 . 创新管理与新产品开发. 清华大学出版社，2015：18.

［45］ Lazzarotti V，Manzini R，Mari L. A Model for R&D Performance Measurement. International Journal of Production Economics，2011，134（1）：212-223.

［46］ Leong Chan. Developing a Strategic Policy Choice Framework for Technological Innovation：Case of Chinese Pharmaceuticals［D］. Portland State University，2013.

［47］ D.Pulane Lucas. Disruptive Transformations in Health Care：Technological Innovation and the Acute General Hospital［D］. Virginia Commonwealth University，2013.

撰稿人：李新男　刘　东　邸晓燕

区域创新

一、引言

区域创新是国家创新体系的重要组成部分，是科技政策学学科的重要分支领域。近几年，区域创新领域的研究蓬勃发展，高质量的研究成果竞相涌现，研究方法日趋丰富成熟，经济学、科学学、创新学、地理学、管理学等学科交叉融合的特点凸显，目前已形成了基本的研究框架和理论体系，学科建设和学术共同体得到重视，区域创新领域逐渐成为越来越多科学学与科技政策研究者所关注的重要领域。

英国学者 Freeman 在其重要著作《技术和经济运行》中首次提出国家创新系统的概念。后续研究发现国家创新系统理论无法充分解释区域层面的创新活动，Cooke 在《区域创新体系：新欧洲的竞争性规则》一文中提出了区域创新系统（Regional Innovation System，RIS）这一概念，他认为企业通过互动不断学习和互动，区域创新使得政府、金融机构、研究所、大学等其他组织涉入这些互动过程中，从而形成区域创新系统。国内学者对该领域的界定主要集中在区域创新体系与区域创新能力上，比如，柳御林、胡志坚认为，区域中知识的创造和扩散，只有在政府研究机构和企业等部门以一种建设性的、互动和互补的方式进行交互式作用时才是最有效率的，强调了区域创新体系的重要性。陈劲指出，区域创新能力是一个地区生产出与商业相关的创新流的潜能，它指一个地区将知识转化为新产品、新工艺、新服务的能力。但是，关于"区域创新"这一研究领域，学术界并未给出一个十分具体、明确的定义。

当今世界正在由全球化、信息化时代步入智能化时代，创新是一个国家、一个地区竞争优势的关键来源。我国当前也正处在创新驱动发展、经济转型升级的关键阶段，各个地区的区域创新成效则是整个国家战略的支撑。《国民经济和社会发展第十三个五年规划纲要》（以下简称《纲要》）中指出，"依托企业、高校、科研院所建设一批国家技术创新中心，形成若干具有强大带动力的创新型城市和区域创新中心。"《纲要》突出了创新型城市和区域创新中心在国家创新驱动战略中的重要作用。《"十三五"国家科技创新规划》（以下简称《规划》）指出，"遵循创新区域高度聚集规律，结合区域创新发展需求，引导高端创新要素围绕区域生产力布局加速流动和聚集，以国家自主创新示范区和高新区为基础、区域创新中心和跨区域创新平台为龙头，推动优势区域打造具有重大引领作用和全球影响力的创新高地，形成区域创新发展梯次布局，带动区域创新水平整体提升。"《规划》还指出"完善区域协同创新机制，加大科技扶贫力度，激发基层创新活力；打造'一带一路'协同创新共同体，提高全球配置创新资源的能力，深度参与全球创新治理，促进创新资源双向开放和流动。"

按照《纲要》和《规划》以及上述学者的相关定义，"区域创新"具有以下特点：首先，区域创新以"创新"为研究对象，这里的"创新"不仅指技术创新，还更加关注技术的经济应用。其次，"区域"是对研究层次的界定，如果以国家为总体，那么不同地区就是"区域"，如果以更大的经济体乃至全球作为整体，那么不同国家或经济体就可能是"区域"。最后，区域创新的研究不仅仅是区域中的创新活动，还应当包括区域间与创新有关的互动。综合上述分析，本报告给出如下定义：区域创新是指区域内或区域间的各类创新活动，这里所指区域是指按照地理或经济从更高层面的整体划出来的地区。区域创新领域研究是指以区域内或区域间的各类创新活动为对象，以区域创新能力、区域创新体系等为主要研究内容，以发现区域层面创新活动规律、提升国家创新整体效率为研究目的的研究。根据这一定义，下文对区域创新领域国内外的研究进展进行分析，并进一步对本领域研究的未来进行展望。

二、我国区域创新领域最新研究进展

区域创新是一个理论和实践并重的领域，为分析近年来区域创新领域的发展状况，一方面需要对相关文献进行检索分析，另一方面需要对诸如研究报告等其他应用研究成果进行概括和梳理。

（一）近年来区域创新领域理论研究的发展概况

本报告以中国社会科学引文索引（CSSCI）检索期刊作为数据来源，以"主题＝'区域创新'"为关键词，对国内在 2011 — 2016 年发表的相关论文进行检索，共析得来自 180 本期刊的文献 1075 篇，检索时间为 2017 年 2 月 1 日，以所获取论文的完整题录数据为基础，分别从论文时间分布、作者分布和高频主题词共现网络等维度进行分析，以发现国内近年来相关研究主题及其变化规律，了解我国区域创新领域的研究现状与发展趋势。

1. 发文年份分析

图 1 为 2011—2016 年 CSSCI 来源期刊中我国区域创新领域论文的时间分布曲线。可以看出区域创新领域的期刊论文在 2012—2015 年间出现了较大幅度的波动下降，在 2016 年又出现大幅增加的态势。某一领域期刊的发文数量基本代表了该领域受到学者们关注程度的大小，从论文数量增速减缓并呈现大幅波动状况来看，区域创新领域研究已经进入调整阶段，相关研究主题开始互动和整合，有望在新理论和新方法出现之际取得新的发展。

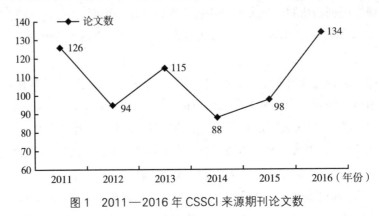

图 1　2011—2016 年 CSSCI 来源期刊论文数

2. 发文期刊分析

对某一领域研究文献的期刊分布进行分析有助于了解该领域的核心期刊群，为学者选择成果发表平台、进行资料收集提供指导。根据统计结果，1075 篇相关文献刊发在 180 个期刊上，其中发文数量排名前三十的期刊较多的期刊见图 2。可以看出，这三十本期刊在 2011—2016 年间共计刊发相关论文 784 篇，说明大多数区域创新论文发表在这三十本期刊上，期刊的集中程度较高。其中，刊发文章最多的前六本期刊均为"科学、科学学研究"学科领域期刊，共计发表 413 篇，占到这期间 CSSCI 来源期刊发文总数的 38.4%。从总体上看，区域创新领域得到了较为广泛领域的学科期刊认可，但这些关注仍然主要集中在"科学、科学学研究"学科。说明区域创新领域的研究仍然有待于得到更为广泛学科中学者的关注。

3. 发文机构分析

图 3 给出了区域创新领域期刊发文数量前三十名机构，其中排名第一的是哈尔滨工程大学，第二位是大连理工大学，第三位是浙江大学，第四位是华东师范大学，第五位是南京大学。可以看出这些高校基本上是多学科综合性大学（除江西财经大学外），这也表明区域创新研究通常和技术创新、科技创新等领域相结合。另外，从发文数量看，前三十名机构的发文数量并无太大大差距，表明区域创新领域的研究机构比较分散，也表明众多研究机构对区域创新领域感兴趣。

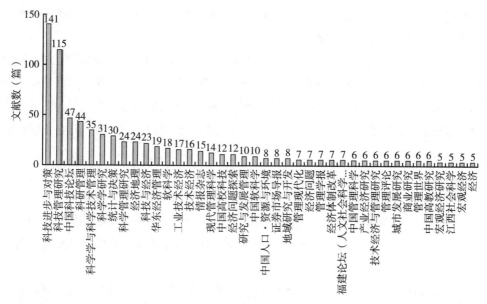

图 2　发文期刊及论文数（2011—2016 年）

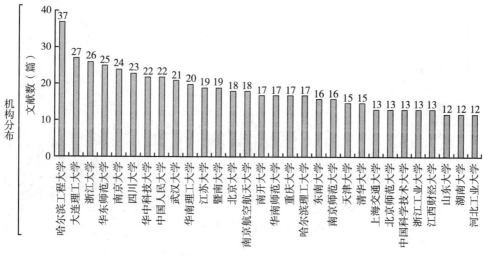

图 3　区域创新领域发文数量前 30 名机构

4. 发文作者分析

统计某一研究领域相对稳定的作者与团队可以较为客观地显示出该领域高影响力作者和团队。近年区域创新研究论文第一作者进行统计，涉及作者 1075 人。发文只有一篇的有 879 人，占到总数的 81.8%，发文两篇的有 124 人，占比 11.53%，发文三篇以上的有 72 人，仅占 6.7%。这说明区域创新领域的高产作者较少，且有关研究内容比较分散。

图 4 给出了区域创新领域发文前 30 名作者。可以看出发文前十名作者在 2011—2016 年间的刊文数量均在六篇以上，年均一篇以上，发文最多的前两位作者年均刊文二篇以

上。说明本领域的论文比较分散，没有特别高产的作者。下面对排名前四的代表性作者团队及其所在的研究机构进行简要分析。

王宏起、王雪原团队来自哈尔滨理工大学管理学院，主要对区域创新平台进行研究。创新平台通过整合创新资源推进共性技术研发、共享团队的研究，从而提高创新资源利用效率和区域创新能力，为产业升级和经济转型服务。团队研究内容主要包括创新平台体系建设及运行机制，创新平台的识别与等级认定，区域创新平台的网络特性与企业创新绩效的关系。

顾新团队来自四川大学商学院，该团队的研究主要集中在区域创新体系构建及演化方面，同时还包括创新要素之间的关系以及创新体系中的知识流动等领域研究。

王鹏团队来自暨南大学经济学院，该团队的研究主要集中在：区域创新的影响因素，比如创新环境、外商投资、企业研发等对创新效率或产出的影响；近年来开始关注创新能力评价和网络对区域创新的影响。

刘和东团队来自南京工业大学经济与管理学院，该团队主要研究内容为区域创新的溢出效应及其计量问题，以及区域创新的绩效等问题的研究。

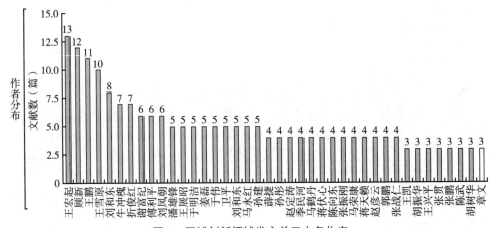

图 4　区域创新领域发文前三十名作者

5. 研究热点分析

关键词是一篇文章的核心，是对文章研究内容的高度凝练。本文通过统计关键词频次来进行文献主题领域及研究前沿的分析。共现网络的可视化分析能够直观地揭示相关研究关键词之间的联系，有助于了解整个研究领域的发展状况。结果见图 5。由于搜索主题词为"区域创新"，所以"区域创新"的中心度最大，"区域创新能力"、"区域创新系统"以及"区域创新体系"等节点中心度也位居前列，表明出这三个研究内容不可替代的主要研究地位。而其他节点主要围绕以上焦点主题形成比较密集的圈层。这说明 2011—2016 年区域创新的研究主要围绕"区域创新能力"、"区域创新系统"和"区域创新体系"展开研究。从图中还可以看出，"产业集群"、"知识溢出"、"区域经济""创新驱动"、"创新网络"等也是比较重要的中介结点。其中"创新网络"是近年来发展较快的一个研究主题，仅 2016 年就在《管理世界》《科研管理》《中国软科学》等高水平期刊上发表三篇论文，是一个发展较快的前沿问题。

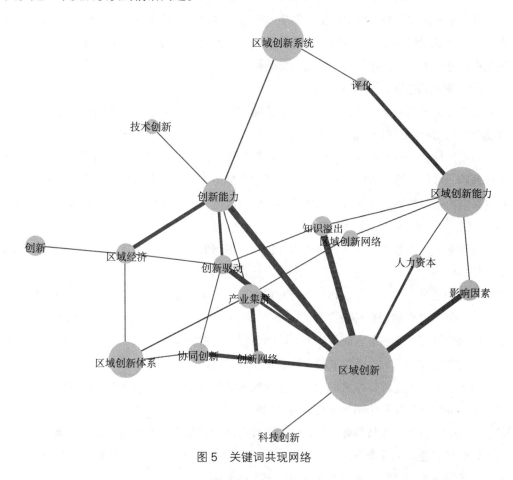

图 5　关键词共现网络

（二）论文研究成果评述

前文分析了区域创新领域的研究热点，下文按照区域创新领域的热点，对相关问题的主要成果进行评述。目前研究热点主要集中在区域创新能力、区域创新体系、区域创新网络三个方面，其中：有关区域创新能力的研究主要围绕着区域创新能力评价和区域创新能力影响因素两个方面展开，学者们构建了比较全面的区域创新能力指标体系，并对多个省市区域创新能力结构体系进行了比较深入的实证分析，也越来越关注各个指标要素之间的相互作用，以及创新产出和创新环境在指标体系中的作用；有关区域创新体系的研究主要围绕着创新体系构建、创新体系与创新绩效间关系、创新体系演化等三个方面展开。学者们对区域创新体系的类型进行了概括分析，探讨并实证分析了创新体系及其要素对区域创新绩效的影响。最近的研究开始对区域创新体系的演化模式和演化路径进行动态分析；有关区域创新网络的研究主要围绕着创新网络结构、创新网络绩效机理以及创新网络演化三个方面展开。学者们分析了创新网络结构对区域创新绩效的影响，并进行了大量的实证研究。近年来有研究开始对网络特征、共生效率等网络绩效机理进行实证分析。区域创新网络演化是区域创新与经济地理学的交叉前沿领域，学者们对网络演化阶段进行了划分，对演化模式进行了分析，并对网络演化动力进行了动态分析。

1. 区域创新能力

从文献的主题情况来看，有关区域创新能力的研究主要集中在区域创新能力评价、区域创新能力的影响因素等两个方面。

（1）区域创新能力评价。评价指标的选取是进行区域创新能力评价和其他相关研究的重要基础。区域创新能力的结构应该是区域创新能力构成要素及其相互间的联结方式。区域创新能力是多种概念的集合，因此从不同的角度进行研究会得到不同的构成要素和评价指标。

近年来，国内学者对区域创新能力评价指标的研究成果十分丰富，在评价指标的选取上虽然多种多样，但主要集中在知识创新、技术创新、创新投入能力、创新产出能力以及创新环境等几个方面。比如，郑艳民等对我国三十一个省市区创新能力内部结构体系即创新投入、创新产出和创新环境之间的因果关系进行了实证分析。[1]易平涛等从创新投入、创新产出和创新环境三个方面构建了区域创新能力的指标体系。[2]

在这些研究中，有几个发展趋势或者说新的动态值得关注：

首先，开始关注将要素之间的相互作用纳入到区域创新评价指标中。区域创新实质上是一个各要素之间相互作用的系统，要素之间的相互作用状况也在很大程度上体现了系统的创新能力。例如，崔新健等在分析知识管理各部分流程逻辑及联动关系的基础上，结合对知识管理各流程的分类讨论，依次构建区域创新能力评价的各级评价框架，并将知识流动升级演进过程与环境因素的相互作用纳入评价范畴。[3]

其次，越来越重视创新产出和创新环境在评价指标中的重要性。例如，颜莉在创新投入中引入创新环境变量，构建了一套相对完善的创新效率评价指标体系模型，并提出综合运用主成分分析和 DEA 的组合方法测量我国区域创新效率。[4]漆艳茹等选用发明专利申请量作为我国创新能力测度指标，利用专利申请影响因素的特征指标构建我国创新能力评价指标体系，在此基础上计算出我国三十个省、市、自治区 2011 年的区域创新能力，并将其按照区域创新能力状况划分为四个梯队。[5]王宇新和姚梅等以专利授予量代表创新能力进行研究。

（2）区域创新能力的影响因素。国内 2011—2016 年间对区域创新能力影响因素的研究主要包括六个方面：创新投入、创新环境、智力资本和社会资本、产业集群以及 FDI。

在 FDI 方面，新进研究进一步发现该影响是有条件的。例如，冉光和等通过构建面板门槛模型的方式，以金融发展水平为门槛变量，发现只有当区域金融发展水平跨越相应的门槛时，FDI 对区域创新能力的促进作用才会更加明显。[6]鲁钊阳等基于动态面板门槛回归模型，以知识产权保护水平为门槛变量，发现只有跨越相应的知识产权保护水平门槛，FDI 的技术溢出才能有效促进区域创新能力的发展。[7]

在创新投入方面，国内学者也做了大量的研究。例如，邵云飞等得出高技术产业就业人员数是区域创新活动的一个显著因素。[8]芮雪琴等认为科技人才聚集效应与区域创新能力之间存在互动关系，呈现螺旋上升态势。[9]王宇新和姚梅的研究表明，大学、大中型企业科研人员及经费投入是国内省域间技术创新能力差异的主要影响因素。

产业集群在以往是区域创新能力研究的重要领域，但 2011—2016 年间，有关该问题的高质量论文非常少。这表明该问题很可能已经不再是前沿问题。例如，付利平等基于人员流动及企业衍生两种机制，对高技术产业集群知识溢出的区域创新效应进行了实证分析[10]。

关于创新环境影响的研究也较多，从总体上看，学者们开始关注创新环境的负面影响和影响机制的区域性差异。王鹏和赵捷对区域创新环境对创新效率的负面影响进行了研究，认为在创新环境中，侵权行为、公有制企业所占比重过大均会对创新效率产生负面影响。[11]赵瑞芬等以河北省为例分析了创业环境对区域创新能力的贡献。[12]侯鹏等的研究表明，反映创新环境的多数指标都对我国创新能力有正向影响，但影响弹性基本都小于知识存量和研发人员投入。多数创新环境变量对东部地区创新能力有显著正向影响，但是对中西部地区创新能力的提升未起到支撑作用。[13]

智力资本和社会资本是国内近年来受到广泛关注的研究热点。陈武等认为智力资本可通过直接改变区域创新投入、区域创新环境和区域创新绩效来改变区域创新能力，也可通过对区域创新投入和区域创新环境发生作用来间接改变区域创新绩效，从而最终改变区域创新能力。[14]蔡丽和梅强分析了智力资本的核心创新力与区域创新氛围的逻辑联结，实证分析显示，单个小微企业的智力资本创新力对区域创新影响有限，而小微"群"的智力资本创新力才是区域创新氛围形成的重要支撑。[15]

徐娟的研究表明，在国家层面上，社会资本对我国自主创新有显著的正向影响，相对于低水平创新而言，社会资本对高水平创新的促进作用更显著，其他变量对创新也呈现出强烈的正向效应。从地区上看，社会资本对发达地区的非发明专利影响较大，而对落后地区的发明专利影响较大。[16]赵雪雁等以无偿献血率、信任度和社会组织密度指标测量区域社会资本，分析表明信任纬度与区域创新能力呈显著正相关关系，而规范纬度和网络纬度与区域创新能力呈负相关关系。赵丽丽和张玉喜认为社会资本对区域创新能力的影响存在显著的门槛效应，市场化进程所处阶段、法制水平以及政府干预强度的不同都会影响社会资本与区域创新能力之间的关系。[17]

从有关区域创新能力的研究方法上看，动态性地分析和评价区域创新能力的发展演变是一个重要的发展趋势。例如，潘雄峰和史晓辉以中国三十一个省级行政区1990—2008年专利数据为资料，基于空间马尔可夫链方法，研究中国区域创新趋同的时空动态演变特征。[18]周洪文和宋丽萍以区域创新系统为分析框架，根据各省份、直辖市、自治区的创新活动数据，实证分析影响这些地区创新能力差异的动态效率，并解释导致地区间差异和区域创新要素集聚的制度原因。[19]肖刚等以专利授权总量为主要指标，基于省域空间单元，采用变异系数、传统与空间马尔可夫链和空间自相关性的分析方法，从时间、空间和地理空间效应的视角来探析了1985—2013年中国区域创新差异的时空动态演化过程、格局与特征。[20]

2. 区域创新体系

区域创新体系（Regional Innovation System，RIS）也称为区域创新系统，是近年来国内外研究的热点领域。从2011—2016年间国内文献的主题情况来看，有关区域创新体系的研究主要集中在区域创新体系构建、区域创新体系与创新绩效间关系、区域创新体系的演化等三个方面。

（1）区域创新体系构建。这些研究主要集中在2011—2013年间，此后学者们对该问题的关注有所降低。牛盼强等概括了三种典型区域创新体系的类型，并指出构建具体类型的区域创新体系所需要的产业知识基础与制度环境。[21]陈云提出以企业为主体的区域创新体系建设的"3+2"主体模式，其中"3"是指企业成为技术创新的投入主体、活动主体和科技成果转化主体，"2"是指企业成为技术创新的利益承担主体和风险承担主体。[22]任保平和张如意指出，在我国区域创新体系建设中，应当把以高校为主的技术创新推动模式与以企业为主的市场化推动模式结合起来，选择产学研共建联盟的技术和市场双向推动的产学研合作模式。[23]王玲玲和李芳林分析了我国区域创新体系建设的量化情景分析路径，并依据情景概率的数值，对所列情景组合进行排序。[24]张霞等构建了基于知识密集型服务业的区域创新内生系统，指出区域创新内生系统以知识密集型服务业的生存和发展机制为内生动力。[25]陈迪等从理论上构建基于产业知识基础的总部经济区域创新体系，以产业知识基础为创新资源、制度为外部因素、总部经济特性为内部禀赋，综合作用影响创新配置进而影响区域创新体系的构建类型。[26]

（2）区域创新体系与创新绩效间关系。梁宇等探讨了区域创新系统对区域持续竞争优势作用机制，认为区域创新系统是区域持续竞争优势动力源泉。[27]刘思明等发现，我国创新效率存在显著的区域差异，"产学研"合作和政府支持对我国区域创新效率有稳健的正向影响，体现出创新体系内部主体要素之间网络关系的积极作用。[28]袁潮清和刘思峰发现区域创新体系成熟度对投入产出效率有一定影响。[29]高月姣和吴和成发现企业、高校、科研机构以及金融机构对区域创新能力存在正向影响，且企业为影响区域创新能力的关键因素，而金融机构的影响尚不突出。企业与政府的交互作用、高校–科研机构与政府的交互作用对区域创新能力均存在正向作用。[30]

（3）区域创新体系的演化。有关该问题的研究呈现出随着时间推移增加的趋势，反映出它是一个较为前沿的研究问题。胡浩等对区域创新系统中创新极间共生演化模式进行了分析，发现区域创新系统间的区别在于区域内创新极的数量、强弱及创新极间的共生关系，区域创新系统演化的结果受到区域内创新极间的共生关系影响。[31]李晓娣等评价了我国各个省市跨国公司 R&D 投资影响力和区域创新系统演化程度，得出了跨国公司 R&D 投资与区域创新系统演化程度存在正线性关系的结论。[32]王祥兵等的博弈分析表明，区域创新系统的演化方向与博弈双方的支付矩阵、学习行为和能力、系统演化的初始状态等相关，而科研机构与企业合作创新的协同收益、引致风险损失、初始成本以及双方的贴现因子则是影响区域创新系统动态演化的关键因素。[33]王景荣和徐荣荣提出了区域创新系统自组织演化模型，并认为国内外各区域创新系统正按照该模型进行由无序向有序的自组织演化。[34]李晓娣和陈家婷发现 FDI 对区域创新系统演化的七条驱动路径，为 FDI 有效推进区域创新系统的演化提供了有力的实证支持。[35]潘新等采用 1986—2011 年中国省级专利数据对我国区域创新体系模式的演化进行了分析，发现我国存在开发型、探索型和混合型三种区域创新体系模式，开发型模式主要分布在中西部内陆地区，探索型模式主要分布在沿海发达省市，其余部分为混合型模式。[36]张永凯和李登科认为在跨国公司大规模海外研发投资的推动下，跨国公司海外研发机构与东道国区域创新体系之间相互影响、相互作用并逐步形成了互动关系。[37]

3. 区域创新网络

区域创新网络是指一定区域内以网络化合作关系相联结的机构和组织（包括企业、政府、大学与科研机构、金融机构等）及其相互之间形成的关系链条。区域创新网络是区域创新领域内近年来发展较快的研究方向，研究成果的数量随着时间推移逐渐增加。

（1）创新网络的结构。关于创新网络结构的研究，通常探讨创新网络的结构特征对区域创新绩效的影响。马鹤丹借鉴野中郁次郎和竹内弘高的 SECI 模型和知识创造场理论研究企业知识创造的机理，分析了区域创新网络中的科学场、经济场和服务场对企业知识创造的重要作用。[38]任胜刚等的研究结果表明网络规模、网络结构洞、网络开放性以及网络强联系和弱联系对区域创新能力具有显著的正向作用，而网络集中度没有发挥增长极应有的扩散效应，对创新能力提升作用不明显。[39]陈伟等发现东北三省装备制造业合作创新网络中，中心性和结构洞对网络成员创新产出起到正向促进作用，而中间中心性并没有有效地促进创新产出。[40]刘家树发现各区域创新网络集聚系数存在较大差距，创新网络集聚对创新能力有显著正向影响，创新网络集聚在科技环境对创新能力的作用过程中具有中介效应。[41]于明浩等从网络规模、网络开放、网络结构洞和网络链接四个方面研究区域创新网络结构对区域创新效率的影响。研究结果表明，网络规模、网络开放性、网络结构洞、网络链接对区域创新效率的提高存在不同程度的影响。[42]赵建吉等以上海张江集成电路产业为案例，研究了技术守门员在全球生产网络技术获取、地方生产网络内技术传播和扩散过程中的作用。[43]

（2）创新网络的绩效机理。有关创新网络的绩效机理近年来开始受到学者们的关注，是国内的一个前沿问题。李森森和刘德胜发现，区域创新网络对中小型科技的企业规模、成长潜力、生存状态、盈利能力以及营运能力有显著影响，但不同区域创新网络因子对科技型小微企业成长的贡献存在一定的差异，企业集群起到了催化剂的作用。[44]牛冲槐等的研究表明，人才聚集对网络规模、网络开放度、网络链接存在不同程度的促进作用，是带动网络主体协调发展和提升创新网络发展水平的关键因素。[45]叶斌和陈丽玉发现，我国区域创新网络共生效率较高的地区大多为经济发达地区和科技水平较高地区，但目前还不存在一体化共生的区域创新网络。[46]张宏宇等发现交互学习和信任演化两者之间呈现出一种"共生效应"的相互作用关系，当两者协同效果一致时，将会显著提升创新网络的知识转移效率与运行绩效，反之将会降低创新网络的知识转移效率与运行绩效。[47]

（3）区域创新网络的演化。创新网络的演化不仅是区域创新领域的关注焦点，也成为经济地理学的一个前沿领域。汪涛等根据我国生物技术知识网络整体机构特征的变动，将2000—2009年间的发展分为萌芽、扩张和成熟阶段。[48]胡晓辉等通过对长三角地区创新合作网络进行考察后，认为地理邻近、行政区邻近和知识规模邻近是影响区际知识合作空间对象选择的主要因素。[49]王灏的研究表明，光电子产业的创新网络构建取决于产业和技术特征，网络密度存在增长后趋稳的现象，网络演化的动力逐步由最初来自于"织网人"的撮合转化为创新主体的主动合作。[50]叶斌和陈丽玉建立了区域创新网络的竞争与合作共生演化模型，并对区域创新网络的共生演化过程进行了仿真分析。[51]

（三）若干区域创新著作报告评述

区域创新对于国家创新体系来说非常重要，区域创新发展，区域创新能力的提升，可以有力支撑国家创新驱动发展战略。国内有许多学者进行了创新性的研究，发布出版了相关著作报告，其中不乏具有影响力的研究成果。

随着区域创新的重要程度日益增加，各类有关区域创新的研究报告也越来越多。比如起步较早的《中国区域创新能力评价报告》，由中国科技发展战略研究小组和中国科学院大学中国创新创业管理研究中心编著，至今已经出版了十多年，2015年被纳入国家创新调查制度系列报告。该报告借鉴了包括《世界竞争力年鉴》《全球竞争力报告》《全球创新指数》等诸多国内外知名报告，并根据国内的实际情况进行动态调整。评价指标体系由知识创造、知识获取、企业创新、创新环境、创新绩效等五个一级指标、二十个二级指标、四十个三级指标和137个四级指标构成。指标体系广泛，使用大量的统计数据动态地对各省（自治区、直辖市）的创新能力进行分析比较，为社会各界了解各地区的创新能力提供了一个很好的平台。另外，自 2015 年开始，科技部每年出版《中国区域创新能力监测报告》。该报告根据国内各地区实施创新驱动发展战略的要求，在借鉴现有的国内外相关研究成果并广泛征求意见的基础上，构建了包括创新环境、创新资源、企业创新、创新产出和创新效率五个子系统的监测指标体系，共 124 个监测指标。在 2015 年的报告中，又进一步增加了大量与"大众创业，万众创新"有关的人力资源、创新中介服务和创新基础设施建设的数据，增加了与"互联网+"有关的信息传输和互联网水平有关的数据，增加了反映"绿色"理念的环境监测数据。该报告提供了来源可靠、分类科学、使用便捷的数据平台，给区域创新政策制定、创新工作开展和创新能力评价等提供了支撑。此外，还有具体区域的区域创新报告，例如由首都科技发展战略研究院课题组完成的《首都科技创新发展报告》，以及由上海市科学学研究所组织撰写的《上海科技创新中心指数报告》等。

有很多研究者还出版了关于区域创新的著作。例如，由吴贵生编著的《区域科技论》是一部系统阐述区域科技发展理论和实践的著作。全书从理论、实证、运作和案例等方面系统阐释了区域科技是什么，为什么要发展区域科技，哪些因素影响区域科技发展、区域科技的空间分布特征、区域科技发展的战略框架和战略内容、区域科技发展的实践等内容，对区域创新研究发展起到了积极的推动作用。由吕拉昌等活跃在我国创新地理研究领域的多位学者所著的《创新地理学》提出了创新地理学研究的对象、学科性质与任务；系统阐述了创新理论及其发展历程；分析了知识创新、技术创新、制度创新、研发的空间效应与扩散、创新集群与创新网络；揭示了产业创新、新兴产业、服务业创新与区域发展的规律；探究了创意产业与创意城市建设、创新带动城市发展的机理；对中外创新系统进行了比较分析，探讨了创新地理学的规划应用。玄兆辉编写的《区域创新模式选择的理论方法与实证研究》对区域创新模式的研究现状和相关理论方法进行了梳理，界定了区域创新的内容和基本要素，认为区域创新模式是基于区域资源禀赋，综合考虑区域创新时空发展特征，实现创新目标的方式与途径。从"创新模式及选择"、"创新模式影响因素"、"主体因素"及"区域创新环境"四个方面构建了区域创新模式分析框架，为区域创新模式研究提供了方法思路和分析基础。由中国科学院区域发展领域战略研究组所著的《中国至 2050 年区域科技发展路线图——创新 2050：科学技术与中国的未来》，阐释了区域研究的主要特性和基本模块；根据未来我国区域发展走势和科技需求分析，明确了 2020 年、2030 年和 2050 年的区域发展科技目标、重大科学问题和路线图，凝练了区域发展的集成命题，提出了相关对策及建议。

中国科学学与科技政策研究会区域创新专业委员会也组织开展了区域创新领域相关研究，在加强区域创新学术交流合作，推进地方科技智库建设发展，研判区域改革开放创新形势需求，分析区域创新发展现状问题，深化各具优势特色区域创新体系建设方面起到了积极作用。目前有来自全国包括"京津冀"、"长三角"、"珠三角"、中西部地区、东北

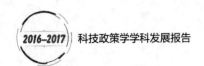

地区等地区十多家科技智库的研究成果，很多成果被地方决策部门所重视，有些已经落地实施。部分代表性成果见表1。

表1 中国科学学与科技政策研究会区域创新专业委员会委员机构部分代表性成果

地区	成果名称
"京津冀"	1. 国家科技创新中心建设中各区域战略选择 2. 从房山区看全国科技创新中心建设中的区域创新战略选择 3. 区域科技与社会协调发展评价 4. 对制造业的再思考及天津建设先进制造研发基地的对策 5. 加快建设京津冀协同创新共同体的对策建议 6. 关于推进天津市大众创业万众创新的研究 7. 供给侧改革系列报告及反响 8. 河北省推动企业增加研发投入政策效果评估 9. 基于论文合著等知识网络分析的首都科技创新驱动"一带一路"发展研究 10. 科技进步示范县市企业开放创新能力培育研究
"长三角"（泛）	1. 区域创新领域研究进展报告 2. 上海全球人才枢纽建设研究报告 3. 上海高新技术企业发展景气研究 4. 新常态下促进江苏省高新区发展的政策比较研究 5. 一流院所研究报告 6. 基于县域的全面创新改革试验区建设思路和对策研究 7. 浙江省创新驱动产业转型升级研究 8. "十三五"时期加快推进杭州城西科创大走廊建设的研究 9. 合芜蚌自主创新综合试验区辐射带动途径和机制研究 10. 合肥市量子通信产业发展研究 11. 合肥系统推进全面创新改革试验研究 12. 山东省推进科技成果转化政策落实的成效.问题及对策研究 13. 山东省科技服务业创新发展研究报告 14. 如何找准支撑山东省新旧动能转换的创新发力点
"珠三角"	1. 广州推进国际科技创新枢纽建设研究 2. 构建大湾区创新生态系统
中西部地区	1. 基于中新示范项目的重庆与新加坡科技协同创新对策研究 2. 重庆劳动力资源变动趋势及开发利用对策研究 3. 广西科技服务业发展战略研究 4. 广西科技报告制度建设对策研究 5. 广西发展众创空间推进大众创新创业的现状及对策研究 6. 国内科技小巨人培育成功经验及对武汉的启示 7. 把云南建设成为面向东南亚南亚国际科技创新与技术转移基地的对策研究
东北地区	1. 钼产业研究报告 2.3D 打印产业发展战略研究

三、国内外区域创新领域研究发展比较

结合本领域有关国际重大研究计划和重大研究项目，研究国际上本领域最新研究热点、前沿和趋势，比较评析国内外领域的发展状态。研究表明，国内研究与国外研究在整体水平存在一定差距，尤其是在来源出版物数量和发文机构数量方面；在研究内容上，多数研究内容相近，在部分内容上关注点有所差异。

（一）国外研究成果分析

SSCI 来源期刊检索 2011—2016 有关区域创新领域发文共计 546 篇，来自 62 本期刊。

1. 国外期刊论文的年份分布

发文数量年份分布见图 6。可以看出国际上有关区域创新的发文数量稳定在每年 80 至 100 篇之间，呈现小幅度波动，表明该研究领域已经处于成熟调整阶段。

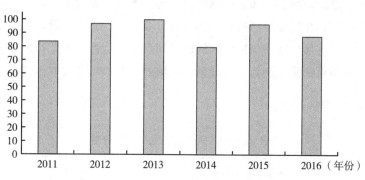

图 6　SSCI 来源期刊发文数量年度分布

2. 国外期刊论文的国家 / 地区分析

表 2 给出了 2011—2016 年间 SSCI 期刊论文的国家分布情况，表中列出了发文数量处于前列的国家或地区。可以看出，英国是发表区域创新领域成果最多的国家，其次是中国，然后是荷兰、美国和意大利。与其他经济管理领域不同，美国关于区域创新领域的研究并没有走在最前列。从这些国家或地区发文数量所占比重来看，发文最多的前五个国家占论文总数的 35.3%，集中程度并不是很高。

表 2　SSCI 来源期刊发文国家分布

国家 / 地区	记录	%
ENGLAND	48	8.791
CHINA	39	7.143

续表

国家 / 地区	记录	%
NETHERLANDS	36	6.593
USA	35	6.41
ITALY	35	6.41
GERMANY	33	6.044
SPAIN	29	5.311
SWEDEN	19	3.48
CANADA	18	3.297
NORWAY	17	3.114
合计	546	100

3. 国外期刊论文的期刊分析

表 3 给出了论文的期刊分布，可以看出，前五本期刊发文 134 篇，占总数的四分之一还多，这些期刊都是区域经济或创新领域的专业期刊。总体上看，这些发文五篇以上的刊物基本上都是区域经济或创新领域的转移期刊，综合性期刊尤其是高水平综合性期刊非常少，这表明在国际上而言，区域创新领域的研究很可能没有得到更广泛领域学者们的关注。

表 3　SSCI 来源期刊发文期刊分布

来源出版物名称	记录	% of 546
EUROPEAN PLANNING STUDIES	37	6.777
REGIONAL STUDIES	36	6.593
INNOVATSII	36	6.593
TERRA ECONOMICUS	13	2.381
TECHNOLOGICAL FORECASTING AND SOCIAL CHANGE	12	2.198
REGION EKONOMIKA I SOTSIOLOGIYA	11	2.015
RESEARCH POLICY	10	1.832
PAPERS IN REGIONAL SCIENCE	10	1.832
INNOVATION MANAGEMENT POLICY PRACTICE	10	1.832
ENVIRONMENT AND PLANNING C GOVERNMENT AND POLICY	10	1.832
JOURNAL OF TECHNOLOGY MANAGEMENT INNOVATION	9	1.648

续表

来源出版物名称	记录	% of 546
SCIENCE AND PUBLIC POLICY	8	1.465
EUROPEAN URBAN AND REGIONAL STUDIES	8	1.465
JOURNAL OF REGIONAL SCIENCE	7	1.282
ANNALS OF REGIONAL SCIENCE	7	1.282
VOPROSY STATISTIKI	6	1.099
TOMSK STATE UNIVERSITY JOURNAL	6	1.099
JOURNAL OF THE ECONOMIC GEOGRAPHICAL SOCIETY OF KOREA	6	1.099
GROWTH AND CHANGE	6	1.099
SMALL BUSINESS ECONOMICS	5	0.916
INDUSTRY AND INNOVATION	5	0.916
ENVIRONMENT AND PLANNING A	5	0.916

4. 国外期刊论文的机构分析

表4给出了发文的机构统计。可以看出，发文数量前三的为英国伦敦大学、瑞典隆德大学、意大利米兰理工大学，全部是欧洲的大学。从整体上来看，这些发文最多的机构基本上多数是欧洲大学，表明欧洲高校和研究机构对区域创新领域最为关注。

表4 发文机构数量统计

机构	记录	% of 546
UNIVERSITY OF LONDON	31	5.678
LUND UNIVERSITY	26	4.762
POLYTECHNIC UNIVERSITY OF MILAN	24	4.396
VRIJE UNIVERSITEIT AMSTERDAM	17	3.114
UNIV JENA	8	1.465
LEIBNIZ UNIV HANNOVER	8	1.465
FRIEDRICH SCHILLER UNIVERSITY OF JENA	8	1.465
VIENNA UNIVERSITY OF ECONOMICS BUSINESS	7	1.282
UNIVERSITY OF SOUTHERN DENMARK	7	1.282
UNIVERSITY OF HANNOVER	7	1.282

续表

机构	记录	% of 546
ROCHESTER INSTITUTE OF TECHNOLOGY	7	1.282
ROCHESTER INST TECHNOL	7	1.282
CARDIFF UNIVERSITY	7	1.282
VIENNA UNIV ECON BUSINESS	6	1.099
TOMSK POLYTECHNIC UNIVERSITY	6	1.099
LONDON SCHOOL ECONOMICS POLITICAL SCIENCE	6	1.099
LONDON SCH ECON	6	1.099
CARDIFF UNIV	6	1.099
UNIVERSITY OF TORONTO	5	0.916
UNIVERSITY OF TAMPERE	5	0.916
UNIVERSITY OF NOTTINGHAM	5	0.916

（二）研究热点及其发展趋势分析

与国内研究主题十分分散不同，国外有关区域创新系统的研究比较集中，2011—2016年间这些研究主要集中在区域创新体系和创新网络以及区域政策研究。

1. 区域创新体系

区域创新体系在2011—2016年间一直是国外区域创新领域研究最为关注的焦点问题，运用最多的方法是案例研究和多元回归分析，不过近年来也有学者引入例如自组织映射（Self-organizing maps）等方法开展研究。

（1）区域创新体系效率。比如，Michael 和 Viktor 发现创新体系的效率由私企和研究所之间的研发互动所决定。[52]Yam 等以中国香港地区作为研究对象，发现区域创新能力取决于区域创新系统内各个组织间的交互学习。Peter 对企业家精神、创新和区域发展之间的关系进行了实证分析。[53]Batabyal 和 Nijkamp 对区域创新体系正、负外部性进行了研究。[54]Petr 等运用自组织映射方法视觉化欧洲的各区域创新体系，发现由于交互相关，每个区域创新体系构成的多样性程度类似。地理地图显示知识密集区域对空间临近区域有着正面影响。[55]

（2）区域创新体系的影响因素。Laursen 等对来自21个区域的意大利制造业企业进行了研究，发现位于高水平社会资本区域的企业更倾向于创新，位于高水平本地化社会资本区域与企业内部 R&D 投资有互补效应。[56]Vaz 等指出，区域创新体系形成的障碍主要是合作障碍、创新制约和占有优势的市场与互动空间处于区域的外部。[57]Sleuwaegen 和 Boiardi 的研究发现，区域智力资本对区域专利活动有着强烈的直接和间接影响。[58]

2. 区域创新网络

虽然社会网络的研究已经有多年历史，但是基于社会网络的创新研究是近年来才真正发展起来的新型领域，通过分析 2011—2016 年间的文献，可以看出，国外相关研究主要围绕着网络结构与创新绩效、网络的形成与演化机理两个主题开展。

（1）区域创新网络结构与创新绩效。Graf 和 Krager 以东德地区的四个创新网络为样本，发现大学和公共研究机构在区域创新网络中占据重要的位置，节点在网络中的守门人位置和其创新绩效之间呈现"U"型关系。Bathelt 等以上海地区化工行业为例，对供应商、客户和中介机构间的互动进行了研究，发现生产商和用户之间建立"结合"和"桥接"的关系才能实现创新。Panapanaan 等也认为区域生态创新战略非常重要，并提出了 SAMPO 生态创新战略模式。[59]Huggins 和 Thompson 发现创业企业形成的网络是区域增长差异的决定要素，为获取知识而形成的网络资本是企业家精神和基于创新的区域增长之间的中介变量。[60]

（2）区域创新网络的形成与演化机理。Broekel 和 Boschma 对荷兰航空的实证研究表明，社会林金星对创新网络的形成非常重要。Hennemann 等运用网络和空间计量方法对六个不同科学领域进行分析，显示国家内部合作发生概率是国际合作的 10—50 倍，知识合作对国家边界和空间距离具有很强的依赖性。Dautel 和 Walther 强调地理空间是创新网络形成的决定性因素，并验证了其对创新倾向和产出的影响。[61]Grillitsch 等也认为创新和空间层次之间的关系非常重要。[62]Chaminade 的 Plechero 认为区域创新体系是全球创新网络的知识节点，区域创新网络需要根据创新的社会系统进行重新塑造。[63]Choi 对山东酿酒行业的网络形成过程进行了研究，政府的战略和关注有助于培育酿酒行业的网络形成，官产学联系的发展与政府战略和政策密不可分。[64]Chaminade 和 Plechero 欧洲、中国和印度区域 ICT 行业的全球创新网络进行分析，发现全球网络在组织和制度不完善区域更加普遍，可见全球创新网络对于区域创新体系的不足具有补充作用。[63]

3. 区域创新政策

国外不少学者对科技与创新政策进行了研究，发现政策对区域创新产生的效应受到其他因素的影响。

（1）政策效应。Cannone 和 Ughetto 研究了政府资助项目对意大利皮埃蒙特区域企业的影响，发现接受资助的企业最后几年内固定资产有所增长，但是没有证据表明资助对企业盈利能力有影响。Gkypali 等对希腊四个区域的实证研究发现，科技与创新政策对区域创新系统绩效的贡献随着 GERD 投资水平的降低而消失。[65]

（2）政策设计。Almeida 等探索了如何将区域创新体系的概念操作化成为创新政策，聚焦于追随区域，他们认为创新政策应该寻求科技推动和需求来动的充分组合，利用赶超优势和研发成本优势，并纠正区域创新系统中的重要制约问题。[66]Brown 等分析了英国 Intermediate Technology Initiative 区域创新政策失败的原因主要是政策设计存在问题。在设计政策时，应当特别关注当地创业生态系统。[67]

（三）国内外相关研究发展评析

表 5 给出了国内外区域创新领域 2011—2016 年间国内外主要研究的比较。可以看出国内研究对于区域创新能力比国外更加关注，而国外研究对于区域创新政策比国内更加关注。国内注重区域创新能力的评价和影响因素，国外对这些研究问题的关注度并不高。国内有关区域创新体系研究的热点问题主要在体系构建、绩效影响和体系演化上，国外相关研究的热点问题主要在体系效率和影响因素上，可以看出国外学者更加关注区域创新体系的效率上，而不是国内体系构建和体系演化等更加偏向描述性的研究。国内有关区域创新网络的研究与国外的热点问题十分接近，主要关注网络结构和演化等创新网络的基本问题，反映出区域创新网络无论是在国内还是国外都属于新兴的研究领域。相对于国内研究而言，国外研究更加注重区域创新政策，主要关注政策效应和政策设计等热点问题。有效的区域创新政策管理需要合理、有效的设计，也需要对政策效应进行科学评价，从这些方面而言，国外此类研究具有更高的实际价值。

表 5　国内外区域创新领域研究比较

国内		国外	
研究重点	热点问题	研究重点	热点问题
区域创新能力	能力评价 影响因素	——	——
区域创新体系	体系构建 绩效影响 体系演化	区域创新体系	体系效率 影响因素
区域创新网络	网络结构 绩效机理 网络演化	区域创新网络	网络结构与绩效 形成与演化机理
——	——	区域创新政策	政策效应 政策设计

国外学者对有以下值得国内研究借鉴的地方：①关注对政策及其效应的研究。国内有关创新体系和创新能力的研究，对政策效应和政策设计的研究较少。相比之下，国外对科技与创新政策的研究较多。②关注微观层面问题的研究偏少，比如创业或企业家精神与区域创新之间关系的研究。创新与创业之间密切关联，要全面研究区域创新问题也和区域内

创业和企业家精神难以分开。

四、我国区域创新领域研究趋势与对策

总体上看，我国区域创新领域经历了多年发展，逐步走向稳定和成熟。从实践上看，区域创新体系的完善是我们国家创新体系的重要组成部分，也是国家创新体系健全完善的一个重要的组成部分，国家创新驱动战略对区域创新研究提出了新的研究课题。

（一）我国区域创新领域研究发展趋势

整体来说，国内区域创新的研究重点长期以来集中在区域创新能力和区域创新体系两个方面。不过，近年来这两个领域的研究都有着不同的变化。

区域创新能力研究中有以下发展趋势：①学者们越来越重视创新环境因素在区域创新能力评价中的重要作用，以及对区域创新能力的影响；②新的研究也开始关注各个区域创新能力要素之间的相互作用，而不是将各个要素割裂开来；③智力资本和社会资本对区域创新能力影响的研究近年来开始受到学者们的广泛关注；④动态性分析和评价区域创新能力及其发展演变是有关研究方法发展的一个重要趋势。

区域创新体系研究中呈现以下发展趋势：区域创新体系演化的研究成为一个新兴的前沿问题，相对以往关于区域创新体系构建的研究，从发展和动态的视角提供了对于区域创新体系更加全面的认识。国内新兴的一个研究重点领域是区域创新网络，它将原先许多研究中割裂的各个机构和组织作为相互联系的关系链条来研究，突出了网络中不同主体的紧密联系和相互作用关系。从研究方法上来看，区域创新网络动态演化分析是一个重要的发展趋势，它将有助于揭示区域创新网络的演化过程及其相关规律。

从发展趋势上看，动态的时空演化问题、创新网络已经成为国内外研究的前沿和热点问题，未来一段时间内仍将延续下去。

当然，应当看到国外研究趋势的不同。相比较而言，国外区域创新领域的研究主要关注区域创新体系、区域创新网络和区域创新政策三个方面。在区域创新体系方面的研究中，区域创新体系效率和影响因素是两个主要的热点问题，其中区域创新体系效率方面更受关注，在研究中也出现了自组织映射方法等新方法。区域创新网络是国外近年来发展最快的一个研究重点，主要关注网络结构与创新绩效，以及网络的形成与演化机理两个热点问题。在区域创新政策方面，学者们主要关注政策效应和政策设计，其中政策效应是近年来关注较多的问题，强调对政府政策的效应进行实证研究和评价，对政府政策实施效果和调整具有重要意义。

从近年来的发展趋势来看，国内研究更加关注区域创新能力，而国外研究更加关注区域创新政策。与国外一样，区域创新网络的研究发展趋势与国外比较接近，但是对于区域

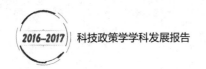

创新体系效率及其机理的研究仍然相对不足。

（二）我国区域创新领域研究发展需求

国内区域创新研究虽然起步较晚，但是随着国内对区域创新问题的关注度不断提高，相关研究迅速发展，成果数量激增滞后进入趋于稳定和成熟的阶段，成果规模也基本接近国外研究。随着国内经济进入新常态，各区域之间经济发展极度不平衡，如何通过创新创业进一步带动经济转型，如何通过区域政策和资源配置完善中西部区域创新体系，激发创新活力，实现经济平衡发展，都是摆在区域创新研究人员面前的重要课题。此外，"科创中心建设""'一带一路'建设""雄安新区建设"等倡议或发展战略的实施也给区域创新研究带来了一系列的热点问题。

这些热点问题、难点问题都给区域创新研究提出了新的需要，比如：国家跟区域之间的战略集成问题；区域和区域之间的战略互补、均衡发展等问题；区域内部面临的经济转型、提升区域创新能力、营造区域创新生态等问题。这些都值得未来研究重点关注。

（三）我国区域创新领域研究发展取向

综合前文国内区域创新领域的发展趋势和国内社会经济发展提出的发展需求，以下问题或领域有可能是国内区域创新领域未来的发展方向。

（1）更深入、广泛地从体系和网络的时、空演化角度去动态追踪和研究区域创新体系与区域创新能力及其影响因素的演化过程。目前国内很多研究都是关于区域创新体系构建、区域创新能力评价等方面的工作，虽然对于区域创新政策制定等问题必不可少，但是更多的是停留在描述性的层面上。从目前来看，以下问题需要关注：首先，对国内区域创新系统及其绩效进行解释性研究更加迫切，它有助于我们了解系统各个构成部分之间的作用机理，对政策制定具有更高的参考价值。其次，未来研究应当关注更加微观层面上的时空演化问题，比如市县等层级的创新体系，以弥补微观视角研究不足的问题。

（2）区域创新网络是区域创新领域研究的前沿问题，未来应当受到密切关注。区域创新网络演化过程中网络结构和区域创新绩效的动态关系以及基于区域社会绩效和个体绩效的区域网络绩效的研究应该得到更加密切的关注。

（3）未来需要加强微观方面的研究。宏观领域的研究有助于从整体上把握区域创新的关键问题，但是微观领域的研究有助于了解区域创新体系的内部机理，产生反映国内创新实践的理论研究成果，形成具有本土化特点的研究范式，这些都有助于增强国内区域创新基本理论和研究方法的研究，有助于产生对于国内而言具有更好政策意义的研究成果。

（4）加强政策方面的研究，尤其是政策效果评价、政策作用机理的相关研究。国内关注政策的研究虽然也有一些，但是缺乏运用科学方法对政策效应的研究，相比国外同行明显不足。通过引入科学方法，对政策在区域创新体系中的效应进行定量分析，既有助于对既有政策的效果进行科学评价，掌握相关科技与创新政策的实际效果，也有助于了深入解政策对区域创新的具体作用机制，从而更加有效地制定、调整相关政策。

（5）围绕着国家和各个地区发展战略的研究需要进一步深入。目前从实际研究来看，有关创新体系、创新能力等方面的描述性研究成果较多，对于深层次的机理性和策略性的研究不足。从国家层面上而言，国家跟区域之间如何有效地实现战略集成，区域和区域之间如何有效地实现战略互补和均衡发展，对于国家创新驱动发展战略而言非常重要。这些研究可以结合区域创新体系、区域创新能力、创新网络等理论、时空演化分析、社会网络分析等方法开展理论研究和应用研究。从区域层面上而言，如何提升区域创新能力，如何营造区域创新生态等问题，是各个地区创新驱动发展的重要问题，也需要学者们对其内在形成机理和发展路径进行更加深入的分析。

参考文献

［1］ 郑艳民，张言彩，韩勇. 区域创新投入、产出及创新环境的数量关系研究——基于省级截面数据的实证分析［J］. 科技进步与对策，2012（15）：35-41.

［2］ 易平涛，李伟伟，郭亚军. 基于指标特征分析的区域创新能力评价及实证［J］. 科研管理，2016（S1）：371-378.

［3］ 崔新健，郭子枫，刘轶芳. 基于知识管理的区域创新能力评价研究［J］. 经济管理，2013（10）：38-47.

［4］ 颜莉. 我国区域创新效率评价指标体系实证研究［J］. 管理世界，2012（05）：174-175.

［5］ 漆艳茹，刘云，侯媛媛. 基于专利影响因素分析的区域创新能力比较研究［J］. 中国管理科学，2013（S2）：594-599.

［6］ 冉光和，徐鲲，鲁钊阳. 金融发展、Fdi 对区域创新能力的影响［J］. 科研管理，2013（07）：45-52.

［7］ 鲁钊阳，廖杉杉. FDI 技术溢出与区域创新能力差异的双门槛效应［J］. 数量经济技术经济研究，2012（05）：75-88.

［8］ 邵云飞，范群林，唐小我. 基于内生增长模型的区域创新能力影响因素研究［J］. 科研管理，2011（09）：28-34.

［9］ 芮雪琴，李环耐，牛冲槐，任耀. 科技人才聚集与区域创新能力互动关系实证研究——基于 2001-2010 年省际面板数据［J］. 科技进步与对策，2014（06）：23-28.

［10］ 傅利平，周小明，张烨. 高技术产业集群知识溢出对区域创新产出的影响研究——以北京市中关村科技园为例［J］. 天津大学学报（社会科学版），2014（04）：300-304.

［11］ 王鹏，赵捷. 区域创新环境对创新效率的负面影响研究——基于我国 12 个省份的面板数据［J］. 暨南学报（哲学社会科学版），2011（05）：40-46，161.

［12］ 赵瑞芬，王俊岭，岳建芳. 创新环境对区域创新能力的贡献测度研究——以河北省为例［J］. 经济与管理，2012（02）：72-75.

［13］ 侯鹏，刘思明，建兰宁. 创新环境对中国区域创新能力的影响及地区差异研究［J］. 经济问题探索，2014（11）：73-80.

［14］ 陈武，何庆丰，王学军. 基于智力资本的区域创新能力形成机理——来自我国地级市样本数据的经验证据［J］. 软科学，2011（04）：1-7.

［15］蔡莉，梅强. 小微企业智力资本创新力与区域创新氛围的贡献研究——以江苏省小微企业为例［J］. 科技管理研究，2015（09）：20-26.

［16］徐娟. 区域创新能力影响因素的实证分析——基于社会资本的角度［J］. 内蒙古社会科学（汉文版），2014（03）：106-111.

［17］赵丽丽，张玉喜. 制度环境视角下社会资本对区域创新能力的门槛效应检验［J］. 科技进步与对策，2015（07）：44-48.

［18］潘雄锋，史晓辉. 基于专利指标的中国区域创新趋同的时空演变特征分析［J］. 管理评论，2012（02）：116-121.

［19］周洪文，宋丽萍. 区域创新系统能力动态变迁的测度与评价［J］. 管理学报，2015（09）：1343-1350.

［20］肖刚，杜德斌，戴其文. 中国区域创新差异的时空格局演变［J］. 科研管理，2016（05）：42-50.

［21］牛盼强，谢富纪，李本乾. 产业知识基础对区域创新体系构建影响的理论研究［J］. 研究与发展管理，2011（05）：101-109.

［22］陈云. 以企业为主体的区域创新体系建设的范式研究［J］. 江汉论坛，2011（09）：63-67.

［23］任保平，张如意. 区域创新体系建设中产学研合作模式的选择［J］. 学习与探索，2011（01）：173-175.

［24］王玲玲，李芳林. 我国区域创新体系建设的量化情景分析［J］. 科技进步与对策，2013（10）：45-50.

［25］张霞，杜跃平，王林雪. 基于知识密集型服务业的区域创新内生系统构建［J］. 科技进步与对策，2013（04）：33-38.

［26］陈迪，谢富纪，牛盼强，付丙海. 基于产业知识基础的总部经济区域创新体系构建［J］. 科技管理研究，2016（11）：67-71.

［27］梁宇，徐建中，赵忠伟. 区域创新系统对区域持续竞争优势作用机制分析［J］. 现代管理科学，2011（01）：89-91.

［28］刘思明，赵彦云，侯鹏. 区域创新体系与创新效率——中国省级层面的经验分析［J］. 山西财经大学学报，2011（12）：9-17.

［29］袁潮清，刘思峰. 区域创新体系成熟度及其对创新投入产出效率的影响——基于我国31个省份的研究［J］. 中国软科学，2013（03）：101-108.

［30］高月姣，吴和成. 创新主体及其交互作用对区域创新能力的影响研究［J］. 科研管理，2015（10）：51-57.

［31］胡浩，李子彪，胡宝民. 区域创新系统多创新极共生演化动力模型［J］. 管理科学学报，2011（10）：85-94.

［32］李晓娣，田也壮，姚微. 跨国公司r&D投资对区域创新系统演化的影响研究［J］. 软科学，2012（01）：109-114.

［33］王祥兵，严广乐，杨卫忠. 区域创新系统动态演化的博弈机制研究［J］. 科研管理，2012（11）：1-8.

［34］王景荣，徐荣荣. 基于自组织理论的区域创新系统演化路径分析——以浙江省为例［J］. 科技进步与对策，2013（09）：27-32.

［35］李晓娣，陈家婷. FDI对区域创新系统演化的驱动路径研究——基于结构方程模型的分析［J］. 科学学与科学技术管理，2014（08）：39-48.

［36］潘鑫，王元地，金珺，陈劲. 区域创新体系模式及演化分析——基于开发—探索模式的视角［J］. 研究与发展管理，2015（01）：61-68.

［37］张永凯，李登科. 演化视角下跨国公司海外研发机构与东道国区域创新体系的互动关系分析［J］. 世界地理研究，2016（06）：78-86.

［38］马鹤丹. 基于区域创新网络的企业知识创造机理研究［J］. 科技进步与对策，2011（23）：136-139.

［39］任胜钢，胡春燕，王龙伟. 我国区域创新网络结构特征对区域创新能力影响的实证研究［J］. 系统工程，2011（02）：50-55.

［40］ 陈伟，张永超，田世海. 区域装备制造业产学研合作创新网络的实证研究 – 基于网络结构和网络聚类的视角［J］. 中国软科学，2012（2）：96–107.

［41］ 刘家树，菅利荣，洪功翔. 区域创新网络集聚系数测度及其效应分析［J］. 财贸研究，2013（03）：47–53.

［42］ 于明洁，郭鹏，张果. 区域创新网络结构对区域创新效率的影响研究［J］. 科学学与科学技术管理，2013（08）：56–63.

［43］ 赵建吉，曾刚. 基于技术守门员的产业集群技术流动研究 – 以张江集成电路产业为例［J］. 经济地理，2013，33（2）：111–116.

［44］ 李森森，刘德胜. 企业集群、区域创新网络与科技型小微企业成长［J］. 东岳论丛，2014（01）：145–151.

［45］ 牛冲槐，牛夏然，牛彤，王聪. 人才聚集对区域创新网络影响的实证研究［J］. 科技进步与对策，2014（15）：147–152.

［46］ 叶斌，陈丽玉. 基于网络 dea 的区域创新网络共生效率评价［J］. 中国软科学，2016（07）：100–108.

［47］ 张红宇，蒋玉石，杨力，刘敦虎. 区域创新网络中的交互学习与信任演化研究［J］. 管理世界，2016（03）：170–171.

［48］ 汪涛，李丹丹. 知识网络空间结构演化及对 nis 建设的启示 – 以我国生物技术知识为例［J］. 地理研究，2011（10）：1861–1872.

［49］ 胡晓辉，杜德斌，龚利. 长三角区域知识合作网络演化的空间特征［J］. 地域研究与开发，2012，31（6）：22–27.

［50］ 王灏. 光电子产业区域创新网络构建与演化机理研究［J］. 科研管理，2013（01）：37–45.

［51］ 叶斌，陈丽玉. 区域创新网络的共生演化仿真研究［J］. 中国软科学，2015（04）：86–94.

［52］ Fritsch M, Slavtchev V. Determinants of the Efficiency of Regional Innovation Systems［J］. Regional Studies, 2011, 45（7）：905–918.

［53］ Nijkamp P. Entrepreneurship, Innovation and Regional Development：An Introduction［J］. Economic Geography, 2014, 90（1）：117–118.

［54］ Batabyal AA, Nijkamp P. Positive and Negative Externalities in Innovation, Trade, and Regional Economic Growth［J］. Geographical Analysis, 2014, 46（1）：1–17.

［55］ Hajek P, Henriques R, Hajkova V. Visualising Components of Regional Innovation Systems Using Self-Organizing Maps-Evidence from European Regions［J］. Technological Forecasting and Social Change, 2014, 84：197–214.

［56］ Laursen K, Masciarelli F, Prencipe A. Regions Matter：How Localized Social Capital Affects Innovation and External Knowledge Acquisition［J］. Organization Science, 2012, 23（1）：177–193.

［57］ Vaz E, Vaz TdN, Galindo PV, Nijkamp P. Modelling Innovation Support Systems for Regional Development-Analysis of Cluster Structures in Innovation in Portugal［J］. Entrepreneurship and Regional Development, 2014, 26（1–2）：23–46.

［58］ Sleuwaegen L, Boiardi P. Creativity and Regional Innovation：Evidence from Eu Regions［J］. Research Policy, 2014, 43（9）：1508–1522.

［59］ Panapanaan V, Uotila T, Jalkala A. Creation and Alignment of the Eco-Innovation Strategy Model to Regional Innovation Strategy：A Case from Lahti（Paijat-Hame Region）, Finland［J］. European Planning Studies, 2014, 22（6）：1212–1234.

［60］ Huggins R, Thompson P. Entrepreneurship, Innovation and Regional Growth：A Network Theory［J］. Small Business Economics, 2015, 45（1）：103–128.

［61］ Dautel V, Walther O. The Geography of Innovation in a Small Metropolitan Region：An Intra-Regional Approach in

Luxembourg［J］. Papers in Regional Science, 2014, 93（4）.

［62］ Grillitsch M, Nilsson M. Innovation in Peripheral Regions: Do Collaborations Compensate for a Lack of Local Knowledge Spillovers?［J］. Annals of Regional Science, 2015, 54（1）: 299-321.

［63］ Chaminade C, Plechero M. Do Regions Make a Difference? Regional Innovation Systems and Global Innovation Networks in the Ict Industry［J］. European Planning Studies, 2015, 23（2）: 215-237.

［64］ Choi H. Analysis on the Network Formation Process of Wine Industry Based on Patents for Technological Innovation in China: Focused on Government Support-Based Shandong Region［J］. Journal of the Economic Geographical Society of Korea, 2015, 18（1）: 103-114.

［65］ Gkypali A, Kokkinos V, Bouras C, Tsekouras K. Science Parks and Regional Innovation Performance in Fiscal Austerity Era: Less Is More?［J］. Small Business Economics, 2016, 47（2）: 313-330.

［66］ Almeida A, Figueiredo A, Silva MR. From Concept to Policy: Building Regional Innovation Systems in Follower Regions［J］. European Planning Studies, 2011, 19（7）: 1331-1356.

［67］ Brown R, Gregson G, Mason C. A Post-Mortem of Regional Innovation Policy Failure: Scotland's Intermediate Technology Initiative（Iti）［J］. Regional Studies, 2016, 50（7）: 1260-1272.

撰稿人：杨耀武　乔明哲　魏喜武

创新创业

一、我国双创政策综述

创新是社会进步的灵魂，创业是推进经济社会发展、改善民生的重要途径，创新和创业相连一体、共生共存。近年来，大众创业、万众创新蓬勃兴起，催生了数量众多的市场新生力量，促进了观念更新、制度创新和生产经营管理方式的深刻变革，有效提高了创新效率、缩短了创新路径，已成为稳定和扩大就业的重要支撑、推动新旧动能转换和结构转型升级的重要力量，正在成为我国经济行稳致远的活力之源。

创业创新专业委员作为中国科学学与科技政策研究会十八个专业委员会之一，就是顺应时代潮流，旨在通过开展创业创新领域的理论研究，探讨创业创新的热点前沿共性问题，总结国内外创业创新的研究成果及实践经验，促进学术交流，推动成果转化产学研合作，为政府制定相关战略规划与政策设计提供决策咨询服务。

创业创新（以下简称"双创"）本领域研究方向主要包括：一是关于影响双创的环境因素研究，包括对产业和技术、组织、制度和政策、社会、时间、空间等方面的研究。二是关于创业与创新的关系研究，从理论和实证方面研究在企业、产业和整体经济层面上是否具有一致性的解释和预测。三是关于创业创新文化研究，特别是关于企业家精神的研究，包括社会和制度架构对企业家创业的深刻影响、模式与演变历程、企业家精神在创业创新促进经济增长和社会发展中所扮演的角色。四是关于创业创新生态的研究，研究如何从实践层面释放创业创新活力，打造经济社会发展的新动能，特别是关于创业创新载体如对公共服务平台、创业创新服务机构的研究。五是关于创业创新的相关战略及政策设计研究。

实际上，在任何特定时期的任何社会中，创业创新活动的作用方向都严重依赖于现行的制度安排。随着大众创业、万众创新的深入推进，无论是从国家层面还是地方层面，都开始了对促进双创发展的整体政策考虑和系统战略设计以及相关体制机制建设，双创政策已经成为国家重要的公共政策的一部分。本报告的目的在于通过对双创政策的系统梳理与分析，借鉴国内外研究成果及实践，对加快推进双创发展的政策创新提出参考方向。

（一）双创政策体系

目前双创政策的核心是激发亿万群众的智慧和创造力，以创业创新带动就业，催生经济社会发展新动力，政策设计的出发点是不断完善体制机制，构建普惠性政策扶持体系，激发各方主体的创新活力。

推进政策创新的主要思路主要包括三点，一是如何充分调动各创新主体的创业热情。二是如何降低创业门槛和创业成本。三是如何营造创业创新的良好环境。

在政策体系上，形成自上而下，全面推进的良好局面；在具体政策方面全面配套，打组合拳，扎扎实实推动双创发展（见表1）。

表1　双创政策框架体系

创业创新主体	科研人员、大学生、境外人才、其他人员
体制机制改革	公平竞争的市场环境、商事制度改革、知识产权保护、创业人才的培养与流动
创业创新环境	财税政策：财政资金支持、普惠性税收、政府采购
	金融市场：多层次的资本市场、金融机构、创业融资新模式
	创业投资：引导机制、资金供给渠道、国有资本的创业投资、"引进来"与"走出去"
	创业服务：创业孵化服务、第三方专业服务、"互联网+"创业服务、创业券、创新券等公共服务新模式
	创业创新平台：公共服务平台、科技创新平台、区域合作平台
	其他：创业创新教育、大赛、文化

（二）国家层面双创政策

2014年以来，国家及相关部委围绕双创已出台三十多个相关文件，涉及创业创新的体制机制、财税、金融、权属分配、就业、人才、国际化、土地、工商审批等多个领域，初步形成了双创政策体系，但每个政策的目标、措施和着力点却又有一定的差异，国家层面核心的双创政策见表2。随着全国及地方的一大批好的政策、好的举措落地生根，这些政策起到了非常好的效果。双创在全国各地蓬勃兴起、蔚然成风，"六增长"成为全国双创的显著特征：新增市场主体快速增长、新创企业用工需求迅猛增长、大型企业双创支撑平台大幅增长、技术市场交易明显增长、战略性新兴产业持续增长、新三板挂牌企业翻番增长[1]。

表 2　国家双创政策目标、措施、着力点

政策文件	目标	措施	着力点
关于发展众创空间推进大众创业创新的指导意见（国办发〔2015〕9号）	到2020年，形成一批有效满足大众创业创新需求、具有较强专业化服务能力的众创空间等新型创业服务平台	构建一批众创空间、降低创业创新门槛、鼓励科技人员和大学生创业等八各方面重点任务	推进大众创业创新要坚持市场导向、加强政策集成、强化开放共享、创新服务模式
关于进一步做好新形势下就业创业工作的意见（国发〔2015〕23号）	以稳就业惠民生促进经济社会平稳健康发展	实施就业优先战略、推进创业带动就业、推进高校毕业生等重点群体就业、加强就业创业服务和职业培训等	实施更加积极的就业政策，把创业和就业结合起来，以创业创新带动就业，催生经济社会发展新动力
关于大力推进大众创业万众创新若干政策措施的意见（国发〔2015〕32号）	不断完善体制机制、健全普惠性政策措施，加强统筹协调，构建有利于双创发展的政策环境、制度环境和公共服务体系，以创业带动就业、创新促进发展	营造公平竞争市场环境、深化商事制度改革、加强创业知识产权保护、优化财税政策、扩大创业投资等三十条措施	建立由发展改革委牵头的部际联席会议制度。要求各地区、各部门要系统梳理已发布的有关支持创业创新发展的各项政策措施
关于加快构建大众创业万众创新支撑平台的指导意见（国发〔2015〕53号）	加快构建大众创业万众创新支撑平台、推进四众持续健康发展	全面推进众创，积极推广众包，立体实施众扶，稳健发展众筹等四大任务	加大对众创、众包、众扶、众筹等创业创新活动的引导和支持力度，完善政府服务，科学组织实施
关于加快众创空间发展服务实体经济转型升级的指导意见（国办发〔2016〕7号）	通过龙头企业、中小微企业、科研院所、高校、创客等多方协同，打造产学研用紧密结合的众创空间，吸引更多科技人员投身科技型创业创新	在重点产业领域发展众创空间、鼓励龙头骨干企业围绕主营业务方向建设众创空间。鼓励科研院所、高校围绕优势专业领域建设众创空间。建设一批国家级创新平台和双创基地	充分利用现有创新政策工具，挖掘已有政策潜力，形成支持众创空间发展的政策体系。如实行奖励和补助政策、落实促进创新的税收政策等，服务实体经济
关于建设大众创业万众创新示范基地的实施意见（国办发〔2016〕35号）	到2018年底前建设一批高水平的双创示范基地，培育一批具有市场活力的双创支撑平台	拓宽市场主体发展空间、强化知识产权保护、加速科技成果转化、加大财税支持力度、促进创业创新人才流动、加强协同创新和开放共享等6大任务	以促进创新型初创企业发展为抓手，以构建双创支撑平台为载体，明确示范基地建设目标和建设重点，积极探索改革，推进政策落地

续表

政策文件	目标	措施	着力点
国务院关于强化实施创新驱动发展战略进一步推进大众创业万众创新深入发展的意见（国发〔2017〕37号）	进一步优化创业创新的生态环境	加快科技成果转化、拓展企业融资渠道、促进实体经济转型升级、完善人才流动激励机制、创新政府管理方式等五个方面举措	推动"放管服"改革、推动创业创新群体多元发展、激发专业技术人才、高技能人才等的创造潜能、推进创业创新与实体经济发展深度融合

（三）地方层面双创政策

目前地方层面支持双创的政策大致都以深入贯彻落实国务院《关于大力推进大众创业万众创新若干政策措施的意见》为基础，各省、直辖市、自治区都出台了推进双创的相关政策（见表3），主要涉及双创平台的打造、引进人才、投融资体系构建、知识产权保护、创新服务体系建设、财税支持、绩效考核等方面。

表3 地方出台的支持双创发展的主要政策

地区	政策名称
北京	关于大力推进大众创业万众创新的实施意见（京政发〔2015〕49号）
天津	关于发展众创空间推进大众创新创业政策措施的通知（津政发〔2015〕9号）
河北	关于发展众创空间推进大众创新创业的实施意见（冀政发〔2015〕15号）
山西	关于发展众创空间推进大众创新创业的实施意见（晋政办发〔2015〕83号）
内蒙古	关于加快发展众创空间的实施意见（内政办发〔2015〕124号） 关于推进大众创业万众创新若干政策措施的实施意见（内政发〔2015〕120号）
辽宁	关于推进大众创业万众创新若干政策措施（辽政发〔2015〕61号） 关于加快构建大众创业万众创新支撑平台的实施意见（辽政发〔2016〕14号） 关于发展众创空间推进大众创新创业的实施意见（辽政办发〔2015〕94号）
吉林	关于发展众创空间推进大众创新创业的实施意见（吉政办发〔2015〕31号）
黑龙江	关于进一步做好新形势下就业创业工作的实施意见（黑政发〔2015〕21号）
上海	关于发展众创空间推进大众创新创业的指导意见（沪委办发〔2015〕37号）
江苏	发展众创空间推进大众创新创业实施方案（苏办发〔2015〕34号）
浙江	关于加快发展众创空间促进创新创业的实施意见（浙政办发〔2015〕79号）
安徽	关于发展众创空间推进大众创新创业的实施意见（皖政办〔2015〕41号）

续表

地区	政策名称
福建	关于大力推进大众创业万众创新十条措施的通知（闽政〔2015〕37号）
江西	关于推进大众创业万众创新若干政策措施的实施意见（赣府发〔2015〕36号）
山东	关于进一步做好新形势下就业创业工作的意见（鲁政发〔2015〕21号） 省科技厅关于加快推进大众创新创业的实施意见（鲁政办发〔2015〕36号）
河南	关于发展众创空间推进大众创新创业的实施意见（豫政〔2015〕31号）
湖北	关于发展众创空间推进大众创新创业的实施意见（鄂政办发〔2015〕64号） 关于加快构建大众创业万众创新支撑平台的实施意见（鄂政发〔2016〕45号）
湖南	发展众创空间推进大众创新创业实施方案（湘政办发〔2015〕74号） 大众创业万众创新行动计划（2015-2017年）（湘政办发〔2015〕89号）
广东	关于大力推进大众创业万众创新的实施意见（粤府〔2016〕20号） 关于加快众创空间发展服务实体经济转型升级的实施意见（粤府办〔2016〕69号）
广西	大力推进大众创业万众创新实施方案（桂政办发〔2015〕134号）
海南	关于大力推进大众创业万众创新的实施意见（琼府〔2016〕48号）
重庆	关于发展众创空间推进大众创业万众创新的实施意见（渝委办发〔2015〕20号）
四川	关于全面推进大众创业、万众创新的意见（川府发〔2015〕27号）
贵州	关于进一步做好新形势下就业创业工作的实施意见（黔府发〔2015〕29号）
云南	关于发展众创空间推进大众创新创业的实施意见（云政办发〔2015〕48号）
西藏	关于推进西藏科技长足发展促进大众创业万众创新意见（藏党办发〔2015〕41号）
陕西	关于大力推进大众创业万众创新工作的实施意见（陕政发〔2016〕10号）
甘肃	发展众创空间推进大众创新创业实施方案（甘政办发〔2015〕79号）
青海	关于发展众创空间推进大众创新创业的实施意见（青政办〔2015〕144号）
宁夏	发展众创空间推进大众创新创业实施方案（宁政办发〔2016〕75号）
新疆	关于推进大众创业万众创新若干政策措施的实施意见（新政发〔2015〕88号）

地方层面推进双创发展的政策尽管大都强调建设市场化、专业化、集成化的众创空间，但同时也结合地方实际，制定了符合本地特色的双创政策。如在双创平台的打造方面，天津市提出扶持众创空间联盟，由众创空间、投资机构、天使投资人等自愿组成，为企业的创立提供了一条龙的服务，政府给予联盟一定的奖励。在引进人才方面，沿海地区的优惠较大，特别是上海市制定了详细的人才工作机制和改革政策，对外来双创专家、人才提供房屋、医疗、子女教育、家人就业以及落户等优惠。双创模式方面，山东

省对"互联网 +"模式进行了较为详细的规划,包括支持"互联网 +"融合创新;发展"互联网 +"众包创业,建立技术创新"众包"平台;鼓励"互联网 +"众扶创业;推广"互联网 +"新经济。各地出台意见与现行的政策相叠加,发挥集成优势,促进了创业创新活动持续活跃。课题组对部分省市推动双创最有特色的内容进行了汇总(见表 4)。

表 4　部分省市双创政策的创新点

省市及政策依据	双创主要创新点
北京大力推进大众创业万众创新的实施意见(京政发〔2015〕49 号)	打造京津冀协同创业创新体系。聚焦市场环境、金融服务、知识产权、科研教育、人才流动、国际合作等重要领域和关键环节,推进区域一体化技术市场、金融市场、产权市场、人力资源市场建设,促进区域创业创新资源共享和优化配置
上海关于本市发展众创空间推进大众创业创新的指导意见(沪委办发〔2015〕37 号)	涉及众创空间、创业创新服务、财税扶持、文化氛围营造等七个方面,"社会力量""开放合作"等是出现率最高的词汇。政府不做具体指导,推动、组织各界社会力量来参与大众创业创新,形成开放式的创业生态系统,最大限度释放社会活力
天津关于发展众创空间推进大众创业创新的政策措施(津政发〔2015〕9 号)	对经认定的众创空间,分级分类给予 100 至 500 万元的一次性财政补助,区县及滨海新区各功能区众创空间补助资金由市和区县财政按 7:3 的比例负担。引导众创空间运营商设立不少于 300 万元的种子基金
深圳市促进创客发展三年行动计划(2015-2017 年)(深府函〔2015〕165 号)	利用中国(深圳)创业创新大赛,广聚国内外创客和创客团队。对竞赛优胜者按深圳市人才引进相关规定办理入户,对其在深圳实施竞赛优胜项目或者创办企业予以最高 100 万元资助,并可优先入驻创新型产业用房。鼓励发展众创空间,列出三年内重点完成创客空间名录。形成部门负责的协同创新局面
浙江关于加快发展众创空间促进创业创新的实施意见(浙政办发〔2015〕79 号)	对海内外高层次人才的引进力度增加。以更大力度实施"千人计划"、领军型创业创新团队引进培育计划,带动引进海内外高层次人才和团队,整合各类重大人才工程,实施国内高层次人才特殊支持计划。对入选的领军型创业创新团队首个资助周期为 3 年,资助期限内对每个团队投入经费不低于 2000 万元,其中省级财政投入不低于 500 万元
江苏省发展众创空间推进大众创业创新带动就业工作实施方案(2015—2020 年)(苏人社发〔2015〕184 号)	区别于其他省市最大的特点是"方案",相对更实,主要举措就是开展政策集成,对创业者进行补贴。对创业担保贷款贴息、创业带动就业补贴、失业人员创业就业补贴、社会保险补贴等,补贴力度非常之大
重庆关于发展众创空间推进大众创业万众创新的实施意见(渝委办发〔2015〕20 号)	提出到 2016 年,全市建设具有较强专业服务能力的示范性众创空间 300 家。到 2020 年,全市建设众创空间 1000 家以上。一个亮点政策是对小微企业新招用毕业年度高校毕业生,签订社保合同并依法缴费的,按规定享受 1 年社保补贴政策

双创政策在实施过程中也存在一定的问题。政策多样本是好事,现实却往往背道而驰,施行效果差强人意。实际施行当中,一些政策存在交叉重复现象,因缺乏顶层宏观设计,加之配套措施难以跟进到位,导致政策效果大打折扣,执行程序烦琐,各部门衔接沟通不够畅通,使得政策初衷难以真正实现。在新华社瞭望智库、《财经国家周刊》等联合发布的《创业创新新型城市评估体系报告》中总结了双创政策的一些问题:政策的制定与落实过程也存在一些问题:如:政策遍地开花、精耕细作不够;体制改革滞后刚性约束明显,政策难以有效落实;草根创业踊跃,双创主力军缺位;政策因人、因企、因制而异现象比较普遍、普惠性差等问题。

二、双创政策的研究进展及热点分析

创业创新是一个新热点,但也是个老话题,自有创业创新活动,就有学者对这一领域进行研究,到今天越来越多的人开始关注对创业创新的研究,基本上成为一门新兴研究学科,研究成果不断形成新的政策,促进双创的进一步发展。

(一)学术界研究双创的脉络

学界对双创的研究可以追溯到改革开放初期,从中关村电子一条街,到全国建设高新区,从科技企业孵化器、大学科技园到众创空间、公共服务平台、创业服务机构,大致经历了三个发展阶段(见表5)。

表5 学者研究双创的脉络

时期	主要研究内容	主要特点
1978—1998	围绕是否允许创业创新开展研究,包括创业者、体制机制改革	描述创业现象和创业行为,对先行先试政策的总结
1999—2011	围绕鼓励创业创新开展研究,如创业者行为、创业教育、企业创新等	逐步形成创业理论,并依据创业理论,分析当前政策的不足
2012—	围绕如何支持创业创新开展研究。如金融、人才、知识产权、教育培训、环境营造、创新生态等	以区域为重点,对创业政策评估,力图找到更优的政策措施

第一个时期,研究的学者不多,主要是对创业现象进行描述,并对创业者在创业创新中遇到最大问题给予总结,形成政策,进行先行先试。于维栋等开展的中关村电子一条街的调查报告(1987年)总结了"两不四自"(不要国家编制、不要国家拨款,自筹资金、自由组合、自主经营、自负盈亏)的民营企业发展模式。夏承禹[2]对湖北省十家有影响

的民办科技实业机构调查的基础上总结了湖北省民营企业除了具有"两不四自"还具有"民办公有"的全新体制、"优势互补"的双轨机制、"五位一体"的科教实业、进军国际的高新产品、高度文明的企业文化等特征。刘强[3]对上海、北京等地十二家企业进行问卷调查的基础上,分析了制约我国企业技术创新的阻碍因素,并提出了若干政策措施。

第二个时期随着创业创新现象的逐步增多,学术界开始更多关注创业行为,这一时期主要从创业理论、创业体系构架等方面开展对创业创新的研究。林强[4]等从界定创业的术语表述出发,全面回顾和评析了以前的研究成果,并针对创业的形式、创业者的风险、创业者的天赋和创业研究的"身份"这四个争论的焦点问题作出了自己的解释。在此基础之上,文章分析了创业研究的目的和所涉及的领域,给出了创业的定义,并提出了基于创新、风险和企业管理三个维度的创业理论的概念性架构。蔡莉[5]等以创业资源需求与供给为基本关系,构建了包括四部分内容的创业框架,即:创业企业战略目标决定创业资源需求;比较现有资源与资源需求之间的差距,从环境中寻找弥补资源缺口的途径;环境主体与环境要素之间的映射关系;创业企业应主动去适应环境。高晓杰[6]等提出要扩大就业岗位以解决大学生就业问题,必须大力鼓励自主创业以及灵活就业;必须更新大学生的就业思路,创新就业模式,开辟多元化就业渠道。并且在高校要建立起开展创业创新教育的平台。辜胜阻、肖鼎光[7]在分析我国中小企业创业创新的特点及面临的主要问题的基础上,指出中小企业创业创新的最大障碍是外部融资瓶颈和内部动力机制问题,提出了进一步完善我国中小企业创业创新政策的战略对策。

第三个时期,学者基于政策的实际操作,多数以地区为例研究创业创新的地区差异化,并提出可行的政策建议。郑云坚[8]等从创业、创新政策对推动创业企业成长的直接作用,对企业创新能力影响所引发的企业业绩中介作用以及政策不确定性在创业、创新政策发挥作用过程中的影响三方面分析创业、创新政策发挥作用的相关机制。范云鹏[9]对山西省煤炭、纺织、制药、钢铁、食品五个行业进行实地调查,构建政府创新政策对双创影响的模型与假设,并运用回归与结构方程模型进行假设检验,验证了创新政策支持的重要性,据此提出了山西省推进双创的具体对策。王春梅[10]等以南京市2003—2013十年间的132项创新政策为样本,用bicomb软件提取出南京创新政策的高频词,用netdraw软件生成南京创新政策的社会网络分析图,发现其中科技人才政策是南京创新政策的核心,产业政策的重点是推进软件业的发展,创业创新类政策是最具南京特色的制度创新。胡然[11]等对1991—2015年湖北省高新区的政策文本进行了收集和分析,归纳总结出湖北省高新区政策的历史进程和阶段特点,并结合当前高新区政策创新发展的新形势,探析湖北高新区创新政策的未来发展趋势。陈红喜[12]等基于政策网络视角理论,具体阐述了各个网络之间的关系以及政策变迁的趋势,从而为完善南京市大学生创业创新政策提出了对策建议。徐德英,韩伯棠[13]建立了包括技术引进与知识扩散、研究开发、生产制造、新产品市场、人才运营资金、服务环境七个一级政策要素二十一个子要素的创业创新政策要素体系，并构建政策供需匹配模型。从企业视角，对北京市创业创新的政策匹配情况进行实证研究。结果显示：北京市创业创新政策的制定充分考虑各类企业的特点，立足于培养企业的长期创新能力；国企、民营企业、成熟期企业、大中型企业的各类政策匹配较高，而小微企业、初创期企业及成长期企业的匹配度较低。研究指出，提高政策匹配度的最佳途径不仅是侧重加大支持力度，更应该从积极拓宽政策宣传与辅导渠道、促进科技成果委托合作、提升项目执行辅助监管等方面入手。张再生[14]等对当前天津市创业创新政策的现状和问题分析的基础上，运用数据包络分析法（DEA 模型）构建了创业创新政策绩效评价的理论模型，并以天津市二十五家企业孵化器为数据样本，实证分析了政策要素对企业孵化器创新效率的影响绩效，发现目前天津市创业创新政策对企业孵化器创新成果影响的总体效率不高、政策资源能量未被有效挖掘、政策资源投入仍存在浪费等现象，据此提出了改进企业孵化器相关创业创新政策的优化策略和建议。解梅娟[15]提出吉林省应从加快体制机制创新、完善创业投融资机制、打造良好的创业生态环境、营造促进创业创新的舆论环境和人才环境、大力发展互联网创业等多方面着力，打造一个创业条件便利、创业成本低廉、创业融资方便、创业氛围浓厚的良好创业政策环境和生态环境。中国科协[16]组织专家对国务院近年出台的推进双创的有关政策措施的落实情况进行了评估，归纳出八个相关政策工具，对政策的实施效果进行了系统分析，提出了值得关注的突出问题，并针对相关问题给出了对策建议，如提出鼓励国有企事业单位在发展基金科目下增设"知本金"子科目，专门用于按知分配，允许对国有企业核心骨干科技人员在内部创业中持有股份，激发企业研发人员创业创新的热情与活力。

（二）双创政策研究的热点和重点

1. 针对具体人群如大学生、科技人员的政策

吴远征[17]等对 1997—2012 年发表的有关大学生创业创新的研究论文进行统计分析的基础上，对我国大学生创业创新的研究、政策与发展进行了全面的回顾与总结。提出明确大学生创业创新兼具营利性与风险性、充分发挥高校的引导和支持作用、提升政府出台政策的系统性和可行性、营造有利于大学生创业创新的社会氛围等对策建议。刘军[18]基于体系的视角和政策分析的视角，分析大学生创业政策体系下的创业教育政策、支持政策等单元政策之间的关系，创业融资政策、创业环境政策之间的内在关系以及对大学生创业的影响程度，从而找出创业政策体系在促进创业方面存在的问题，探讨完善大学生创业政策体系的策略和路径。刘刚[19]从创业教育、政策、环境、培训、服务、融资、支持、动力、可持续等多个维度，提出以服务为根本导向，逐渐形成柔性疏导、指导协调、系统服务、市场竞争、智慧引领，构建和完善创业制度体系、服务体系、融资体系、支持体系、动力体系和时间效应体系等，通过程序化、透明化和便捷化的信息手段落实法律法规、制度规章和战略规划等，建立适应于我国实际的联动创业和协作发展模式，逐步实现被动创

业向主动创业转型。

2. 针对创业要素，如金融、人才方面的政策

杜跃平[20]等分析了陕西省科技创业创新的金融环境，然后评价创业者对金融政策各指标的关注度和满意度，并运用四分象限图法寻找关键影响因素，最后从创业者视角研究了创业者对陕西省金融政策的直接诉求。结果发现，政府需加强金融理念创新、体制创新、商业模式创新、产品与服务创新、管理创新以及风险防范创新，为创业者营造完善的金融运行机制，而非直接资助或对企业进行补贴。瞿晓理[21]选取天津、武汉、苏州及深圳四城市现行创业创新人才政策进行分析，提出我国地方政府的创业创新人才政策应该由科技及海外人才等高层次拓展到大众、制定鼓励农民及农民工群体创业创新的政策导向等政策建议。

3. 针对创业创新载体及服务平台的政策

范海霞[22]总结了全国各地打造众创空间的典型经验先进做法，对杭州发展众创空间提出了对策和建议，包括采用企业法人、公益组织、创业社区等多元化组织形式，建设综合孵化器、专业孵化器、创新型孵化器、在线虚拟空间等多元化的创业创新平台。戴春，倪良新[23]等提出了众创空间的六大构成要素，即政策、市场、人力资本、金融、文化和支持。在此基础上，提出以社会力量为主体建立多元组织体系，以公共服务为内容完善政策支撑体系，以活动培训为形式营造良好人文环境等途径发展众创空间，引导创业创新活动的开展。孟国力[24]等将核密度估计分析法和 Riply's K 函数分析法相结合来研究北京市"众创空间"的区位分布特点，并运用因子分析法对影响"众创空间"区位选择的因子进行分析。研究发现：北京市"众创空间"主要位于北京市城区北部三环至城区北部五环内，尤其中关村大街是北京市"众创空间"最集聚的地方，不同形式的"众创空间"其集聚特点不同，传统孵化器的区位选择空间范围远远大于新型孵化器的区位选择空间范围，这种现象是受到产业环境、创新环境、创新生活设施等因子综合作用的结果。

三、国外对创业创新的研究热点及实践

（一）国外对创业创新的研究热点

1. 聚焦于创业，研究创业的影响因素，切入点更多是基于个人或企业

哈佛大学商学院的加雷思·奥尔兹[25]研究福利与创业的关系，结果显示很多情况下，扩大福利有助于激励人们创业。例如，奥尔兹（2014）分析创业和食品券之间的关联，发现二十一世纪初某些州扩大食品券覆盖面使新获得资格的家庭拥有一家股份有限公司的概率提高了 16%。再比如奥尔兹在研究创立儿童健康保险计划（Children's Health Insurance Program，CHIP）的情况，发现那些恰在标准线以下有资格享受 CHIP 的家庭拥

有股份有限公司的概率比处境类似却不能在需要时靠 CHIP 来照顾自己孩子的家庭高出 31%。兰德公司 2010 年研究老年医疗保险制度发现，刚过六十五岁、有资格享受老年医疗保健制度的美国人创业的可能性高于快六十五岁的人。法国政府让所有创办公司的人在一段有限的时间内继续领取补助，同时保证如果企业破产他们会再次获得领取资格，结果是开办新公司的概率上升了 25%。Marco Guerzoni, etc.[26] 从大学专利的基金来源角度分析了一个新产业的创造和源泉。研究结论认为由自己所在的大学资助与由其他产业或非自己大学资助更多原创性专利的倾向。Huber, etc.[27] 研究早期创业教育的影响，结果表明创业教育的创业的实际影响有限。Binet[28] 研究法国不同地区新建企业数的决定因素，采用空间计量学的动态面板数据方法，基于 1995—2004 年间的数据分析法国二十二个地区，工业、房地产、贸易和服务业四类行业的新建企业的决定因素。研究表明不同地区、不同产业的创业决定因素是不同的，提升创业率，需要制定更精准的产业和区域政策。

2. 聚焦于创新，研究创新系统，切入点更多基于机构的制度化

将创新系统描述为一种由公共和私人部门共同构建的网络，一切新技术的发起、引进、改良和传播都通过这个网络中各个组成部分的活动和互动得到实现（Freeman[29]）。一般认为，到目前为止，对于国家创新系统的研究大致可以分为以弗里曼、尼尔森为代表的宏观学派，侧重于从影响创新绩效的宏观制度来比较各国在创新系统中的差别并改进制度安排，以及以朗德沃尔所提出的从"生产者—使用者"关系模型来认识行动者之间的交互作用而形成了国家创新系统研究的微观学派（曾国屏[30]），如 OECD[31] 分析了中国创新系统的主要特征，认为中国的国家创新系统还没有得到充分发展，也没有较好地被整合，其执行者和子体系（如地方和国家之间）的联系仍然比较薄弱。在外部观察者看来，它像是一个"群岛"，或是一大批相互配合很少的"创新孤岛"，它们的技术溢出有限。通过创立以市场为基础的创新团队和网络将创新文化和工具延伸到科技园区和孵化器之外，应该成为未来的重要目标。

3. 聚焦于创业创新，研究创业创新的环境影响因素

Erkko Autio, etc.[32] 基于文献，比较了创业创新关注的焦点与不同（见表 6）。通过将对创新系统的研究整合到创业、创新的一个框架下进行分析。他认为，创业和创新之间的理论联系早已存在，但是鲜有人注意到环境因素对创业创新的影响，创新的文献，特别是国家创新系统的文献大多是关于结构和制度的，而有关创业的文献则是大多围绕个人或公司展开的，因此他深入分析了环境在刺激创业创新不断扩展范围和种类中发挥的作用，以及基于不同创业创新行为和之后的新创企业绩效，研究环境对结果的影响。具体来说影响创业创新的环境因素主要包括产业和技术、组织、制度和政策、社会、时间、空间等维度。

表 6　创业创新的比较

	创新系统	创业	创业创新
定义	狭窄的视野：专注于建立在科技基础上的创新	一切能建立新机构的行为	专注于激进式创新
创新	研发和技术发明		生态系统的共同创造和演变
个体角色的作用	不考虑，或者期待自动出现	居于中心地位，通常专注于个体（通常没有认识到多数创业团队的集体特性）	个体或团队在环境中运作，环境包括社会网络、制度网络、行业网络、组织网络、时间网络和空间网络
环境	作为作用者的制度	通常被忽视，但是在形成中的议程表	在多维度环境中的机构
机制	自上而下（政府政策）以及一套复杂的相互作用	自下而上（也就是个体创业者），去中心化的非线性过程；社会网络；资源编排	多层次、多作用者的过程
模式和组织形式	高等学校，研究实验室，技术转让，大企业	初创企业，企业创业	嵌入在网络中的创业公司
观点	宏观层面创业者的作用	机遇和驱动力	创业者和生态系统交互作用
分析单位	制度环境	个人；企业	多单位分析：环境和个体
政策重点	促进研发，提供补贴项目，转让或过渡性政策	促进企业的创立和成长	促进创业生态系统的发展
融资	强调社会对知识创造和技术转移的支持	政府创业项目，孵化器，对商业分析和风险资本行业企业的补贴	多层次、多维度和公司联合基金和基金中基金

来源：Autio E., et al. Entrepreneurial innovation：The importance of context。

　　产业和技术环境：在创业创新中被广泛研究。比如，在产业生命周期模型中，创业活动最容易发生在早期，创新的重点多在产品特征和替代产品设计。在选择的过程中，模仿和攀比效应首先通过该渠道发生作用，在此影响下，产业周期早期有较高的进入率。在晚期，产业结构条件和极为充足的资源会对创业创新产生明显影响。除了结构层面的因素外，产业环境在技术方面也各有不同。因某种技术而使得特定的创新行为出现，其结构属性定义了相应环境的技术性质。在此技术网络中不同利益相关者的创新行为如何被其结构属性影响、塑造。有研究者认为，技术平台对于企业级别的创新行动的影响正在变得愈发重要。

　　组织环境：体现了组织文化、行为、经验、知识和技能效应的影响。Agarwal 和

Breguinsky[33]探讨了在不同组织环境下不同创业者的知识类型。

制度和政策环境：区分官方和非官方制度，官方制度多影响经济结果和机会成本，而非官方机构的运营则多以既有的社会准则、既有的合法性及社会需求看法为基础。官方制度包括产权保护、市场进入规范、依法治理以及与同前雇主竞争的规则有关。在一定的地区和国家内同样也会有一系列的官方制度，如风投资本家、律师、会计师等专门协助创业公司成立并成长的专业人士，Kenney和Patton[34]称之为"创业支持网络"。非官方制度包括文化、社会准则和同辈影响。

社会环境：创业者、贸易伙伴、金融家、现有企业所构成的网络是如何改变创业学性质的。研究表明，不同媒介拥有不同的知识储备，它们之间的相互作用和交流对于新知识的产生以及创业创新至关重要。上述媒介包括创造和发现新想法的创业者，开发互补性资产的行为人，制度论坛中的行为者以及客户。

时间环境：一个产业的出现、增长、成熟和衰落是一个时间维度。组织环境会随着时间而改变，企业发展的生命周期的阶段相似，或许也包括所有权和治理变更。因为制度法规会随着时间不断变化，制度环境也有时间方面的特点。比如说，新兴经济体环境并非静止，会随时间发展，在不同国家体现的增长速度也各不相同。Feldman[35]等人研究指出，就新产业集群的发展看来，创业生态系统也是在不断变化的。由创业成功而引发的演变进程推动了地区制度和文化变革。硅谷的案例引人注目，先行者们创造了一个鼓励创业的环境，并形成了良性循环。

空间环境：创业的空间维度与创业公司全球、本国、区域以及地区分布的地理位置有关。空间维度同样还包括那些支持乃至鼓励创业行为的制度、政策以及社会准则在空间层面上的集中。这类环境也包括具有创新意识的创业者向不同地理区域流动的流动性，这些区域的规则、法律、网络各不相同，都会对他们的创新能力产生影响。

（二）国外支持创业创新的典型案例

1. 美国支持创业创新的实践

（1）创新战略和专项计划。

通过战略规划、法律法规等营造有利于创业创新的生态环境。美国于2009年出台《美国创新战略》，并于2011年和2015年对其进行更新，连续不断调整和完善其创新政策。美国政府启动"创业美国计划"（Startup America Initiative），对鼓励大众创业的政策措施作了进一步修改和完善，以激发和促进美国企业家精神的成长。自20世纪60年代，美国小企业局（Small Business Administration，SBA）实施了小企业投资公司（Small Business Investment Company，简称SBIC）计划，旨在缓解中小企业创新发展的融资压力，帮助企业渡过初创风险期，成功实现创业发展（龙飞，王成仁[36]）。美国国会于1992年对SBIC计划进行了改革，改革的核心内容主要包括两个方面：一是以政府为SBIC到资本市场发行长期债券提供担保替代原先的政府直接提供短期贷款方式，二是在资本额度、股权结构、管理人资质等方面提高了小企业投资公司的门槛。SBIC 主要投资于种子期及初创期的创业企业，与主要投资于扩张期及以后创业企业的一般创业投资机构形成了有益的补充与衔接。SBIC 计划已发展成为美国政府最大的扶持小企业创业创新的风险投资项目，有效地推动了美国创新型国家战略的实现。1982 年美国实施了小企业创新研究计划（Small Business Innovation Research Program，SBIR）。明确规定国防部、教育部、商务部等政府部门每年拨出其研究与发展经费的 1.25%，用于支持高技术小企业的技术创新与开发活动。1992 年，将比例提高至 2.5%。现在，每年 SBIR 项目的可用资金已达到 12 亿美元。SBIR 这些资金是以合同的形式或者捐赠的形式交给小企业，极大地促进了早期创业经济及创业教育发展。

（2）成立专门支持创业创新的机构。

由专业机构或组织部门统筹创新和创业，为创新和创业者提供必要的支持和服务。美国参众两院的中小企业委员会、联邦政府中小企业管理局和白宫总统中小企业会议是美国扶持中小企业发展的官方机构，其中联邦政府中小企业管理局是美国中小企业的最高政府管理机构，负责向小企业提供资助和支持，并维护小企业的利益。这些创业服务机构能够提供创业培训和咨询、指导企业起草商业计划书、为企业提供必要的管理技术、与银行合作为企业提供担保贷款等。此外，美国各州、郡、市等也为创业创新提供所必需的服务。

（3）税收优惠。

美国联邦政府和地方政府对企业技术创新的税收支持政策涵盖研发费用扣除、税收减免、营业净损失抵扣、加速折旧、将可折旧的资产费用化等。其中颇具代表性的是研发费用税前扣除和研发税收减免。研发税收减免政策是美国最普遍也是最受关注的鼓励企业技术创新的税收优惠政策，核心思想是对当年纳税符合条件的研究支出超过基础数额的部分给予 20% 的税收减免。美国政府在 1978 年将资本利得税从 49% 降至 28%，当年美国的创业投资额增至 5.7 亿美元。1981 年，政府进一步将资本利得税降至 20%，带来了创投行业的第二次繁荣。此外，联邦政府还提供特殊的税收激励，鼓励对不发达地区的创业投资，促进其经济发展，比如 2000 年推出的《新市场税收抵免方案》（NMTC），规定投资者如果投资在促进低收入地区发展的"社会发展基金"，可以从所得税中获得税收抵免。

（4）发展创客空间等新型创业平台。

2014 年，美国总统奥巴马把创客提升到打造新一轮国家创新竞争力的高度，宣布每年 6 月 18 日为"美国国家创客日"，并在 2015 年"国家创造周"呼吁所有美国人都要积极响应全美创客行动，确保全美公民不分性别、种族、背景，均享有创造的机会，以全面释放国家的潜力。美国小企业局通过支持创业加速器帮助创客创业，通过 250 万美元的加速器扶持资金，鼓励社区在其区域创业战略中着力发展创业加速器和支持创业者的创客空间。

（5）实施新兴市场创业投资项目（NMVC）。

自克林顿政府以来，美国又实施了新兴市场创业投资项目（New Markets Venture Capital，NMVC）。这一项目主要是为了填补传统的股权融资在中低收入地区（LMI）失灵的空缺。与 SBIC 项目不同，NMVC 项目提供两个关键内容：一是经济发展；二是可操作的、密集的技术援助。因此，NMVC 项目注重对小企业的形成和发展提供两个要素：一是股权融资——为培育小企业的增长提供一种长期资本；二是技术援助——提供实际训练型的技术援助，以确保企业的长期成长，为投资者实现利润最大化，为各地区提供优质的工作岗位。

2. 德国支持创业创新的实践

（1）具有灵活的政策环境与良好的政策支持。

在发展其经济的过程中，十分重视创业企业和科学技术创新成果的产业化、市场化所带来的经济效益。德国政府一方面改善条件，使创新型中小企业创办新企业的过程变得更为简捷，一方面简化信用检查，降低申报和管理费用，同时在企业和公共管理机构采用先进的电子签章，建立简化的电子化的企业登记流程。提供资金支持或研发资助。经德国政府的不懈努力，如今已初步形成了较为完善的企业扶持政策、相关法律法规和发展激励措施。

（2）政府资助与多样化融资渠道。

德国政府制订了由多元主体参与的创业刺激计划，在联邦政府的主导下，对高校、中小企业等提供政府资助，促进科学研究以及科研成果的产业化。如德国联邦政府对初创和成长型项目给予补贴、联邦就业局给失业者提供创业补贴金、EXIST 计划为大学毕业生和科研人员创业提供资助。德国政府所提供的这些资助项目，能够最大限度地支持 50% 的技术创新过程，并且若出现创新失败的情况可无偿使用。德国联邦政府的"中小企业创新项目"计划，在新兴科技的诸多领域提供政府资助，刺激相关领域的自主创新行为。德国政府除了在研究与开发上提供大量资助，还提供了大量的金融服务，为城市创业创新生态体系建立了多样化的融资渠道。在联邦政府的主导下设立高科技创业基金，在风险投资方面支持创新型企业。高科技创业基金能够为创新型企业的创立提供充足的资金支持，并且对企业设定的偿还期限也较为宽松。

（3）有效的企业孵化模块。

德国通过多年的经验积累，建立了成熟有效的企业孵化体系，主要包括三大模块：促使技术产业化的加速器、推动产品市场化的企业工场以及为初创企业提供服务的孵化器。如作为加速器的提供项目管理的服务商，这些机构通过对创新项目进行评估、对项目的质量进行控制、对创新项目推广等履行与政府或者基金会的合同。这些机构要对分管的项目团队进行监督，通过项目团队提交的进度报告控制进度，并定时对这些项目团队进行视察和询问。这些管理机构的专业性较强，避免了政府与创新项目团队直接沟通时的专业差距，也避免了政府直接监管中的疏漏，有效地促进政府与受资助的创新项目之间的沟通，防止了政府的过度干预。

3. 日本支持创业创新的实践

日本是最重视科技型创业发展的国家，国内中小创业总数占国内企业总数比例近九成。日本的创企发展早年管理较为混乱且融资困难，但其很好地解决了这些问题。日本在2016年科技创新综合战略中，将新概念"Society 5.0"进行强力推行，主要包括构建安全标准化的共同平台，推进各个领域系统的高级化、系统间合作协调，消除制度上、系统上障碍，推动数据的灵活利用。强化以年轻人为首的人才能力，主要包括促进年轻研究人员的活跃，促进女性活跃，促进超越领域、组织等障碍的人才的流动性。推动大学改革和资金改革的一体化，主要包括大学经营的可视化，确保、培育大学经营人才，完善办公室体制，推动引进大学等机构的外部资金，完善大学间的竞争环境，促进资金的发展以促进大学改革。通过人才、知识、资金的良好循环推动开放创新，主要包括企业、大学及公共研究机构等改革、管理体制，从大学的教育、基础教育到研究成果的社会实践，将其纳入长期发展视野中，以共享大学的研究课题为前提，推动产学合作体制，扩大具有创业意识的人才范围，通过产业和风险企业的社会接受程度和地位，促进大企业和风险企业的合作，加快大学风险企业的创新速度。强化科技创新推动功能，主要包括大学改革和功能强化，推动具备实效性的科学创新政策、强化指挥塔功能，政府研究开发投资资源的分配、有效利用科技关系相关的预算，全体角度上强化战略立案功能，强化智库合作等。通过科技创新综合战略来推进创业创新。

四、发展趋势和展望

未来五年，随着互联网技术、共享经济等新事物的兴起，双创将持续深入发展，所涉及对象将更加广泛，创新的行为更加多样化，由于双创的行为主体、涉及对象、覆盖面都与过去发生了天翻地覆的变化，对双创的研究也将从过去对不同主体、不同行为和现象的研究转向系统性、全面性的研究。此外，面对我国新经济发展的特点，将会更多地从供给侧结构性改革的视角研究如何促进双创的发展以及双创遇到的困难，研究如何进一步解放体制机制方面的桎梏，进一步释放更多的创新活力，找到政策创新的着力点等。

（一）政策创新与管理创新的双统筹

双创的发展特点：变革性、广泛性、多元性，针对这些特点，双创的政策创新应重点突出将政策与管理进行叠加式创新，坚持以创新为核心的改革。一是建立高层次的决策和推进机制。国家层面应推进双创政策和管理在决策、组织、协调、执行的全过程创新，并配套推进行政管理体制、财税体制、投融资体制、国有企业制度、基本公共服务体系等方面的顶层系统性创新。二是确保创新沿着规范化、法治化轨道发展。推进双创在立法、执法、行政等方面的均衡发展，从注重破除旧法向创新法律体系转变，从追求立法数量向提高立法质量、强化法律执行效果转变。三是尊重地方首创，发挥主动精神。及时把地方好的创新经验上升为国家政策，使之在更大范围内发挥作用。以社会需求为导向，将政府部门提出创新举措改为社会公众给政府创新确定主题，更精准、更精细地清除阻碍双创的影响因素。四是全面建立政府问责制度，完善督察督办制度、绩效考核体系、责任追究机制，增强政策和政府管理的执行力。

（二）持续推动经济发展的新旧动能转换

大众创业、万众创新，可以大幅增加有效供给，增强微观经济活力，加速新兴产业发展，又可以扩大就业、增加居民收入，还有利于促进社会纵向流动和公平正义，是我国经济新常态经济背景下促进经济发展的新引擎、新动力。因此未来要紧紧围绕打造大众创业、万众创新这一中国经济增长的新引擎、新动力，大力推进政府监管、投融资、科技体制等关键环节和生物医药与健康、新能源、节能环保、通用航空、文化旅游等重点领域的改革，促进实体经济发展。比如，要围绕培育小微企业和促进大企业创新，大力推进投融资和资本市场的改革，着力解决企业融资难、融资贵的问题。要大力推进能源电力、物流等体制机制改革，着力降低创业创新成本。要"放水养鱼"，推动财税体制结构性改革，降低小微企业的税负水平。在生产侧方面，要放开服务业市场准入，扩大开放，使更多新企业公平进入，增强服务业发展动力作用。要深入推进传统产业创业创新，鼓励广大企业职工积极利用互联网＋、大数据等新技术，推进工艺创新和设备更新改造，广泛开展技术革新，加快传统制造业向中高端迈进。不断完善科技成果转化的政策环境，实现以增加知识价值为导向的分配政策。要适应当前新技术、新产品、新业态迅猛发展趋势，完善政府管理体制，加强人才、技术、金融等要素支撑，着力营造有利于新兴企业不断涌现和发展壮大，有利于新技术、新产品、新业态快速商业化的良好生态。

（三）创新工作方法和技术手段

双创的蓬勃兴起与互联网、计算机技术的应用有密切的关系，平台经济、共享经济是未来的发展趋势。而平台经济、共享经济最主要特征就是信息更加透明化、民主化。在信息时代行政网络环境下，政府治理也需要实现网络化、弹性化、平等化、实时互动、智能办公和服务导向，以此来更好地服务双创发展。互联网平台的盈利模式与传统工业化时代的企业盈利模式不同，政府也同理，其治理结构、治理体系也在随着时代发展发生着变化。相比过去政府的典型管理模式，未来政府更多的是参与式、互动式管理模式。相比过去政府部门之间界限的清晰划分，现在要打破的也正是部门之间的边界，实际上这就是范式的转变，是一种行为处事基本规则的变化。市场经济是信用经济，平台经济更是如此，它建立在人们对于底线守护的基础上。因此，政府依然需要制定一系列资质标准，让新生事物、新业态、新技术、新商业模式有充分的发展空间。大数据技术对于政府管理提供了千载难逢的机遇，国家为发展大数据战略和技术、实施大数据支撑决策和公共治理专门制定了六十六条政策，鼓励地方政府创新管理模式，构建信息共享的系统，推进各类信息平台无缝对接，打破机构间职能壁垒和信息孤岛，增强政府对环境的反应和适应能力。

（四）深化行政管理体制改革

在国家双创政策的鼓励下，公众和企业投身创业、创新，遇到了政府业务流程和行政程序的障碍：科层制机构健全但整体机能退化，公众的需求增长而政府职能部门自我利益膨胀、专业化程度提高而综合服务能力减退；公众接触多点化和政府职能部门专业化的趋势导致跨部门的流程无人应答，政府的子服务流程间缺乏面向公众的管理流程的横向调度，产生管理真空。因此需要通过全面创新改革试点为全国改革探索新的道路。政府管理创新是要在反思传统行政流程弊端的基础上，摒弃以任务分工与计划控制为中心的工作流程设计观念，打破政府部门内部传统的职责分工与层级界限，实现由计划性、串联性、部门分散性、文件式工作方式向动态化、并联化、部门集成化的转变，建立以问题诊断为前提，以解决各种社会问题为宗旨的服务流程模式。

参考文献

［1］国务院新闻办公厅全国"双创"形势发布会. http：//www.scio.gov.cn/34473/Document/1488697/1488697.htm.

［2］夏承禹. 湖北省民办科技实业综述［J］. 科学学研究，1990（4）：66-71.

［3］刘强. 中国企业技术创新政策研究［J］. 大自然探索，1995（2）：107-116.

［4］林强，姜彦福，张健. 创业理论及其架构分析［J］. 经济研究，2001（9）：85-94.

［5］蔡莉，崔启国，史琳. 创业环境研究框架［J］. 吉林大学社会科学学报，2007（1）：50-56.

［6］高晓杰，曹胜利. 创新创业教育：培养新时代事业的开拓者——中国高等教育学会创新创业教育研讨会综述［J］. 中国高教研究，2007（7）：91-93.

［7］辜胜阻，肖鼎光. 完善中小企业创业创新政策的战略思考［J］. 经济管理，2007（7）：25-31.

［8］郑云坚，王泽宇，孙煊婷. 创业、创新政策对创业企业影响分析［J］. 中国行政管理，2016（5）.

［9］范云鹏. 创新政策对大众创业万众创新影响的实证分析：以山西省为例［J］. 经济问题，2016（9）：87-92.

［10］王春梅，黄科等. 基于社会网络分析的南京创新政策研究［J］. 科技管理研究，2014，34（15）：25-28.

［11］胡然，雍婷婷，李喜英，等. 湖北省高新区创新政策历史演变及发展趋势研究［J］. 科技创业月刊，2016，29（18）：14-17.

［12］陈红喜，施雯，彭鹏程，等. 政策网络视角下大学生创新创业政策变迁的分析：以南京为例［J］. 中国商论，2016（13）：191-192.

［13］徐德英，韩伯棠. 政策供需匹配模型构建及实证研究：以北京市创新创业政策为例［J］. 科学学研究，2015，33（12）：1787-1796.

［14］张再生，李鑫涛. 基于 DEA 模型的创新创业政策绩效评价研究：以天津市企业孵化器为分析对象［J］. 天津大学学报（社会科学版），2016，18（5）：385-391.

［15］解梅娟. 经济新常态下推进吉林省大众创业万众创新的政策思考［J］. 沈阳干部学刊，2015（6）：19-22.

［16］中国科协. 关于推进"大众创业、万众创新"政策措施落实情况的评估［J］. 科技导报，2016（10）：61-68.

［17］吴远征，李璐璐，董玉婷. 大学生创新创业的综述：研究、政策与发展［J］. 中国林业教育，2015，33（6）：1-7.

［18］刘军. 我国大学生创业政策体系研究［D］. 济南：山东大学，2015.

［19］刘刚，张再生，吴绍玉. 中国情境下的大学生创业政策：反思与对策［J］. 中国行政管理，2016（6）.

［20］杜跃平，马晶晶. 科技创新创业金融政策满意度研究［J］. 科技进步与对策，2016，33（9）：96-102.

［21］瞿晓理. "大众创业，万众创新"时代背景下我国创新创业人才政策分析［J］. 科技管理研究，2016，36（17）：41-47.

［22］范海霞. 各地众创空间发展政策比较及启示［J］. 杭州科技，2015（3）：53-57.

［23］戴春，倪良新. 基于创业生态系统的众创空间构成与发展路径研究［J］. 长春理工大学学报：社会科学版，2015（12）：77-80.

［24］孟国力，吕拉昌，黄茹. 北京"众创空间"区位选择特征及影响因子分析［J］. 首都经济贸易大学学报，2016，18（5）：89-97.

［25］Walter Frick. Welfare makes America more entrepreneurial［J］. English Digest，2015，7：16-21.

［26］Guerzoni M，Aldridge T T，Audretsch D B，et al. A new industry creation and originality：Insight from the funding sources of university patents［J］. Research Policy，2014，43（10）：1697-1706.

［27］Huber L R. The Effect of Early Entrepreneurship Education［J］. European Economic Review，2014，72：76-97.

［28］Binet M E，Facchini F. The factors determining firm start-ups in French regions and the heterogeneity of regional labor markets［J］. The Annals of Regional Science，2015，54（1）：251-268.

［29］克里斯托夫·弗里曼. 技术政策与经济绩效：日本国家创新系统的经验［M］. 南京：东南大学出版社，2008.

［30］曾国屏，苟尤钊，刘磊. 从"创新系统"到"创新生态系统"［J］. 科学学研究，2013，31（1）：4-12.

［31］薛澜，柳卸林，穆荣平. 中国创新政策研究报告 #：#OECD reviews of innovation policy China［M］. 北京：科学出版社，2011.

［32］Autio E，Kenney M，Mustar P，et al. Entrepreneurial innovation：The importance of context［J］. Research Policy，2014，43（7）：1097-1108.

［33］Agarwal R，Breguinsky S. 2014. Industry evolution and entrepreneurship：StevenKlepper's contributions to industrial organization，strategy，technologicalchange and entrepreneurship. Strategic Entrepreneurship Journal.

［34］Kenney M，Patton D. 2005. Entrepreneurial geographies：support networks inthree high-tech industries. Economic Geography 81（2），201-228.

［35］Feldman M，Francis J，Bercovitz J. 2005. Creating a cluster while building a firm：entrepreneurs and the formation of industrial clusters. Regional Studies 39（1），129-141.

［36］龙飞，王成仁. 美国 SBIC 计划的经验及启示［J］. 经济研究参考，2015（28）：3-5.

撰稿人：张士运　李宪振　袁燕军　孙文静

科技基础设施

一、引言

科技基础设施专业委员会针对国际国内科技基础设施的发展、规划、建设、运行和管理等相关方向开展全链条多方位的研究。在我国，科技基础设施是指围绕国家自主创新需要而建设的、为科学研究、高技术发展和社会进步提供科技服务支撑的具有一定规模、投资较大等特点的物理设施，包括国家重大科技基础设施、大型科学研究仪器设备和装置等以设施形态存在的科技服务系统，也包括国家投资兴建的各类科学研究基地、技术创新基地和技术服务平台、高水平企业研发平台等科技创新载体。国家重大科技基础设施作为科技基础设施中的重要组成部分，近年来得到社会和学界越来越多的关注，科技基础设施专委会也将其作为社会热点问题进行关注。本学科进展报告重点围绕国家重大科技基础设施的建设发展而展开深入的分析研究。

近年来，我国重大科技基础设施的建设呈现出快速发展的态势。在《国家中长期科技发展规划纲要（2006—2020）》和《国家重大科技基础设施建设中长期规划（2012—2030年）》的指导下，从"十一五"到"十三五"期间在七个领域先后规划建设了十二项、十六项和十项共计三十八项国家重大科技基础设施。重大科技基础设施的建设和运行为我国的前沿科学研究和工程技术创新做出了重要贡献。通过设施建设，在设施的总体设计、核心技术突破、实验技术创新等方面，取得了一系列重大的成就，一批重大科技基础设施的技术指标达到世界领先水平；这些高性能高水平的先进设施支撑了众多的学科研究群体在前沿科学领域开展研究，使我国在天文学、高能物理与核物理、等离子物理、地球科学、生命科学和材料科学等领域的国际科学前沿占据了一席之地。

重大科技基础设施概念是由大科学装置发展而来的。英文中称大科学装置为"Large Scale Scientific Facility"。近年来一些国家较多地使用"Large Research Infrastructures"。国家重大科技基础设施是指为提升探索未知世界、发现自然规律、实现科技变革的能力，由国家统筹布局，依托高水平创新主体建设，面向社会开放共享的大型复杂科学研究装置或系统，是长期为高水平研究活动提供服务、具有较大国际影响力的国家公共设施。[1]

世界各国目前运行的各种用途、各种形态的重大科技基础设施很多，从它们的建设目的和服务对象看，大致有三种类型：用于基础研究、应用基础研究、高技术探索的专用实验设施，例如大型加速器、托卡马克装置、大型天文望远镜、结冰风洞、重大工程材料服役安全研究评价设施等；为多学科领域和交叉研究方向提供支撑作用的公用实验设施，如同步辐射装置、散裂中子源、强磁场装置、综合海洋考察船、航空遥感飞机等。还有为社会提供科学数据、种质资源等基础支撑的公益服务作用的公益科技设施，如遥感卫星地面接收站、国家长短波授时台、子午工程、地壳运动观测网络、生物种质资源库等。[2]

鉴于我国正处于建设创新型国家的关键时期，前瞻谋划和系统部署国家重大科技基础设施项目，对于增强我国原始创新能力、实现重点领域跨越、保障科技长远发展、实现从科技大国迈向科技强国的目标具有重要意义。因此，以重大科技基础设施的国家战略为依托，我国陆续在上海、合肥、北京规划建设了综合性国家科学中心，这些科学中心内部逐渐形成了多个重大科技基础设施的集群和集聚，构成了当前我国重大科技基础设施以点带面、综合发展的新格局。

与此同时，我国近些年来虽然在建设、运行和管理科技基础设施方面积累了很多经验，但与欧美发达国家相比仍然存在一定差距，如何利用我国的后发优势在国际科技基础设施的建设和管理领域占据领先地位，在国际范围内大幅度地提升我国重大科技基础设施的影响力，打造世界领先的重大科技基础设施高端平台，是当今国际科学技术迅猛发展的大势下我国面临的新的挑战。因此，对国外各学科领域科技基础设施的组织和管理情况进行系统地研究，并对国内在建和完成的科技基础设施情况进行详尽的考察，对于提高我国科技基础设施的管理水平是十分必要的。

近五年来，国际基础研究设施平台的信息与科研人员的交流日趋频繁，一些重大科学问题的解决在资源、技术和人员上都难以由一个或少数几个国家承担；同时，"大科学"及科技基础设施所涉及的问题领域也更倾向于对全球或跨地区性问题的解决，或是对于物质世界的基本认知和人类生存与发展问题的探索，这些变化使国际合作逐步成为"大科学"及科技基础设施平台发展的主流趋势。另一方面，科技基础设施的全球共享已成为各个国家在基础科学领域谋求突破和在科技战略领域优化布局的基本共识。因此，各国科技基础设施的核心虽然仍是为东道国或组织的核心利益服务，但是相关项目的组织者和参与者变得更加国际化、多元化和分散化，组织和参与形式也更加多样和灵活。这些趋势使得建设和依托科技基础设施进行研究的科研项目复杂程度更高，主要体现在技术规模和集成度大幅提高，以及跨国、跨学科的研究使得利益相关方之间的关系更加复杂多元；同时各类科技基础设施平台的信息化、共享化和网络化程度也得到了大幅提升。

在国内，国家对科技基础设施的经费投入持续加大，这使得重大科技基础设施平台在我国科技创新战略布局中占据日趋显著的地位。目前，我国政府和中国科学院已经开始对科技基础设施发展进行统一的中长期规划，而以往参与不多的高校也开始逐步入场，承担了大量科技基础设施的建设、运行和研究工作。而在最近的 2016 年二十国集团领导人杭州峰会上，习近平主席也明确提出了"积极牵头实施国际大科学计划和大科学工程"的国家科技战略。

在这样的背景下，我国学者在科技基础设施的国际合作、科技基础设施的治理和管理、设施共享、成果转化和经济溢出、重大科技基础设施集群和区域创新等领域做出了很多优秀的研究工作。

二、近五年来国内最新研究进展

（一）重大科技基础设施的治理研究

丁云龙和黄振羽[3-5]通过整合交易成本理论和资源基础观对美国国家实验室的治理结构进行了理论和实证的分析，认为美国传统的大学治理国家实验室的模式正在发生变革，新的"合同管理权竞标制度"使得美国的国家实验室逐渐疏离了大学，获得了实质性的独立地位，并通过采用混合治理结构与大学重建了合作关系，这主要是因为大学制度本身具有吸纳资源的特性，与政府建立国家实验室的初衷不完全相符。而在中国当前的情境下，由于单位体制和软预算约束等制度因素，使得中国的大学不太可能采用类似于美国的方式来对重大科技基础设施进行管理，因此国家应当重新考虑大学参与重大科技基础设施治理的方式，如将国家实验室设立为独立行政法人，或采用其他的改革方式来实现政策目标。王大洲和李俊峰[6]在中国科学院大科学工程管理办法的基础上建立了一个大科学工程全生命周期治理的二维三元分析框架，在把大科学工程项目分为立项、建设和运行三个阶段的基础上，区分了每个阶段实施治理的结构要素，包括治理主体、治理规则和治理过程；与此同时，对治理过程中的决策、筹资和评估等重要方面也进行了比较详尽的实证分析。罗小安和杨春霞[7]对中国科学院重大科技基础设施的建设进行了回顾，认为建设部门在保证设施建设进度和质量的前提下，可以让部分设施积极探索"边建设、边运行"模式，同时应当加强协同创新，与地方或其他共建单位共同实施建设。这种新的建设理念符合重大科技基础设施建设的基本规律，是对传统大工程建设模式的一种革新。

（二）科技基础设施的经济和社会效应研究

尚智丛和赵凯[8]研究了北京正负电子对撞机的成果转化模式，并将其分为三种类型：首先是高能物理研究所（北京正负电子对撞机的运行主体）积极地推进了电子辐照加速器、人体 PET、射线安检、网络安全等技术项目的研发，并与多家公司签订技术合作协议，一起开展社会化合作；其次，高能物理研究所还积极地参与了多项国际合作，承接相关领域的科研项目，一方面与国际同行交流了技术，同时也获得了较高的经济收益；再次，高能物理研究所还参股多家高新技术企业，在经济和技术领域同这些企业形成了紧密的联合体。同时，作者也指出了北京正负电子对撞机在成果转化方面存在的问题，认为其成果立项缺少市场引导，研发过程与产业及市场脱节；研究人员对成果转化工作不够重视，复合型人才紧缺；科技投入缺乏社会化的投资主体和渠道，尤其是缺乏企业的有效介入等，而相应的解决办法应当从拓展与产业界的合作渠道，设立科技成果推广基金等方面入手。陈光[9]对大科学装置的经济和社会影响给予了极大关切，认为建设一个新的大科学装置既是一个科学和技术过程，更是一个社会过程，在这一过程中相关的参与者都有各自的期望和利益诉求。因此，应当重视大科学装置的社会属性，尤其是在推动经济发展，诱导技术创新，提升人力资本与社会网络资源以及增加社会福利等方面，相关利益主体应当进一步挖掘大科学装置自身所具有的潜力。邢超[10]认为，依托大科学工程的技术创新活动具有较大的不确定性，一方面可以通过产业发展既定的确定性目标来指引创新活动的不确定性，另一方面通过产业确定性的组织方式，即确定的路线图、确定的组织模式、确定的投入预期、确定的风险承受度来消除创新活动的不确定性，同时用产业确定性的评价方式来评定创新活动的不确定性结果，这样才能把以大科学工程为中心的创新链与产业链有效地结合起来。而且，政府应当创造更好的政策环境来促进引导二者的融合，有效构建国家重大工程的需求牵引机制，在战略性新兴产业中进一步发挥政府首购和订购的引导作用，并制定符合国际规则的政府采购认证标准和制度，同时建立有效的合格供应商管理机制。李斌和李思琪[11]研究了兰州重离子加速器在地方经济领域的重要贡献，包括初步形成了以医用重离子加速器产业和甜高粱产业为代表的新兴产业链，这些依托国家重大科技基础设施形成的经济发展的新增长极在优化西部地区产业结构、促进区域经济和社会可持续发展方面发挥了强大的辐射效应。该研究认为，兰州重离子加速器在发展地方经济的主要成功经验在于国家和地方政府的合理布局和对地方优势的深度挖掘，因而形成了具有地方特色的创新产业链，而在未来的工作中，政府应专门立项支持先期研发，以有效降低企业的研发风险。许为民[12]等从历史实证的角度考察了大科学计划的实施对工业技术创新的重要影响，认为大科学计划改变了工业技术创新过程中工业技术知识的生产、分布、传播和市场化等各个重要环节，改变了大学的形态，推动了由封闭式创新到开放式创新的范式转变。乔黎黎和穆荣平[13]研究了重大科技基础设施对我国科学、经济和社会领域的重要影响，从理论和实证的角度区分和考察了重大科技基础设施对各领域产生影响的方式，包括对基础科学和高新技术的推动，对国家基础创新能力的培养，产生了新的更加高效的创新网络以及科技基础设施之间的协同创新效应。

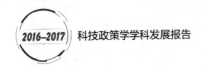

（三）重大科技基础设施集群和区域创新研究

陈套和冯锋[14]分析了大科学装置集群建设的内涵和优势，认为多个大科学装置的集群建设和运行将在政治（国防外交、国际地位）、科技（原始知识和技术产出）、经济（产业结构优化、区域经济发展）和社会（城市功能转变、社会福供给、人文素养提升）等方面发挥出强大的辐射效应，并针对这些方面提出了大科学装置集群建设和管理的相关建议。徐文超和徐艳梅等[15]以组织生态学理论为基础，从共生的视角研究大科学工程集群的布局，分析了集群的共生单元、共生系统、共生结构及共生关系，建立了共生个体基于Logistic 模型的共生模型。提出大科学工程集群是一个复杂系统，相关主体之间存在多重复杂关系，通过物质、知识技术、人力资源、信息和金融资本等方面的交互，互相依存，共生发展。还有的学者对国家重大创新基地的效应进行了研究，而大科学装置集群和综合性大科学中心也是这类创新实体的一种类型，程广宇[16]等认为，在这类重大科研创新基地的实体上，还要搭建一个以基地为核心的合作研发网络，合作网络可以为国家重大创新基地提供了无限可利用的外部创新资源，也有助于带动我国相关科研单位研究水平的提升进而发挥这类创新基地的辐射拉动作用；在未来的工作中，应当进一步提升各类合作网络的利用效率，包括各类信息服务网络、基础设施平台和产业技术创新联盟等。

（四）科技基础设施的共享研究

有的学者[17]认为，大科学装置由于挂靠相应的研究机构，其治理存在博弈风险，大科学装置及其所依托的实验室或科研机构更倾向于将大科学装置视之为私有物品，并不太愿意将其共享，这与大科学装置的开放性是相矛盾的。因此，应当考虑将大科学装置的管理委托于专业的非营利机构。但是并非所有的科技基础设施都适合采用这类方式进行管理。因而一些学者对科技基础设施共享管理的立法框架进行了研究，黄正[18]认为应当从大型科学仪器设备的资源共建共享、新购仪器设备评价、服务平台管理及运行绩效评估等四个方面构建其法律体系，明确各个参与组织的法律主体地位及其权利、义务和相应的法律责任，把法律规范的原则性与灵活性、强制性与指导性相结合，真正体现权利与责任、利益的对等这一法律体系的核心内容。袁强等[19]也认为应当明确大型科研仪器设备的投资者、拥有者和使用者的权利义务关系，但更紧迫的问题在于需要各部门对大型科研仪器的设备共享问题达成充分公识，这需要建立一种长期的沟通和协调机制。

（五）重大科技基础设施的国际合作研究

侯剑华和王仲禹[20]以美国的斯隆望远镜（SDSS）为例，用量化的方法对依托重大科技基础设施的国际科学合作模式进行了探究，区分了该项目的国际科学合作中以多边交叉型合作模式、双边交互性合作模式和补充型合作模式为核心的"外、中、内"三类典型国际合作模式。总结了大科学项目国际科学合作的基本特征，为我国参与和主导国际大科学合作提供参考借鉴。文钟莲[21]基于国际大科学研发协同的背景，研究了参与大科学项目各国存在的文化冲突问题以及合作过程中采取的合作模式，认为为了消除大科学项目国际合作的文化冲突，应当深入研究各种典型的合作模式的应用场合和优缺点，在政府间和民间建立相应的日常合作机制，进一步优化和完善国际大科学合作项目的治理机制。

（六）国内科技基础设施研究的重要机构和代表性学者

2016 年 3 月，由北京科技大学牵头发起，中国科学学与科技政策研究会成立了科技基础设施专委会，专委会是中国科学学与科技政策研究会下设的二级学会，挂靠单位为北京科技大学。2016 年 11 月召开了第一次学科论坛和专委会委员会议。目前，学科的主要研究平台包括北京科技大学、中国科学院、中国科学院大学、中山大学、华中科技大学的相关机构和科研部门。研究团队和人员主要有中山大学孙冬柏教授、中科院金铎研究员、郑小年研究员、中国科学院科技政策与管理研究所穆荣平教授、中国科学院大学人文学院王大洲、尚智丛教授，中国科学院大学管理学院徐艳梅教授，哈尔滨工业大学经济与管理学院丁云龙教授及其团队等。

三、近年来国外研究状况及与国内研究比较分析

同国内基础设施的相关研究相比，国外研究在量化模型、经济计量学方面的工作更为出色，同时也进行了大量的历史实证研究和案例研究。而经合组织（OECD）和欧洲研究设施战略委员会（European Strategy Forum on Research Infrastructures，简称 ESFRI）也针对科技基础设施的战略规划和管理开展了大量的研究工作。

（一）重大科技基础设施的治理和政策研究

Pierre Papon[22]回顾了欧洲在大科学领域各类合作组织的产生和发展历史，认为自六十年代以来，欧洲形成了多元化和网络化的官方合作组织与合作机构，这种动力机制对应于欧洲各国于 1957 年签订的罗马协定（Treaty of Rome）。自此以后，欧洲著名的政府间大型科研机构如欧洲核子中心（CERN）、欧洲南方天文台（ESO）、欧洲同步辐射（ESRF）欧洲分子生物学实验室（EMBL）等纷纷成立，但是这些机构与合作组织往往基于不同的框架合作协议，设有不同的合作目标，同时也拥有不同的基本属性和法律地位，因而那些大型科技基础设施的管理模式也不尽相同，这也意味着欧洲基础设施治理体系保留了一种灵活性以迎合不同政府的投资目标的差异。但是欧洲各国为了应对在微电子、新材料、生物技术、信息技术、海洋科学以及军民融合等领域力量分散的情况，自 2000 年的里斯本和斯特拉斯堡会议以后，欧盟委员会形成了一个政府间的多边框架协议，用以

建立欧洲统一的科技基础设施管理平台，这也是欧洲研究设施战略委员会（ESFRI）形成的历史和法律基础。在政策建议方面，Pierre Papon 肯定了欧洲 2000 年之前科技合作协议开放灵活的特点，认为在此基础上应当建立更高效的研究设施共享机制，以在更多的研究领域内实现整个欧洲的共同合作。Johansson[23] 从能源和环境经济学领域引入了可以用来评价科学基础设施发展和创新力的方法，区分了现存价值（existence value）、准选择价值（quasi-option value）和选择价值（option value）的概念内涵，认为这三种价值应当在科学基础设施的未来发展中给予合理的评价。Kristin A. Ludwig[24] 采用了多种调研方案研究了美国国家科学基金会（NSF）支持的科技基础设施的用户使用情况，包括用户数据跟踪（位置、出版物）、用户问卷反馈和用户群的历史变迁等，认为美国当前的用户数据并没有在不同设施之间采用一种标准化的方法来进行收集和处理，而且一些基础设施的管理者并没有注意用户群的历史变迁情况以及大数据时代来临之后用户使用数据方式的变化，进而改变现有的设施使用预期来接纳新的用户。因此，Kristin A. Ludwig 认为，应当加强科技基础设施的用户分析，既包括现有的用户，也包括潜在的用户（如新的社会用户）；同时应当进一步整合用户数据的管理模式，利用互联网技术加强科技基础设施之间的协同作用。

（二）科技基础设施的经济和社会效应研究

Florioa 和 Sirtori[25] 针对由欧洲研究设施战略论坛（European Strategy Forum on Research Infrastructures）负责统一治理的欧洲重大科技基础设施（European research infrastructures）的社会和经济效益，建立了相应的成本 - 受益分析模型（cost - benefit analysis model）。Florioa 和 Sirtori 认为，成本 - 收益分析应当从技术外部性（Technological externalities）、人力资本的形成、知识的生产、科普和文化旅游、用户和第三方收益以及科学发现在未来带来的公共的善等方面进行分析。在 Florioa 和 Sirtori 的研究基础上，Battistoni[26] 等对意大利国家癌症强子治理中心（National Hadrontherapy Centre for Cancer Treatment（CNAO））的基础研究设施进行了经济和社会效益分析，该项研究对一些方面的分析采用了成本 - 受益的量化模型，而对另一些方面则采取了质性研究的策略。Battistoni 对医学基础研究设施的社会经济效益进行了进一步的划分，在用户收益方面，受益方既包括病人也包括利用设施进行科学研究的用户，作者对通过设施治疗带来的病人健康状况的改善和生命的延长所产生的社会经济效益进行了量化的分析；而在知识生产、技术溢出、人力资本形成、科普和科学文化等方面，Battistoni 在前人研究的基础上对该设施进行了相应的质性分析。Chiara F. Del Bo[27] 同时利用定性和定量的方法研究了欧洲重大科技基础设施的投资回报，建立了研究基础设施投资收益率和论文产出率的数学评价模型，认为在各领域投资和产出的事实认定，投资回报的延迟分析，跨部门、跨地域和跨产业等涉及结构性要素的投资回报率分析方面应该进行更加深入的研究。Schopper[28] 从批判的视角探讨了高能物理领域粒子加速器的成本 – 收益模型存在的问题,量化的方法路径在此面临的最大挑战在于,一些传统的科学基础设施具有自身的特异性,比如欧洲核子中心(CERN)的重要目标在于促进科学的发展和欧盟国家之间的融合。

OECD 报告[29] *The Impacts of Large Research Infrastructures on Economic Innovation and on Society:Case Studies at CERN* 对欧洲核子中心(CERN)大型强子对撞机(LHC)产生的经济和社会效应进行了极其详尽的考察。报告指出,CERN 的科研人员在高能物理领域的基础研究带动了多项创新产业的迅猛发展,包括高性能磁铁的研发和制造已开始从研究机构的自行研发向商业领域转移;开放自由的科研环境促使强子治疗术(hadron therapy)在医学领域及应对癌症方面的广泛应用;大量新型应用软件系统的研发和应用等。与此同时,CERN 的大型科学装置在公共教育和科普领域的社会影响也是不可估量的。

(三)重大科技基础设施集群和区域创新研究

Scaringella[30] 等从微观经济学和社会学的视角出发,以区域创新理论(Territorial Innovation Model)和大量实证数据为基础,研究了法国格勒诺布尔地区(Grenoble)和GIANT 创新联盟的所在区域大科学装置集群(格勒诺布尔市科技创新的核心区域)的溢出效应,认为法国政府对该地区的大量经济投入取得了相应的回报。该项研究在开展时主要采用了四种方法,包括投入产出分析、CGE(Computable General Equilibrium)模型、经济计量学模型和实地调研,认为格勒诺布尔整个地区和 GIANT 创新联盟核心区域拥有特征类型不同的区域创新模式,GIANT 核心区域是地方化的大学和大科学装置的联合体,可以用意大利工业区模型(Italian industrial districts)和区域创新系统模型(regional innovation systems)来描述,而格勒诺布尔地区则可以用更宽泛的区域创新模型来描述,更接近于新产业区域(new industrial spaces)和区域性集群(regional clusters)的联合体。Wakeman[31]回顾了 20 世纪 70 年代法国政府在巴黎外省广泛建立科学园区的历史,认为法国科学园区的重点在于通过设置地理上毗邻的研发区域来促进技术的转移和创新,使得公立研究机构和实验室能够同私人部门建立直接和专业的联系,增进协同创新带来的收益。而法国政府对新科学园区的建设也借鉴了美国硅谷和波士顿 128 号街的模式和理念,即对"生产力"的直接追求:通过国家集中投入资金使大学、科研院所和高技术企业的结合产生一种创新环境,而这种特殊的环境在提高生产力和创造新的社会财富方面是其他环境所无法比拟的,可以说,法国新科学园区的建设很大程度上被打上了美国模式的烙印。Wakeman 以格勒诺布尔市郊 ZIRST de Meylan 科学园区的案例说明了这种内在的理念:ZIRST de Meylan园区的创始有赖于一个在当地已经发展比较完善的科学共同体,包括在 20 世纪初成立的法国多科工艺研究所、一批从事水电、化学和造纸领域生产的企业和多所大学。因而其兴起并不单单依赖国家推动的模式,而是地方自主、科学与创新实践推动以及区域临近性等因素综合作用带来的历史结果。可以说,ZIRST de Meylan 园区的初衷是试图用某种地方性

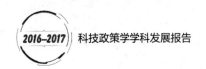

的方式来建立科学与经济的直接联系。

（四）重大科技基础设施的历史及案例研究

Crease[32]在对美国大科学工程 RHIC 的研究中认为，该工程在某种程度上不是以往研究产出的自然结果，而是高能物理各子领域的科学家调整他们的目标和方法，并重新汇集成一个新领域后所产生的偶然成就。在经费压力、科学期望的提高以及实验室间竞争愈加激烈的外部环境下，以科学家管理为主导的模式帮助工程渡过了难关，使 RHIC 成为了"重组式"科学工程的典范。Claus Habfast[33]研究了德国大科学工程 DESY 的发展历程，认为多年来 DESY 运行和发展的成功经验在于其成立之初推行的跨国界的、以用户为中心的开放式运行方式，不以国家为中心的、多元化的资助方式以及其在欧洲大科学"市场"上的准确定位。Max Boisot[34]认为 CERN 的内部合作网络呈一种分布式的结构，不同于传统企业中的科层制，由于 CERN 的合作者数量众多且关系网络复杂，所以决策的权力分布在层级结构的所有层次的管理者、非管理者和科学家中，而所谓的层级结构也是一种非常松散的模式，领域的负责人并不像是管理者，而更像是代言人。De Roeck[35]对大型强子对撞机（LHC）上的突破性发现——希格斯玻色子——进行了历史性的说明，并阐明了一种可以用来估计和测量未来重大发现可能性的方法，De Roeck 还用在大型强子对撞机上发现超对称性粒子的可能性给予了例证。

从国外近年来的研究趋势来看，社会科学研究人员对科技基础设施相关的科学研究和管理工作的参与程度正在逐渐增加，有的综合性科学中心的科研人员还引入了人类学研究的范式来对科技基础设施进行深入的调研。从研究领域的覆盖程度而言，国内和国外的研究均涉及了科技基础设施的治理和管理、战略与政策、成果转化和经济溢出、设施共享、重大科技基础设施集群和区域创新等研究领域，而且相关研究均结合了设施的地方性具有自身的特点。但从研究的深入程度和量化程度而言，国内的研究还存在一些不足。主要体现在我国的重大科技基础设施还处于布局和建设阶段，相关的研究力量还未跟上，一些新建成的设施还未进行过比较深入的案例研究。其次，在重大科技基础设施的经济溢出和投资收益方面，国内的研究还未发展出比较成熟的经济计量学模型来量化科技基础设施的投资回报和社会经济效应，目前国内的量化研究仍然出于起步阶段，与此相对，国外在这方面已经进行了大量的研究。

四、未来五年的发展方向和策略

从以上科技基础设施领域国内外研究的对比情况来看，虽然在各个细分领域国内外的研究各具特色，但总体而言，国内在一些重点领域的研究水平同欧洲和美国还有一定差距，在我国科技基础设施的布局和建设迈上一个新台阶后，我国针对科技基础设施的社会科学研究也有望迎来一次飞跃，并逐步缩小同美国和欧洲优势领域的差距，尤其是在量化研究方面。

未来五年的学科发展有以下几个重要方向：

在科技基础设施国际战略合作研究方面，应当加强研究区域性合作问题，如区域环境、能源、流行病等领域，对于如何在不同合作层次上搭建区域性和国际大科学项目的合作框架，发挥中国地区和国际影响力，应当给予进一步的关注和研究。

在高校、独立行政法人参与科技基础设施的治理方面，应当对中国科学院、高校和独立法人机构负责的科技基础设施的治理模式进行更深入的研究，积极探索多方参与的混合治理模式的可能性与潜在优势，用以给我国科技基础设施的创新治理实践提供参考。

在制度建设和治理结构方面，对于我国新近建成和尚未完全建成的重大科技基础设施，加大相关的社会科学领域的研究力度，并可以借鉴国外人类学及 STS 领域（负责任的研究和创新）的研究范式，逐步深化对这些新的科学建制和创新模式的案例研究。同时，持续关注科技基础设施与用户互动的情况，加大力度对数据共享平台、e-science 等领域的研究，用以提高科技基础设施的使用效率。

在重大科技基础设施集群建设方面。近年来，我国陆续在合肥、上海、北京规划建设了综合性国家科学中心，这些科学中心内部往往形成了多个重大科技基础设施的集群和集聚。因此，对于这些科技基础设施的协同创新机制以及相关园区的区域创新机制应当通过案例研究的方式进行深入的考察和探究；在区域临近性和社会网络的共同影响下，如何进一步提高我国综合性科学中心的创新效率，值得本领域学者予以深入地思考。

在重大科技基础设施的经济溢出和投资回报的量化研究方面，应当在规划和运行阶段以前评估和后评估的方式对重大科技基础设施的科学、经济、和社会效应进行预测、统计和量化研究，涉及的指标应该包括科学发现、论文、专利、人才培养、产业孵化、科学传播、就业、社会服务等方面，同时针对各类结构性因素，如投资回报的延迟分析，跨部门、跨地域的回报方面进行更为深入的探索。

参考文献

［1］国家发展改革委. 重大科技基础设施管理办法［EB/OL］. http：//www.ndrc.gov.cn/zcfb/zcfbtz/201411/W020141124594733857917.pdf, 2017-10-10.

［2］国家重大科技基础设施研究组. 国家重大科技基础设施工作研究和管理政策建议［R］. 2007.

［3］丁云龙, 黄振羽. 制度吸纳资源：国家实验室与大学关系治理走向［J］. 公共管理学报, 2015（7）：105-115.

［4］黄振羽, 丁云龙. 美国大学与国家实验室关系的演化研究——从一体化到混合的治理结构变迁与启示［J］. 科学学研究, 2015（6）：815-822.

［5］ 黄振羽，丁云龙．激励结构冲突、历史机遇与制度变革——美国依托大学建立国家实验室的启示［J］．科技进步与对策，2015（1）：30-34.

［6］ 李俊峰，王大洲．中美大科学工程治理机制比较研究——以 LAMOST 和 Hubble 望远镜工程为例［D］．北京：中国科学院大学，2016.

［7］ 罗小安，杨春霞．中国科学院重大科技基础设施建设的回顾与思考［J］．中国科学院院刊，2012（06）：710-716.

［8］ 尚智丛，赵凯．大科学装置成果转化模式探析——以北京正负电子对撞机为例［J］．科学进步与对策，2011（10）：6-9.

［9］ 陈光．大科学装置的经济与社会影响［J］．自然辩证法研究，2014（4）：118-122.

［10］ 邢超．创新链与产业链结合的有效组织方式——以大科学工程为例［J］．科学学与科学技术管理，2012（10）：116-120.

［11］ 李斌，李思琪．社会效益、区域平衡、政府扶持、地方特色——重离子加速器成果产业化经验［J］．工程研究——跨学科视野中的工程，2015（12）：323-331.

［12］ 许为民，崔政，张立．大科学计划与当代技术创新范式的转换［J］．科学与社会，2012（01）：90-98.

［13］ Lili Qiao, Rongping Mu, Kaihua Chen. Scientific effects of large research infrastructures in China［J］. Technological Forecasting & Social Change, 2016, 112, 102-112.

［14］ 陈套，冯锋．大科学装置集群效应及管理启示［J］．西北工业大学学报（社会科学版），2015（01）：61-66.

［15］ Wenchao Xu, Yanmei Xu, and Junfeng Li. A study of RI clusters based on symbiosis theory［J］. Sustainability, 2017, 9（3）：1-13.

［16］ 程广宇等．关于一种国家重大创新基地建设模式的思考［J］．科技创新与生产力，2010（8）：26-28.

［17］ 彭洁．大科学装置管理的公共风险困境与出路［J］．现代仪器，2007（03）：50-52.

［18］ 黄正．大型科学仪器设备共享管理的立法架构［J］．科技管理研究，2010（11）：27-28.

［19］ 袁强，袁欲彬，赵昕．大型科学仪器、设备共享立法工作初探［J］．科技管理研究，2010（12）：241-242+236.

［20］ 侯剑华，王仲禹．大科学项目的国际科学合作模式及特点探究——以斯隆数字巡天（SDSS）项目为例［J］．现代情报，2016（12）：126-132.

［21］ 文钟莲．国际大科学研发协同中的文化冲突与合作模式创新研究［J］．科学管理研究，2016（10）：107-110.

［22］ Pierre Papon. European Scientific Cooperation And Research Infrastructures: Past Tendencies And Future Prospects［J］. Minerva, 2004, 42（1）：61-76.

［23］ Johansson, P. On lessons from energy and environmental CBA.［J］. Technological Forecasting & Social Change, 2016, 112, 11-16.

［24］ Kristin A. Ludwig. Characterizing the Utilization of Large Scientific Research Facilities: An Analysis of Users and the Evolution of Use at NSF-Supported Multi-User Facilities［R］. AAAS Science & Technology Policy Fellow, National Science Foundation, 2012.

［25］ Massimo Florio, Emanuela Sirtori. Social benefits and costs of large scale research infrastructures［J］. Technological Forecasting & Social Change, 2016, 112, 65-78.

［26］ Giuseppe Battistoni etc. Cost-benefit analysis of applied research infrastructure. Evidence from healthcare［J］. Technological Forecasting & Social Change, 2016, 112, 79-91.

［27］ Chiara F. Del Bo. The rate of return to investment in R&D: The case of research infrastructures［J］. Technological Forecasting & Social Change, 2016, 112, 26-37.

［28］ Schopper, H. Some remarks concerning the cost/benefit analysis applied to LHC at CERN.［J］. Technological

Forecasting & Social Change, 2016, 112, 45-55.

[29] OECD. 2014. The Impacts of Large Research Infrastructures on Economic Innovation and on Society: Case Studies at CERN.

[30] Laurent Scaringellaa, Jean-Jacques Chanaron. Grenoble – GIANT Territorial Innovation Models: Are investments in research infrastructures worthwhile?[J]. Technological Forecasting & Social Change, 2016, 112, 1-10.

[31] Rosemary Wakeman. Dreaming the New Atlantis: Science and the Planning of Technopolis, 1955-1985[J]. Osiris, 2nd Series, Science and the City, 2003, 18: 260.

[32] Robert P. Crease, Recombiant Science: The Birth of the Relativistic Heavy Ion Collider (RHIC). Historical Studies in the National Science, 2008, 38 (4): 535-568.

[33] Claus Habfast. The DESY Golden Jubilee in Hamburg: Lessons from the Past[J]. Physics in Perspective, 2010 (12), 219-230.

[34] Max Boisot. Generating knowledge in a connected world: The case of the ATLAS experiment at CERN [J]. Management Learning, 2011, 42 (4), 447-457.

[35] De Roeck. The probability of discovery.[J]. Technological Forecasting & Social Change, 2016, 112, 13-19.

撰稿人: 徐文超　孙冬柏

科技重大项目管理

一、引言

重大科技项目是国家实施创新驱动战略的重大举措，其实施过程中能否建立创新生态体系，直接影响到重大科技专项创新成果能否实现与产业链、创新链、资金链有效对接。然而，我们调研和参与一些重大科技专项的研究发现：我国重大科技专项实施过程中仍然严重存在着单位分割、部门分割、行业分割、地区分割等孤岛现象，其结果是重大科技专项的创新生态体系被人为地割裂，重大科技专项的设置、过程监管、绩效评价、知识产权管理等都难以有效地展开，甚至这些管理成为摆设，致使重大科技专项的实施未能有效实现核心技术突破，未能形成创新链、建设相应的产业链，未能有效支撑我国产业转型升级，未能在国际竞争中有效占领产业制高点。严峻的现实告诉我们：我国重大科技专项实施过程中组织管理体系不太合理，资源利用比较分散，整合创新链、建设产业链和提升价值链未能有机结合，创新生态体系在不断恶化。

对此，中国科技政策与科学学研究会中国科技项目管理专业委员会、北京邮电大学国际项目管理研究所从理论和实践层面做了多方面的深入研究，主持了国家自然科学基金、国家软科学计划重大项目等八项课题，在国家科技重大专项组织管理创新、协同创新管理、绩效监测与评估、风险预警与监控、知识产权管理等创新生态的主要研究领域取得了一批研究成果，通过对这些研究成果的提炼与整合，我们认为国家重大科技项目实施迫切需要加强创新生态体系建设。[1-16]

二、研究现状

（一）国外科技项目管理现状研究

美国政府对研究与发展高度重视，其投资一直处于全球领先水平，并取得了丰硕成果[17]，科技水平也始终保持世界领先水平，其与高效的科技项目管理体系密不可分。[18]美国采用多元分散型科技计划管理模式，该模式由政府研究机构、大学和工业研究机构[19]三大科研系统研制，具体到基础研究项目和应有开发项目的管理模式是不同的，其中最典型的计划是先进技术计划（Advanced Technology Program，简称 ATP 计划），主要体现美国最新的科技管理思想。

瑞士颁布有专门的《瑞士联邦科研法》，以国家立法的形式建立了严密的科研管理机制，对计划的制定、经费管理、成果评估等内容做了全面详细的规定。[20]其科技管理部门主要是联邦内政部和经济部，重大科研计划和科技政策的建议由科学技术委员会提出，委员会成员包括诺贝尔奖获得者、各个领域的顶尖科学家、部分外国专家等。并设有专门的联邦科研领导小组，由国务秘书担任主席，协助主管科研工作的联邦委员兼内政部长领导全国的科研工作，主持制订并协调联邦科研促进计划。

英国政府规定主要基本研究和战略性研究经费的各委员会在分配经费时，可打破部门的界限，允许其他专业的科研机构前来申请，参与公开部分，国防研究费也不例外，允许民用部门科研机构参与申请。

德国的科技项目管理模式属于联邦分权制。德国的项目安排具有鲜明的针对性和明确的目标，是根据政府的发展战略和经济、社会发展需求来确定的，国家通过多种渠道支持科技事业，政府部门负责宏观控制，通过经费控制投资导向，通过指标体系评价学术部门的工作。政府建立了一整套完整的项目审批流程：政府提出研究框架→项目单位申报→中介咨询机构提供服务→帮助筹划申报方案→评估机构进行审查、评估、提出批准方案→政府组织专家委员会研究审批。

国外有关中止决策的研究开始于二十世纪六七十年代，其中多以实证研究为主。[23]八十年代后，很多学者对科研项目中止决策的论述变得更为全面、系统，理论层面也有了更大的进展，主要体现在指标体系的选择和判别方法的构建上。

基于研究方法和判定角度的不同，国外科研项目中止决策的研究大多采用统计分析的方法。其中，Jonathan F. Bard、R. Balchandra、Lange、Klaus Brockhoff 和 Viond Kumar 等人都发表了一系列有代表性的文章。

Jonathan F. Bard[24]等人于 1988 年，从研发项目预研角度阐述了预研项目的特点、影响项目成败的主要指标因素及中止决策方法。①打分评价模型（综合评价模型）。首先按着设置好的四类（政府管制、原材料供应、技术成功可能性及市场发展情况）18 个评价指标进行判定，若其中至少有一类指标不满足，项目应立即中止；若四类指标都满足，则进行下一步判定，即观察与环境存在关联的指标、与项目本身存在关联的指标、与组织相关的指标共 14 项，若上述指标超过 1/2 未被满足，则应中止项目。②经济模型。第一阶段——在研项目综合评价模型，基于已设定的指标体系，对待评价项目进行打分和换算，比较每个项目换算值与预设阈值，决定项目是否被中止，同时计算出被中止项目可节约的费用;第二阶段——0-1目标规则模型,将节约的预算经费在日后在研项目或新选项目中进行最优分配。该方法适用于多项目选择的中止决策分析。

R. Balchandra 于 1989 年[25],从统计学的角度入手,针对美国 114 个研发项目,构建了适用于研发项目中止决策的判别模型,并进行实证分析。该方法的基本步骤为:①构建研发项目中止决策指标评价体系,用于判别项目成败,并对其指标值的范围和取值标准赋予定义;②针对 114 个研发项目,设计调查问卷,获取样本数据;③以评价指标为自变量,项目成或败为因变量,借助统计分析方法,构建用于描述评价指标和项目成败的判别方程,该方程即为研发项目中止决策判别的依据。

Lange 于 1991 年,借鉴 R. Balchandra 的判别分析方法,对德国 111 个研发项目进行中止决策研究分析,并对样本进行分类,包括成功、暂缓、中止三种类型。Lange 指出,在很多情况下,有些项目只是被暂时停止,以后也许还有再次启动获得成功的机会。因此,Lange 应用两个判别方程对项目的成功、暂缓、中止进行判别,在粗放的项目分类基础上进行了整合细化。

Klaus Brockhoff[26] 于 1994 年,针对 R. Balchandra 的判别模型进行了准确性验证,并比较分析了美、德、英三个国家,列举出 16 个评判项目成败的显著因素指标,见表 1。

表 1 评判项目成败的 16 个显著因素

Number	Element	指标
A	The probability of successful technology	成功的技术概率
B	Deviation from schedule	偏离的时间进度
C	Deviation from cost	偏离的成本
D	The time expected to attain	预期完成的时间
E	Odds events	机会时间
F	Complex technical degree	复杂技术度
G	Pressure of manager	团队项目领导的压力
H	Pressure of project defender	项目捍卫者的存在
I	Chance of success changes	变化的成功机会
J	Use changes in the number	用处数量变化
K	Executive support	高管的支持
L	Support of R&D manager	研发项目管理层支持
M	Change in commitment of project manager	项目高层允诺的变化
N	Available of specialists	专业人士的获取
O	Project period	项目周期
P	Conformation of project manager	项目领导的适应能力

Viond Kumar[27]于 1996 年提出，将研发项目划分为五个不同的阶段——初期筛选阶段、商业评估阶段、开发阶段、生产和初期商品化阶段、商品化阶段——进行中止决策研究，并结合大量的统计数据给出了每个阶段的评价指标，构建了研发项目的监控框架。其中模型如下：

$$g(X)=\beta_0+\beta_1 X_1+\beta_2 X_2+\cdots+\beta_n X_n \qquad 公式（1）$$
$$\pi(X)=1\div(1+e^{g(X)}) \qquad 公式（2）$$

其中 X_1，$X_2\cdots$，X_n 代表研发项目中每一个过程的预警变量，$\pi(X)$ 代表项目可能取得的成功概率。结合加拿大 65 个研发项目的数据样本，通过统计分析，分别确定四个阶段的影响变量，估算出相应的 β 值，构成 4 个判别方程组，结合最小成功允许概率，来监控和评价不同阶段，进而做出中止与否的决定。该研究引入了动态决策思想，应用阶段分析方法，从概念和统计分析层面进行实证。但该监控框架未能将影响项目成败的因素在四阶段模型中显现出来。

R. Balchandra[28]于 1996 年整合以前的研究成果，并将 Klaus Brockh off 提出的 16 个评判项目成败的显著因素指标在美、英、德、日四国进行验证，指出大多数指标因素在四个国家是相似的，部分指标因素不太相似的原因在于国家文化差异。

R. Balchandra[29]于 1997 年在研究大量研发项目成败指标的文献后，发现以一组简单、通用的指标体系平价所有研发项目是不现实的，并设计了三维权变模型——创新程度维度、市场种类维度、技术高低维度，每个维度又分为高低两个程度（见表 2）。

表 2 不同权变方块中的变量选择

组合编号	维度			市场因素	技术因素	组织因素
	创新	技术	市场			
1	渐进型	低	已有	高影响	低影响	高影响
2	渐进型	低	新增	高影响	低影响	高影响
3	渐进型	高	已有	高影响	高影响	影响
4	渐进型	高	新增	影响	高影响	影响
5	激进型	低	已有	影响	影响	影响
6	激进型	低	新增	低影响	影响	影响
7	激进型	高	已有	影响	高影响	影响
8	激进型	高	新增	低影响	高影响	高影响

该权变模型针对研发项目的不同特征，给出了有针对性的选择不同评价指标的便捷方法。但该模型并没有界定各个维度的标准值。

（二）国内科技项目管理现状研究

1. 我国科技项目管理实施现状

（1）立项阶段：一般包括项目征集、可行性论证及签订项目书三个方面。我国的科技项目由政府行政部门决策并参与制定，首先由科技管理部门发布项目的征集通知和申报指南，政府和各地方部门据此提交项目建议书；然后科技管理部门组织相关领域专家对征集的项目进行可行性论证；最后由政府部门综合平衡后审批决定，与立项单位签订项目书。该阶段关键是立项方向与质量直接影响到经费投入的效果。

（2）实施阶段：指科技项目立项后至项目结题验收前的阶段，其是科技项目管理的重点和核心，[20]主要包括落实资金、实施过程管理和检查考核三个方面。任务书签订后，政府相关部门会按照任务书中经费预算额度实施拨款；在项目执行过程中，管理部门需要对项目执行情况进行定期检查，检查和抽查的频率由项目的级别决定，项目的级别越高，检查和抽查的频率越高；科技项目执行的全过程及抽查检查发现的问题和解决办法需要详细记载，对于因不可抗拒的因素导致执行方案需进行修改的，项目执行单位应报管理部门申请项目变更，对于因人为因素而导致的项目无法按计划完成的，需要进行必要的处罚。

（3）验收阶段：由主管部门来组织对项目的完成情况进行全面检查的过程，项目承担单位应汇总项目成果，编写项目结题书，同时委托审计部门进行经费结题审计，向组织管理机构提出验收申请；验收的主要方式有书面验收和会议验收两种，书面验收由专家审核材料即可，会议验收需邀请专家听取项目负责人汇报，验收小组一般由同领域专家学者组成，专家审阅项目验收材料，经过现场质询解答，形成最终的结题验收意见，并将结论报政府部门审定；项目验收结束后，需要将项目的技术文件和记录进行归档保存。

（4）国内科技项目过程中止决策研究现状。

国内科研项目中止决策研究相对于国外中止决策研究起步较晚，目前尚处于起步阶段，但仍得到了很多学者的重视，国家设立了一系列科技计划专项基金进行资助。在1990年以后，国内有不少文章，主要见于《科学学与科学技术管理》《科研管理》《系统工程理论与实践》《科学学研究》《系统工程学报》《软科学》等国内核心期刊上[28]。

王守荣[31]于1994年，从内外部角度简述了项目中止的指标体系，并就经济指标展开讨论，探讨了项目方案、项目进度、项目费用、项目收益及项目盈亏等方面中止决策的方法，在此基础上给出了项目中止的定量条件。但研发项目发展前景受很多不确定因素的影响，所以，该方法在实际应用中受到一定的限制。

官建成、屈交胜、靳平安[32]等人于1995年，全面分析项目内外部因素，提出了十七项影响研发项目预研成败的指标，并借助模糊数学相关理论知识，构建了项目打分评价的数学模型。

屈交胜、官建成[33]等人于1996年提出了类似于Viond Kumar观点的中止决策阶段性问题，将研发项目中止决策过程划分为四个阶段——基础研究阶段、开发性研究阶段、试销阶段和商业化阶段，并提出了一种模糊动态综合评判的方法。首先，在时刻 t，对企业全部在研项目进行横向综合评价，然后，对在研项目时间序列上进行纵向动态评价，基本原理为：设项目 i 在各时间点的模糊评价集为 E_i，若有 n 个在研项目，则可得全部项目的中止决策矩阵。考虑到项目在不同的时点上被中止的概率不同，则采用对不同时点赋予不同的权重值 $0 < \delta_{ij} \leqslant 1$（$\sum \delta_{ij} = 1$）的办法，可得项目 i 在时间 t 的模糊综合评价值为 $E_i = \sum_{k=1}^{1} \delta_{ik} e_{ik}$，$k = 1, 2, \cdots, 1$，即为项目优劣排序和中止决策的依据。但该方法存在一个难点，即：需要预先确定一个阈值，但阈值确定比较困难。

陈国宏[34] 于 1998 年依据项目本身和项目所处环境的特征对项目前景进行识别和推断，并作出相应决策，提出了研发项目中止决策分析的模糊模式识别方法。其原理及思路：①构建项目前景评判指标体系；②获取样本；③根据评判指标对所取样本进行模糊聚类分析；④求三类理想样本隶属度；⑤待识别项目指标值；⑥待识别项目与理想样本的贴近度；⑦根据就近原则进行中止决策分析。该方法优点在于：适用范围广，它不仅适用于单项目的识别，还可用于多项目的评价和排序。但该方法选用夹角余弦的计算方式，具有计算量大且结果难以客观反映真实向量间的相似度的缺点，有待改进。

董景荣、杨秀苔[35] 等人于 2000 年根据 DEA（数据包络分析）理论和方法，构建研发项目实施效率分析的 DEA 模型，并从技术、市场、组织、环境、经济五个方面构建投入性、风险性和产出性三大类十三项指标，其中投入性和风险性指标作为 DEA 模型的输入项，产出性指标作为 DEA 模型的输出项，通过投入 – 产出比的综合分析，判定项目的有效性，并指明非有效项目的原因及调整方向。

刘权、官建成[36] 等人于 2000 年通过探讨神经网络（NN）在研发项目中止决策研究中可行性，提出了基于离散时间 Hopfield 的神经网络模式识别方法，将该方法应用于实施过程中的研发项目的中止决策分析。

董景荣[37] 于 2001 年剖析研发项目中止决策的特征，总结研发项目中止决策模式识别原理，构建基于小波网络的研发项目中止决策的模式识别方法。该方法具有很好的自学习、自适应、鲁棒性、容错性，且能够很好地提取特征、屏蔽随机噪声。

董景荣、杨秀苔[38] 等人于 2001 年基于研发项目的时变性、非线性、关联因素繁多等特点，充分利用研发项目已有的数据信息，通过已构建的基于人工神经网络的研发项目中止决策诊断识别系统，寻求当前项目前景与关联因素之间的内在机理。

官建成、刘权[39] 等人于 2001 年利用欧氏距离公式 $d(X_A, X_B) = \left[\sum_{i=1}^{m} a_i \mid XA_i - XB_i \mid^2 \right]^{1/2}$ 对陈国宏的研发项目中止决策分析模糊模式识别方法中海明（Hamming）贴进度公式进行改进，克服原公式没有考虑指标影响权重的缺陷，并对某飞机制造企业的四个正在进行的研发项目进行实证分析，结果证明，该方法计算更为简单且结果正确率更高。

刘权、官建成[40] 等人于 2002 年基于 Hamming（海明）神经网络，把已有结果的成功或失败的研发项目作为学习信号，识别进行中的研发项目的类别，进而判定项目中止与否，即构建了基于 Hamming 神经网络的研发项目中止决策方法。

官建成、刘权[41]等人于 2002 年针对 Hamming（海明）网络双极性值得局限性，提出了改进的 Hamming 神经网络，对 Hamming 网络中的匹配网和最大网做出了改进，使匹配网络输出节点的阈值能够不断进行调整，同时反映模式状态向量的特征和输入状态向量的状况。

冯英浚、孙佰清[42]等人于 2002 年提出了用非梯度的 SPDS（单参数动态搜索）算法来克服 BP 算法学习速度慢、网络性能差、算法不完备等缺点，构建了基于 SPDS 算法的研发项目中止决策模型，并通过实证分析验证了 BP 算法、LM 算法、SPDS 算法的训练速度和模式识别率。

吕宏、李金林、任飞[43]等人于 2005 年针对我国军队预研项目管理工作，构建四大类十小项指标体系，提出基于 BP 算法的预研项目中止决策模型，并用遗传算法对模型进行改进，使得新模型具有更高的合理性及更广泛的应用前景。

周晓宏、孙元[44]等人于 2007 年对现有的研发项目中止决策方法的利弊进行了分析与总结，并在此基础上构建了一套基于已有数据的研发项目中止决策判别分析模型。该判别分析模型的内涵机理：基于数据分析技术，收集并整合同类项目综合数据信息，找出反映其内在规律的判别函数，将待评价项目的相关特征代入判别函数，根据判别函数的函数值进行相关判断。

董景荣、杨秀苔[45]等人于 2007 年为了克服已有中止决策方法（如统计推断发、综合评价法、神经网络法）的局限性，提出了一种基于 SVM（支持向量基）的研发项目中止决策方法，并引入遗传算法来来进一步优化模型参数，以期达到最优性能。

金洪波，侯强[46]等人于 2009 年将研发项目划分为基础研究阶段、产品化阶段、市场化阶段等三个阶段，从技术、资金、市场、环境、组织等五个维度入手，构建了适用于一般研发项目的中止决策指标体系，并从项目实际出发，构建基于区间评价的可拓判别模型，并通过示例验证模型的可行性和有效性。

通过国内外科研项目中止决策研究现状的概述，概括来讲，具有代表意义的中止决策相关文献，如表 3 所示。

表 3　中止决策研究现状概述

数学基础	文献及作者	具体方法	应用范围	指标分类
统计推断	VIond Kumar 等人	判别分析	多项目	2 类
	Klaus Brockhoff 等人			
	R. Balchandra 等人			3 类
规划理论	Jona than F. Bard 等人	0-1 规划	多项目	4 类
	董景荣，杨秀苔等人	数据包络分析	多项目	3 类

续表

数学基础	文献及作者	具体方法	应用范围	指标分类
模糊理论	屈交胜、官建成等人	模糊综合评判	单、多项目	3类
	官建成、刘权、曹彦斌等人	模糊聚类分析	单、多项目	3类
	陈国宏等人		单、多项目	3类
神经网络	刘权，官建成等人	离散 Hopfield	多项目	3类
	董景荣等人	小波神经网络	多项目	3类
	董景荣、杨秀苔等人	BP 神经网络	多项目	3类
	刘权，官建成等人	Hamming 网络	多项目	3类
	官建成，刘权等人	改进的 Hamming 网络	多项目	3类
	冯英浚、孙佰清等人	SPDS 算法	多项目	3类
可拓理论	金洪波，侯强等人	可拓集合	多项目	3类

从研究方法角度，可将国内外科研项目中止决策研究概括为如下三类：①统计推断法，包括判别分析、聚类分析等；②综合评价法，包括模糊评价法、基于可拓理论的中止决策分析、神经网络综合评判法（Hopfield 网络、BP 网络、Hamming 神经网络及改进模型）、组合评价法（平均值法、Borda 法、Copland 法、模糊 Borda 法）等；③模式识别法，包括模糊模式识别法、神经网络法等。从文献综述可以看出，这三大类方法的优劣及侧重点有所不同，如表4所示。

表4 中止决策研究方法对比表

方法名称	主要思路 优缺点	是否需要阈值	能否辨别项目弱点	方法难点	相关方法
统计推断法	从统计学角度揭示中止决策的规律性，发现项目成功或失败的影响因素之间的函数关系，这恰恰也是该方法的难点所在	需要	能	构建项目成功或失败与影响因素之间的函数关系	判别分析法 聚类分析法
综合评价法	借助专家经验，对待评价项目进行判定	需要	能	专家经验的量化及客观性	模糊综合评价法 可拓评价法
模式识别法	依据相似性原理，根据待评价项目与理想样本或已有成功模式之间的贴进度做出中止与否的判断。相较于统计推断法，该方法不需要确定对评判指标对项目前景的影响关系，相较于综合评价法，该方法不需要阈值等决策判断标准	不需要	不能	需要有同阶段、同时期的大量相似案例作为输入，而大量样本数据的收集本身就是一件比较困难的事情	模糊模式识别法 神经网络法

（三）存在问题

国家重大科技专项创新生态体系是由实施和影响其创新活动的组织机构、实施主体、制度规范、运行机制及相关环境要素相互作用而形成的有机协同系统，主要体现为组织管理体制、创新主体、资源配置机制、过程管控方法、手段，以及相关支撑和保障要素的相互作用与协同运行。上述严峻的现实表明：重大科技专项的实施未能发挥应有的作用和贡献，其创新生态体系建设仍有诸多难题亟待破解。

1. 管理体制不畅，运行机制不活，创新生态的组织基础难以有效形成

管理体制和运行机制是创新生态的组织基础，重大科技专项是我国集中力量抢占科技和产业制高点的重要抓手，其组织实施由国务院统一领导，国家科技教育领导小组统筹、协调和指导。科技部作为国家主管科技工作的部门，会同发展改革委、财政部等有关部门，做好重大专项实施中的方案论证、综合平衡、评估验收和研究制定配套政策工作。这种管理体制中行政主导地位充分体现，研发组织创新主体地位彰显不够，实际实施中行政系统和技术系统缺乏有效的衔接机制，科技系统和经济系统（产业系统）缺乏有效的协同基础。这表明：现有重大科技专项管理体制不畅，管理主体定位不清，职能错位，运行机制不活。

阶段性验收的结果证实了上述问题的存在，实际情况表明：重大科技专项实施组织体系中以行政（党）线为实施主导，技术线的创新主体作用没有得到有效的发挥，阉割了技术线应该具有的创新功能和活力。由于重大科技专项管理体系过分偏重以科技行政主管部门为主导的纵向管理，忽视了重大科技专项之间、子项目之间等的协同管理；忽视了科研主体和组织主体的协同管理；忽视重大科技专项所涉及的不同部门之间的协同管理和不同项目产学研用的协同管理；忽视了单个重大科技专项内专业共同体、同旨共同体的协同管理；以及单个重大科技专项内不同团队之间的协同管理。重大科技专项实施中创新生态的组织基础由此难以有效形成。

2. 缺少深度融合、协同管理思维和建立管理决策与优化平台思维

2015 年，李克强总理在政府工作报告中首次提出"互联网 +"行动计划，使之上升为国家战略，并已经成为新常态下的经济增长新引擎。"互联网 +"代表一种新的经济形态，充分发挥互联网在生产要素配置中的优化和集成作用，将互联网的创新成果深度融合嵌入于经济社会各领域之中，提升实体经济的创新力和生产力，形成更广泛的以互联网为基础设施和实现工具的经济发展新形态。"互联网 +"的实质就是创新驱动发展方式、提升实体经济新的创新力和新的生产力、进行生产流程再造和价值链重组。因此，"互联网 +"加的不仅仅是技术，更是互联网颠覆传统企业决策方式、业务模式和经营思路等诸多方面发生根本性转变。

然而，随着（移动）互联网、大数据等新一代信息技术的飞速发展，工业时代形成的

经典管理理论——科学管理理论、科层组织理论、一般管理理论、营销 4P 理论、木桶理论，已经致使传统重大科技项目管理组织边界、管理决策方式、组织设计、团队激励、流程再造等方面将面临自我颠覆与重构的挑战。互联网的"去中心、去中介、去边界、自组织化"的组织形态颠覆了马克斯·韦伯的"组织理论科层制"，互联网的"零距离、个性化"颠覆了弗雷德里克·温斯洛·泰勒的科学管理理论的"科学化、标准化管理"，互联网的"平等、开放、协作、共享、分布式"颠覆了亨利·法约尔的一般管理理论，互联网的"共享、协作"颠覆了劳伦斯·彼得的著名木桶理论，以及菲利普·科特勒的营销 4P 理论等。因此，毫无疑问，以经典管理理论为基础而构建的重大（科技）项目管理理论体系和管理模式也必将面临颠覆式的挑战、重塑和创新。

（移动）互联网、物联网的迅猛发展已经引发了数据规模爆炸式增长，各种视频监控、监测、感应设备也源源不断地产生巨量流媒体数据，能源、交通、医疗卫生、金融、零售业等各行业也有大量数据不断产生，积累了 TB 级、PB 级的大数据。结果表明：人类社会已进入大数据时代，大数据已经开始造福于人类，成为信息社会的宝贵财富。因此，目前世界多数国家已将大数据研究及其应用提升为重大国家战略。

毋庸置疑，大数据必将给重大科技项目管理的市场、技术、管理理论、管理模式、商业模式等创新带来新机遇和全方位的颠覆式变革。

大数据在重大科技项目管理全过程（纵向链条、横向链条）中主要体现在数据规模巨大、多源异构和动态变化性，具体表现：①从数据规模视角，无论是重大项目纵向链条，还是横向链条，以及"创新链条－产业链条"的对接过程，均无时无刻不断积累着各种实时数据、信息和知识，这些数据资源规模之大远远超出了传统认知的范畴，将会成为管理创新中可待开发的无尽财富。②从数据来源和结构视角，大数据具有多源异构特征。大数据多源性主要源自重大项目纵向链条、横向链条，以及"创新链条－产业链条"的对接过程；大数据异构性主要是通常以电子形式、纸质、音像制品等形式存在，且也表现为结构化数据、半结构化数据和非结构化数据。③从数据动态性视角，源自于重大项目管理过程的大数据均处于不断积累、实时处理状态，其过程是时间的函数，具有动态可变性。

综上所述，大数据对于重大项目组织的管理创新的巨大影响主要体现在：①大数据的存在扩展了重大项目型组织可用资源和条件范围，并在更为广泛的有机组织生态中开展创新。②大数据决定了数据驱动是重大项目管理创新的源泉，并使管理创新决策更为科学、平等、开放、协作、共享。③大数据推动重大项目型组织文化、工作流程等方面做出相应改变，以适应新背景下项目管理创新的要求——数据问题，即基于动态数据收集和分析结果做出科学决策，以及数据和由数据分析所发现的结果。

因此，大数据驱动的重大项目管理理论和管理模式的创新与传统管理创新有本质的区别。后者是以特定工程实践管理问题作为管理理论和模式创新的原动力，借助组织知识和专家智慧，利用定性分析或定性与定量相结合的方法，找到解决问题的途径，创新过程犹如有限生态下的"池塘捕鱼";前者是特定工程实践管理问题、大数据和数据发现作为管理理论和模式创新的原动力,借助组织知识、专家智慧、大数据及其数据发现,利用定性分析或定性与定量相结合的方法,或先有数据后有模式等的方法,找到解决问题的途径,创新过程犹如无限生态下的"大海捕鱼"。"池塘"和"大海"是创新的环境和条件,"鱼"代表的是可能存在的重大项目管理创新选择,而"捕鱼"的过程就是实现管理创新的方法和路径。环境和条件的变化必然影响到重大项目管理理论和管理模式创新实现的途径和结果[1]。

大数据技术正在方兴未艾,踌躇满志地颠覆着传统的经典管理理论、传统的管理模式、传统的信息技术,正如雨后春笋一般,斩荆披棘、势如破竹。因此,迫切需要研究、提出和构建大数据驱动的重大项目管理理论体系、管理模式、技术 – 管理深度融合标准、工程化协同管理决策平台等,为我国重大科技项目管理提供科学决策的理论依据。

因此,围绕着重大项目纵向链条和横向链条,以及"创新链条 – 产业链条 – 商业链条"的对接过程中的大数据问题,基于互联网和大数据"去中心、去中介、去边界、自组织化",以及"平等、开放、协作、共享、分布式"的要求,研究"大数据驱动的重大科技项目管理理论体系、管理模式、'技术(互联网 – 大数据 – 云计算)– 管理'深度融合标准、工程化协同管理决策平台以及相关大数据技术支撑问题"是本课题组多年来开展的研究——"'互联网 +'重大项目管理"的课题之一,国内尚处于空白阶段,其选题的理论研究价值和现实意义非常巨大,对于我国重大科技项目管理基于定量化和大数据化进行科学决策具有重要的现实意义和广阔的应用前景。

3. 过程管理缺乏科学有效的方法与手段,过程监控不力,层层问责制无从实现

重大科技专项过程管理是一个开放的复杂系统,有效处理复杂系统问题需要科学有效的方法和手段。然而,重大科技专项过程管理中至今未能采取有效的过程管理方法和手段,致使过程监控不力,层层问责制无从实现。

缺乏科学有效的绩效评价方法与手段。重大科技专项过程管理中绩效评价指标的设置不合理,过分强调定性因素,量化评价严重不足。实际评价结果与预期目标反差很大。现有《国家科技重大专项项目(课题)任务验收评议表》中设置的 11 项评价指标中没有 1 项是量化的评价指标,更为严重的是这些定性的评价指标等级分类没有科学的分类方法和客观依据,没有具体的评分细则,实际项目评价中主观和人为因素不可避免地会占据主导地位。

过程监控不力。重大科技专项的监督控制总体上由科技部相关司、处和相关单位来承担,有的专项的项目总体专家组也承担着项目的监督检查。由于科技活动具有很强的信息不对称性,除了某技术领域的几个专家可以了解技术的发展特点及其相关主体的能力以外,其他人是无法知晓相关知识。所以,重大科技专项项目委托方(国家或相应部门),以及受托监督的第三方,在整个专项实施监督中技术上明显处于劣势。因此,重大科技专项监督者的资格、监督的内容、监督的形式等尚需进一步研究。这种情况也导致了重大科技专项过程监控的不力。

层层责任问责机制不健全。现行《国家科技重大专项管理暂行规定》等相关政策性文件中，从重大科技专项领导小组、科技主管部门、课题行政（党）领导、技术负责人等层层只是规定了职责，而缺少问责条款，缺少具体责任承担形式与机制，往往是该问责的没有问责，有了责任的没有问责，导致重大科技专项层层责任问责机制和体系不健全。

4. 知识产权管理尚未有效地贯穿重大科技专项的全过程

重大科技专项是我国跟踪国际前沿科技，突破产业关键核心技术的重大科研工程，也是国家自主创新能力建设的重要举措。重大科技专项的实施旨在集成资源，重点突破，以科技发展的局部跃升带动生产力的跨越发展，这就要求重大科技专项实施必须要有效地形成和拥有自主可控的知识产权，进而有效运用知识产权整合创新链，布局产业链，提升价值链。然而，调研中发现我国重大专项实施中虽然已有知识产权管理的规定，但尚未有效贯彻实施，突出的表现为：众多的重大科技专项实施尚未建立专门的知识产权数据库，重大科技专项立项前没有开展严格的知识产权审议和分析，对重大科技专项的技术路线的选择和研发路径缺乏全球范围内的知识产权信息检索和分析；重大科技专项实施过程中对知识产权的申请、布局、风险，缺乏有效的分析与报告制度，缺乏相应的实施和监测评估机制；重大科技专项创新成果没有合理有效地形成自主可控的知识产权，对知识产权的运用没有给予应有的重视，知识产权形成和运用的国家权益诉求不强烈，没有更好地得到体现与保护，没有及时有效的转化推广；在产业化运用、资本化运用、国际化运用及标准化运用等方面制度建设及相应的管理严重滞后；对于重大专项创新成果使用过程中后续技术的改进及相应的知识产权运用缺乏科学合理的规制。

5. 重大科技专项实施过程工程管理高端人才匮乏

目前，我国有16项国家科技重大专项，广泛分布于战略新兴产业等各个行业，其管理是一个复杂的系统工程，需要大量的既懂管理又懂科技，并具有工程管理素质的高端管理人才。然而，我国高等院校工程管理高端人才的学科培养基础极其薄弱，国家高等教育学科体系中尚未设立工程管理学术（工程）博士点，国家科技重大专项产学研用的高端管理人才培养体系没有有效地建立起来，导致重大科技专项管理实用创新人才青黄不接。目前大量专业技术人才管理重大工程项目，大量行政人员管理重大科技专项。残酷的现实表明：工程管理高端人才缺乏有效的培养和造就机制，国家重大科技专项实施过程工程管理高端人才匮乏。

三、研究趋势与展望

（一）深化重大科技专项管理体制改革，建立分工合理、协同高效的创新生态体系

我国"两弹一星"、神舟系列工程重大科技项目成功经验表明：建立两条指挥线和总

设计师管理体制，是我国一条行之有效的重大科技专项管理体制。其核心是突出科学家的专业领导和专业技术人员的业务主导，以研发组织或以研发实体为创新主体，形成以重大科技研发的各类研发组织的横向管理为基础，形成分工合理、协同高效的运行机制。

当前尤其要建立重大科技专项科技资源的集中整合利用机制，一方面要强化研发组织的创新主体，建立由研发组织牵头来组织实施国家重大专项的协同创新体系；另一方面要明确重大科技专项管理分工，强化行政系统对重大科技专项的服务和保障职能，明确行政（党）线负责组建队伍、组织协作、资源调配、后勤保障、思想政治工作等责任；同时，要强化技术系统的业务主导地位，技术线负责重大科技专项研制中的设计、技术决策和技术统筹等技术工作。在此基础上，形成卓有成效的、彼此互不交叉、互不干扰的管理体制和运行机制——行政（党）线和技术两条线定位清晰、职能适中、分工负责、协同指挥，形成分工合理、协同高效的创新生态体系。

（二）构建"互联网＋重大科技项目"管理决策与优化平台，理清科学问题，加强"互联网＋重大科技项目管理"深度融合、协同管理思维

互联网和大数据以其特有的"去中心、去中介、去边界、自组织化"，以及"平等、开放、协作、共享、分布式"本色，从管理理论和信息技术的变革"源头"催生新的管理理论和信息技术的诞生，一方面正在颠覆着弗雷德里克·温斯洛·泰勒的"科学管理理论"、马克斯·韦伯的"组织理论科层制"、亨利·法约尔的"一般管理理论"、劳伦斯·彼得的著名"木桶理论"、菲利普·科特勒的"营销 4P 理论"等经典管理理论，其结果必然是基于经典管理理论而形成的项目管理理论，特别是重大项目管理理论、管理模式受到颠覆式的冲击；另一方面又正在颠覆着传统信息技术——大数据异构和不完备性、时效性、安全隐私、能耗、管理易用性等技术，其结果必然是面临大数据的多源异构、分布广泛、动态增长、先有数据后有模式等诸多特点的传统数据处理技术受到颠覆式的挑战；同时，由于目前的重大科技项目管理基本上是集"21 世纪基于互联网的商业流程、20 世纪中期的管理流程和 19 世纪的管理原则"三位为一体，从重大科技项目管理"创新链条（'源头'）–产业链条–商业链条（'源端'）"视角，必然会从"源头"催生重大项目管理理论、管理模式、大数据新信息技术的诞生，从"源端"倒逼原有的重大项目管理理论、管理模式、大数据技术的创新；而全链条期间的深度协同"错位"也必然迫切需要改变目前尴尬的管理困境，渴望相匹配的重大项目管理理论、创新的管理模式、大数据新信息技术、适宜的管理标准体系的脱颖而出。因此，在大数据背景下，重大科技项目管理全链条中必然会带来的科学问题是管理理论生态体系的失配性、数据环境下决策的复杂性、组织管理创新模式的迟滞性、管理标准的缺失性。大数据背景下的重大项目管理全链条中的失配性、复杂性、迟滞性和缺失性的科学问题。

因此，可以得出：对于互联网和大数据时代的重大科技项目管理而言，所面临的主要

管理问题是：在互联网和大数据的背景下，重大科技项目如何进行协同管理科学决策，才能构建重大科技项目实施中的创新生态体系建设？这个问题的答案不仅关乎重大科技项目管理的有序和高效发展，而且更关系到能否有效地实现核心技术突破，形成创新链、建设相应的产业链，调整有效的资金链条，实现"创新链－产业链－商业链"的对接，最终必然关系到能否有效地支撑我国产业转型升级，在国际竞争中有效占领产业制高点。

（三）以重大科技专项过程绩效评价和责任考核体系为抓手，加强过程监控，促进创新生态体系的建设

绩效评价是国家重大科技专项过程监控的重要依据，责任考核是国家重大科技专项过程监控的约束机制，两者均是国家重大科技专项实施中创新生态体系建设不可或缺的重要组成部分。

在国家重大科技专项的组织实施过程中，应当以重大科技专项过程绩效评价和责任考核体系为抓手，加强过程监控，促进创新生态体系的建设。当务之急是引入滚动淘汰制、第三方评价制、节点监控制、层层问责制等过程监控制度。

实施滚动淘汰制的核心在于：收敛目标、动态淘汰，提高项目的成功率。国家重大科技专项实施过程中要在主要节点上（阶段性评估）设定不同阶段的绩效评价指标体系，以此结果来及时调整和收敛总体战略目标，逐步淘汰目标分散、布局不合理的项目，科学合理地进一步确定子目标，科学布局新项目，动态改变不同专项及其资源配置方式，提高配置效率，保证能够支持最优的最有前途的项目和领域，提高项目支持力度和成功率。

节点监控制核心在于进度控制和优化管理：国家重大科技专项实施过程中节点及其时间间隔的设计要结合重大科技专项本身的科技发展规律来科学设定。必要的科学的节点设计表明：课题或项目承担者能够控制项目实施的正常进度，能够预见项目实施中的一些风险。可以通过节点设计来评价项目申请者对技术发展路径的了解程度，以及进行技术管理的能力，从而选择最优秀的人和单位承担国家重大项目。

第三方评价制核心在于从程序和外部监督确保问责制的落实：国家重大科技专项实施过程中要建立科学合理的第三方评价机制，以科学合理的评价机制为前提，真实全面地考量评议重大科技专项实施的过程。首先要认真制定科学合理的绩效评价指标和评价程序，什么时候评价，评价对象有哪些，评价渠道如何选择，评价程序具体如何操作等，要充分注重评价结果，并与项目主体挂钩，建立自上而下的问责机制，以及方方面面的监督机制。

层层问责制核心在于层层授权、层次设定义务、层层设置责任：国家重大科技专项实施过程中要在主要节点上分层设置严格的责任类型，明确责任承担的主体，明确责任追究的主体，及失职之后责任的追究制度，建立重大科技专项层层问责制及相应的责任体系。

国家重大科技专项全过程管理通过引入滚动淘汰制、第三方评价制、节点监控制、层层问责制等过程监控制度，不仅能够有效强化重大科技专项的过程监管和绩效评价，还可以建立重大科技专项成果应用与产业链建设互促共进的机制，以产业链设置重大科技专项实施的创新链，结合重大科技专项创新链的有效运转需求不断优化和完善资金链，进而促进重大科技专项的创新生态体系的建设和改进，促进重大科技专项协同创新体系的有效形成。

（四）以重大科技专项的知识产权审议为着力点，加强重大科技专项的全过程知识产权管理

在新一轮的技术革命和产业变革中，发达经济体纷纷运用知识产权抢占科技与产业竞争制高点，并对涉及国家重大产业安全的重大科研和重大工程项目实施全过程知识产权管理。知识产权已经成为事关国家产业安全战略资源。重大科技专项实施应以知识产权审议为着力点，加强重大科技专项的全过程知识产权管理。①重大科技专项立项前严格知识产权审议和分析。对重大科技专项立项申报涉及的主要技术突破、已有的知识产权积累、重大专项研发技术路线的选择和研发路径要做全球范围内的知识产权信息检索和分析，确保重大专项的立项能够有效避免和化解知识产权风险和重复研发风险；②重大专项实施过程中，对主要研发节点和主要研发技术突破要开展动态实时跟踪与监测分析，采取有效措施切实保护重大专项的阶段性成果，切实开展重大专项阶段性成果的知识产权检索分析与保护策略选择；③重大科技专项结题验收中，加强创新成果的知识产权审核和评估，对创新成果的国内、国际专利申请，获得的授权类型，专利的产业布局、地区布局、国际布局以及形成的行业、国家乃至国际标准状况要开展分析与评估，为知识产权的运用打好基础；④重大科技专项结题验收后，加强知识产权的运营。重大科技专项的实施最终目的不在于申请多少专利、获得和拥有多少专利，而在于将这些专利形成有效的组合，切实运营起来。一方面要鼓励研发人员致力于创新成果的产业化推广和应用，有效运用重大科技专项形成和拥有的专利，布局创新链，建设产业链，提升价值链，融通资金链。另一方面要活化重大科技专项知识产权成果的利用机制，通过财政、税收、金融、保险、标准化等政策手段和措施尽快释放专项实施单位积极利用重大科技专项知识产权成果的潜力和活力，提升重大科技专项实施主体运用知识产权的能力。

（五）开展国家科技重大项目全过程知识产权风险预警与动态监控关键问题的研究

国家科技重大项目是我国跟踪国际前沿科技，突破产业关键核心技术的重大科研工程，也是国家自主创新能力建设的重要举措。科技重大项目的实施旨在集成资源，重点突破，以科技发展的局部跃升带动生产力的跨越发展，这就要求科技重大项目实施必须要有

效地形成和拥有自主可控的知识产权，进而有效运用知识产权整合创新链，布局产业链，提升价值链。

然而，国家科技重大项目知识产权管理存在如下亟待解决的问题：在我国科技重大项目实施中，知识产权管理尚未有效地贯穿科技重大项目的全过程，虽然已有知识产权管理的规定，但尚未有效贯彻实施。

当前，全球正处在新一轮的技术革命和产业变革中，发达经济体纷纷运用知识产权抢占科技与产业竞争制高点，知识产权已经成为事关国家产业安全的战略资源。因此，针对涉及国家产业安全的科技重大项目实施全过程，应以知识产权过程管理为着力点，加强科技重大项目的全过程知识产权风险预警和动态监控监管。对此，构建有效和可行的国家科技重大项目知识产权风险动态监控流程与平台，实现对其知识产权风险的系统化、定量化、智能化管理，实时预警和监控其知识产权的风险点的程度，开展风险警示，为科学决策提供依据，已经成为国家重大科技项目知识产权风险管理工作中一个亟待解决而又非常突出的关键问题。

鉴于此，迫切需要研究和提出国家科技重大项目立项前严格知识产权审议、实施过程中对主要研发节点和主要研发技术突破的动态实时跟踪与监测、结题验收中创新成果的知识产权审核和评估、结题验收后的知识产权运营全过程的知识产权风险多维致因机理、预警评估指标、预警评估指标区间的确定、动态监控方法等，为国家科技重大项目的知识产权管理提供科学决策的理论依据和支撑。

因此，基于多级模糊定量评价模型，研究"国家科技重大项目全过程知识产权风险预警与动态监控关键问题研究"是本课题组多年来开展的研究课题之一，国内处于刚刚起步阶段，其选题的理论研究价值和现实意义非常巨大，对于我国科技重大项目知识产权风险进行更加有效地实时预警和监管具有重要的现实意义和广阔的应用前景。

（六）以高校工程管理工程博士点学科建设为平台，尽快建立重大科技专项高端工程管理人才培养学科体系

学科建设是高等院校人才培养体系的重中之重，是高端人才孵化的重要培养基地和平台，直接影响着国家人才战略的实施。

高等院校要密切结合重大科技专项高端管理人才迫切需求，以高校工程管理工程博士点学科建设为平台，推动国家工程管理高端人才学位授予与国家重大专项的实施有效对接。要尽快设立高校工程管理工程博士点，要在招生、培养方案制订、导师团队建设、理论教学，实践基地建设、专题研究、合作研发等与国家重大专项实施的主要关键环节和过程相衔接，尽快建立和完善重大科技专项高端工程管理人才培养的学科体系。具体的人才培养中可以重大科技专项的实施项目为载体，以重大科技专项各个专题项目的研发为依托，以参与重大科技专项管理的人才为对象，推动科技项目承担单位与培养单位在产学研

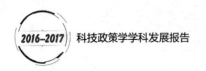

用协同合作的基础上，实质性地参与工程管理高端人才的培养和造就。

参考文献

［1］王长峰，张义忠. 国家科技重大专项实施中创新生态体系建设迫在眉睫. 教育部专报，2013.

［2］王长峰，吴斌. 大数据背景下的重大项目管理理论和管理模式研究. 申报国家自然基金重点项目，2017.

［3］王长峰，等. 国家科技重大项目全过程知识产权风险预警与动态监控关键问题研究. 申报国家自然基金面上项目，2017.

［4］夏穗生. 美国的科技政策和重大科技项目的管理［J］. 江苏农业科学，1996，23（6）：57-60.

［5］毛振芹，程桂枝，唐五湘. 部分科技发达国家科技计划项目的管理模式及启示［J］. 武汉工业学院学报，2003，22（3）：100-103.

［6］高树军. 瑞士科研体制及其对我国的启示［J］. 科技管理研究，2008（6）：49-50，61.

［7］马歆卉. 科研项目全过程管理［J］. 现代商贸工业，2007，19（5）：73-74.

［8］R Balaehnadra. A Comparison of R&D project Termination Factors in Four Industrial Nations［J］. IEEE Transactions On Engineering Management，1996：88-96.

［9］Jonathan F Bard. An internal approach to R&D project selection and termination［J］. IEEE Trans on Engineering management，1988，35（3）：139-146.

［10］R Balaehandra. Early Warning Signals for R&D Project Lexington［M］，MA：Lexington Books，1989.

［11］Klaus Brockhoff. R&D Project Termination Decision by Discriminate Analysis-An International Comparison［J］. IEEE trans on Engineering management，1994，41（8）.

［12］Vinod Kumar，Aditha N S Persaud，Uma Kumar. To Terminate or Not an Ongoing R&D Project：A Managerial Dilemma［J］. IEEE Transactions on Engineering Management，1996：273-284.

［13］R Balaehandra. A Comparison of R&D Project Termination Factors in Four Industrial Nations［J］. IEEE trans on Engineering management，1996，43（8）.

［14］R Balaehandra，John H Friar. Factors for Success in R&D Projects and New Product Innovation：A Contexual Framework［J］. IEEE Transactions on Engineering Management，Vol 44，No. 3，August 1997：276-287.

［15］刘景江，郑刚，许庆瑞. 国内外 R&D 的项目测度与评价研究述评［J］. 研究与发展管理，2001，13（4）：44-45.

［16］王守荣. 研究与开发项目中止的经济分析［J］. 科学学研究，1994，12（2）.

［17］官建成，屈交胜，靳平安. 试论 R&D 预研项目的中止决策［J］. 中外科技政策与管理，

［18］屈交胜，官建成. R&D 项目中止决策的动态综合评判［J］. 科研管理，1996. 5，5（17）.

［19］陈国宏. R&D 项目中止决策的 Fuzzy 模式识别［J］. 科学学研究，1998（1）.

［20］董景荣，杨秀苔. R&D 项目中止决策的有效性分析［J］. 重庆大学学报（自然科学版），2000，23.

［21］刘权，官建成. 神经网络在 R&D 项目中止决策中的应用［J］. 北京航空航天大学学报，2000，26（4）：42-44.

［22］董景荣. R&D 项目中止决策的小波网络模式识别［J］. 管理科学报，2001（2）：67-73.

［23］董景荣，杨秀苔. 基于人工神经网络的 R&D 项目中止决策诊断［J］. 科研管理，2001，22（1）.

［24］官建成，刘权，曹彦斌. R&D 项目中止决策的实证研究［J］. 北京航空航天大学学报，2001（6）.

［25］刘权，官建成. 基于 Hamming 神经网络的 R&D 项目中止决策方法［J］. 自动化学报，2002，28（2）.

［26］官建成，刘权. 改进的 Hamming 神经网络在 R&D 项目中止决策中的应用［J］. 控制与决策，2002，6.

［27］ 冯英浚，孙佰清，王雪峰. 基于 SPDS 算法的 R&D 项目中止决策的神经网络模型［J］. 哈尔滨商业大学学报（自然科学版），2002，18（5）.

［28］ 吕宏，李金林，任飞. 基于神经网络及遗传算法的预研项目中止决策研究［J］. 科学学与科学技术管理，2005．6.

［29］ 周晓宏，孙元. 基于判别分析的 R&D 项目中止决策［J］. 技术经济，2007，26（4）.

［30］ 董景荣，杨秀苔. 基于支持向量机和遗传算法的 R&D 项目中止决策诊断［J］，中国管理科学，2007，15.

［31］ 金洪波，侯强. 基于可拓理论的研发项目中止决策分析［J］. 科技进步与对策，2009，26（7）.

撰稿人：王长峰

技术预见

一、技术预见的定义与内涵

Ben Martin 将技术预见（Technology Foresight）定义为：技术预见是对未来较长时期内的科学、技术、经济和社会发展进行系统研究，其目标是要确定具有战略性的研究领域，并选择那些对经济和社会利益具有最大化贡献的通用技术。此外，OECD 对技术预见的定义与之相似：技术预见是系统研究科学、技术、经济和社会在未来的长期发展状况，以便选择那些能给社会和经济带来最大利益的通用技术。

技术预见最早兴起于 20 世纪四五十年代的美国，主要在壳牌、摩托罗拉等大型跨国公司或特定产业中流传，用于企业 / 行业内的计划制定。1971 年起日本率先开展了延续至今的国家技术预见活动，将这一方法用于国家范围内的科技和产业研究，并逐步同国家科技计划相融合。90 年代后，英国、韩国、中国、欧盟等众多国家和地区陆续开展了各自的技术预见活动。进入 21 世纪，技术预见又开始在全球化和区域化两方面不断突破。联合国工业发展组织（UNIDO）、经济合作与发展组织（OECD）和亚太经合组织（APEC）等国际组织在跨国的技术预见活动开展方面进行了大量的工作，甚至以为发展中国家提供技术预见平台为己任。在我国，上海、北京、广东等多个省、市、区则将技术预见方法同区域科技、产业的发展研究或规划制定相结合，培养了一大批技术预见研究工作者。

技术预见本身是一种通用的研究方法，在创新链的不同环节、不同的创新主体、不同的预见时间尺度上均可使用。通常企业会在产业化技术研发阶段开展约三年周期内的产品技术预见；特定行业开展的产业技术预见则通常涉及创新链的上一环节，即商品化技术研发阶段，并且预见周期会拓展到五年左右；对于某类技术前景的判断属于战略技术预见，涉及了竞争前的技术研发环节，预见周期可能达到十年；对于创新链更上级的科学成果转化研究开展的科学展望性技术预见的预见周期则有可能在十年以上。在政府的科技规划编制工作中，不同的政府级别、规划类型可能会需要不同层级的技术预见研究支持。产业技术预见、战略技术预见、科学展望性技术预见都有可能涉及。

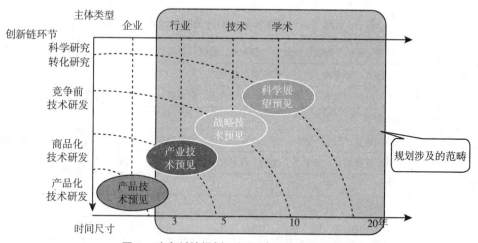

图 1　政府科技规划可能设计的技术预见类型

技术预见研究主要是在对未来科技、经济、社会、环境、文化等因素进行全面综合分析基础上，科学的选择出关键和通用技术的过程。这一过程根据研究视角和核心问题的发展变化可以分为以下三个顺序关联的环节。

（1）整体化前瞻。这一环节的主要研究任务是将科技发展置于经济、社会、环境、文化、人口等发展目标的普遍联系之中，全面、宏观的描绘未来的各方面发展愿景，并选择出其中同技术发展关系密切的方面，重点解答"未来是什么"这一核心问题。在这一阶段常用的研究方法包括情景法、SWOT 分析等。

（2）系统化选择。这一环节的主要研究任务是在前期整体发展愿景的基础上，结合自身的需求和禀赋资源特点，从各项发展愿景中剥离出核心、关键的技术项目并形成体系，重点解答"未来要做什么"这一核心问题。在这一阶段常用的研究方法包括德尔菲法、知识图谱、专利地图等。

（3）最优化配置。这一环节的主要研究任务是在确定了战略发展方向的基础上，进一步剖析、细化具体的执行方式方法，同时在科研人员、产业人员、政府、社会公众等各类科技发展的参与者中明形成普遍共识，进而形成合力共同推动科技的发展，重点解答"该怎么做"这一核心问题。在这一阶段常用的研究方法主要是技术路线图。

二、国际技术预见发展及应用态势

目前，技术预见研究经过长期发展已经实现了大面积普及，全球众多国家都曾经开展过技术预见，遍布各大洲。据日本文部科学省国家科学技术政策研究所（NISTEP）统计，目前全球已经有 54 个国家（地区）进行过技术预见活动。

表 1　全球开展过技术预见活动的国家（地区）和组织

西欧	奥地利、丹麦、芬兰、法国、爱尔兰、意大利、德国、荷兰、挪威、西班牙、瑞士、瑞典、英国
中东欧	克罗地亚、捷克、匈牙利、波兰、俄罗斯、乌克兰
亚洲	中国、印度、哈萨克斯坦、日本、韩国、马来西亚、新加坡、菲律宾、中国台湾、泰国、越南
北美	美国、加拿大
拉丁美洲	阿根廷、玻利维亚、巴西、智利、哥伦比亚、古巴、厄瓜多尔、墨西哥、秘鲁、乌拉圭、委内瑞拉
非洲	南非、埃及、尼日利亚、摩洛哥、加纳、肯尼亚
中东	以色列、伊朗、约旦、巴基斯坦、土耳其
大洋洲	澳大利亚、新西兰
国际组织	APEC、UNIDO、OECD、EC、IPTS、APEC、FAO

技术预见与现代政府的科技管理职能有密切关系，尤其是在科技规划和计划的制定中具有极其重要的作用。上述国家中，日本、韩国、英国均有长期、多轮开展技术预见的经验，且将其同国家的科技规划密切结合，和我国的技术预见开展情况有相似之处，具有较强的代表性和借鉴意义。美国则主要将路线图形式的技术预见作为规划执行的标杆。这一结果对美国政府的直接影响虽然不是很强，但政府在决定投资方向和制定中长期创新政策时，也经常把技术预见结果作为一种重要的参考依据。

（一）日本

自 1971 年全球首次开展国家技术预见工作以来，日本已经开展了十次技术预见工作。NISTEP 在 2001 年的改革中成为文部科学省的下属机构，并成立了专门的科技预见中心，负责组织实施随后的历次国家技术预见工作。2005 年的第八次技术预见则首次同日本的国家研发基础计划相挂钩，直接支持了 2006—2010 的第三期国家研发基础计划的制定。之后每次技术预见工作均同随后的国家研发基础计划以五年为周期协同开展。最近的一次是 2015 年开展的、支持第五期国家研发基础计划的第十次技术预见。2010 年日本曾对 1971—1992 年间开展的前五次技术预见的实现情况做了系统性回顾总结。结果显示，在各次技术预见的全部技术项目中"全部实现"和"部分实现"的技术均维持在 70% 左右的水平。而未能实现的原因则大部分是由于技术问题难以解决。

在第十次技术预见的参与者有政府工作人员、研究所研究人员、来自大学、商业机构等各个领域的五千多名专家学者，预测了 2016 年到 2045 年的技术发展情况，重点是围绕 2025 年的社会发展需求进行技术预见。日本第十次技术预见的调查目标从前九次技术预见的"确定科技发展方向、服务于本国科技规划与政策制定及满足社会经济发展需求"调整为"服务于科技政策和创新政策的综合"。其调查目标主要有二：一是考察面向未来社会愿景的科学和技术的发展，这将有助于政府制定科技发展与创新政策和战略；二是提高技术在实验室和实际应用中实现的可能性。

日本是技术预见调查的先驱，许多国家采用了日本的预见方法。日本在从 1971 年开始到 1997 年结束的第一到第六次技术预见调查中主要采用了德尔菲调查法，使用问卷征询全国各界专家的预测意见。在 2001 年实施的第七次技术预见调查中，日本除了采用德尔菲调查法，还采用了需求分析方法，依据经济社会发展需求推导技术需求，进一步推演技术发展趋势、确定技术的优先发展领域。2005 年开展的第八次技术预见调查除了采用德尔菲调查法、需求分析法，还采用了情景分析法，情景分析工作主要包括遴选主题、推选情景撰写专家、撰写并分析情景三个阶段，最终对日本技术做出预测。另外，日本第八次技术预见特别针对快速发展的技术进行了研究，快速发展的技术在技术预见中属于较为特殊的研究对象，由于技术本身的快速发展特性，使得该项技术的变化速率较快、变化方式难以确定，相比其他技术更难进行预测。日本在 2010 年开展的第九次技术预见中采用了德尔菲调查法、情景分析法和地区研讨会的方法。日本第十次技术预见在继续使用传统的德尔菲调查方法的基础上进行了重大的方法创新，大量地运用大数据方法开展技术预见，包括开发了在线的德尔菲调查系统在短期内收集大量的数据，并借助可视化技术和在线统计快速地在线分析问卷调查结果。调查结果在预示了许多即将到来的危机的同时也揭示了许多产业发展机会，如针对老龄化的社会服务业一定会得到快速发展。智能化导致统计、研究的节奏不断加快，使得常规路线图方法不再适用。对此，NISTEP 专门设立了情景分析委员会和未来社会愿景评估研讨会，所使用的情景分析方法和未来愿景分析均是面向问题解决的调查方法。

（二）韩国

韩国的国家技术预见主要见由科学技术委员会支持，依托韩国科学技术评价及规划研究所 (KISTEP) 开展，从 1993 年首次启动到目前已经累计开展了五次。在 2008—2012 年执行的韩国第二期研发基础计划（类似我国的科技五年规划）的制定中，就参考了 2003 年开展的第三次技术预见的成果的修订版内容。随后 2013—2017 年的第三期以及编制中的 2018—2022 年的第四期研发基础计划中，均直接采纳了 2010 年和 2015 年开展的第四、第五次技术预见的内容。韩国在 2010 年也对第一轮技术预见的实现情况进行了回顾，完全实现和部分实现的技术比例合计为 72.2%。最主要的不利影响因素也同日本一致，为技术问题难以解决。

韩国开展的前两次技术预见主要采用了头脑风暴法和德尔菲法，并且以专家导向为主要着眼点。在第三次技术预见中，则采用了德尔菲法、全景扫描及情景描绘，而着眼点也在多领域专家的基础上增添了未来需求因素。第四次的技术预见在方法采用上同第三轮一致，另外则特别增加了对于韩国未来发展需求、技术发展的不利因素等方面的思考。韩国自第三次技术预见中引入的情景描绘是韩国技术预见的一个突出特点，即通过漫画、动画等形式描绘不同场合下的未来场景，并对公众进行深入的宣传教育。这一方式也沿用至今。

在韩国第五次的技术预见中引入了大数据技术，根据未来的需求和科技发展描述未来的社会情景，并分析出能够极大冲击传统社会的创新技术及其"引爆点"（即促使社会发生翻天覆地变化，并带来主流社会技术趋势变化的时间点）。在这一研究过程中，大数据被作为基本数据的有益补充来支撑技术预见，包括使用科学地图方式找出新兴技术崛起点、通过网络分析方式找到各种未来挑战之间的关系。此外还利用大数据开展外推式的分析，为技术预见提供了更可靠的结果。最终结合两轮德尔菲和大数据的分析确定了未来发展的五大宏观趋势和四十个子趋势，并分析了每一个技术趋势发展过程中所面临的众多短期挑战和长期挑战。

（三）美国

1974 年美国众议院通过了"预见条款"，要求每个众议院委员会（除预算和拨款）"审查和研究任何可能导致在立法委员会的管辖范围内制定新的额外立法的产生条件或情况"和不断"在委员会的管辖范围内进行技术预见研究"。这一条款直接引发了美国政府对技术预见的研究和应用，产生了较为完备的技术预见方法工具，并同日本一起影响了欧洲以及世界各地的技术预见活动。

美国的技术预见多以路线图形式在政府决策和产业协调中发挥作用。1992 年，美国半导体工业协会将企业技术路线图方法应用于美国半导体产业，完成了《美国国家半导体技术路线图》（National Technology Roadmap for Semiconductor，NTRS），并获得了巨大成功，解决了困扰当时美国半导体业的竞争者们长达 15 年的困惑。1998 年，美国 SIA 正式邀请日本、欧洲、韩国参加 NTRS 的 1998 年更新增补版的编制出版工作。同年，NTRS 也相应更名为国际半导体技术发展路线图（the International Technology Roadmap for Semiconductor，ITRS）。目前 ITRS 已经推出了包括 2006 年版本在内的九个版本，制定者包括半导体产业协会 (SIA)、欧洲电子零部件协会 (EECA)、日本电子与信息技术产业协会 (JEITIA)、韩国半导体产业协会 (KSIA)，以及台湾半导体产业协会 (TSIA)。从 2009 年开始，美国的半导体技术路线图从每两年更新一次，变为每年更新一次，以适应半导体行业突飞猛进的步伐。

自半导体产业技术路线图获得成功以来，美国一些政府部门、行业协会和企业纷纷加大技术路线图的研究，把它作为政府资源配置、加强产业组织和合作、提升企业竞争力的重要工具。1996 年 2 月，美国国家能源部、热处理学会、金属热处理协会召集了二十家热处理企业、制造业和销售企业讨论并提出了美国热处理技术 2020 年设想和远期目标。1998 年，美国能源部产业技术办公室支持开展了计算化学技术路线图、机器人和智能机器路线图研究。1999 年，应美国白宫科技政策办公室的要求，美国化学界组织一些大学、企业、国家再生能源实验室开展了化学工业技术路线图。同年，美国先进陶瓷联合会和能源部、美国光电研究中心联合其他部门开展了美国先进陶瓷路线图和光电产业技术路线图研究。2004 年热处理学会的 2004 热处理路线图（Heat Treating Technology Roadmap，2004 HTS Revision）修订稿发布。2006 年 01 月 24 日美国美三大信息产业协会高层同时访华推销"国际技术路线图"。

（四）英国

20 世纪 80 年代以来，素有"科学家摇篮"之称的英国，在应用研究及制造技术方面远远落后于美国和日本。为改变这一局面，英国政府于 1993 年决定借鉴他国的经验，通过技术预见为政府制定科技政策和确定优先支持领域提供依据，并在科学、技术和工业界之间建立更好的伙伴关系，以最大限度地发掘英国的科技潜力为经济服务。这些技术预见工作对英国的科技、经济和产业发展产生了深远的影响。

英国第一轮技术预见于 1994 年到 1998 年进行。本轮预见以十五个领域小组为主，预见深度为未来一二十年。在各领域小组预见报告的基础上，技术预见指导委员会依据重要性和可行性提出了二十七个科技优先发展领域和五个新兴领域。

第二轮技术预见开展于 1999 年到 2001 年。本轮预见更加关注科技和社会领域的创新给英国带来的机会，将原有领域小组减少到十个，但增加了三个主题小组和两个支撑性主题小组。技术预见的组织仍以领域小组形式为主，但采用联合行动项目的形式加强了各小组之间的横向交流，以最大限度地提高预见研究的效果。

第三轮技术预见于 2002 年启动。为了确保技术预见能快速地集中在关键主题上，本轮预见摒弃了以往组建领域小组的组织形式，采用更加灵活的滚动项目的组织形式进行。每个项目都围绕一个主题开展，设立由相关领域的权威专家组成的专家组，并成立一个专门的股东团体，项目成熟一个就推广一个，并且保证同时有三四个项目处于正常运行之中。2010 年，英国发布了第三轮技术预见中"技术与创新未来"项目的预见报告《技术与创新未来：英国 2030 年的增长机会》（TIF），对英国面向 2030 年的技术发展进行了系统性预见。

在 TIF 的基础上，英国在 2012 年又推出了更新版报告 TIF2。这一报告帮助英国识别出了八大新兴技术：先进材料、卫星、能源存储、机器人与自动控制、农业科技、再生医学、大数据和合成生物，从而催生了政府对八大技术六亿英镑的投资，以及对量子技术与物联网技术三亿英镑的支持。

英国最新一轮的技术预见成果是 2017 年 1 月 23 日发布的《技术与创新的未来 2017》

（TIF3）报告。这份最新报告并没有提出新的技术领域，而是对快速发展的新兴技术正在产生的技术融合与相互作用，及其对经济与社会颠覆性的影响与机会进行了全面的阐述。TIF3 报告认为，在提高生产率和提供公共服务方面，未来最大的机会取决于现有和新兴技术的相互作用，以及开发成可应用的产品。这些应用将颠覆和取代现有的商品和服务市场。这一报告旨在帮助决策者对新兴技术未来可能带来的一系列的机会和风险提高敏感度和积极性。

（五）德国

2010 年，德国通过技术预见方法提出了《思路·创新·增长——德国高技术战略2020》，为德国未来十五年科研规划了新的发展路线。德国还开展大量了区域技术预见研究。各州通常从国家重点支持的目标、国际发展的前沿动态等因素出发来选择预见主题。从 2006 年到 2011 年，德国先后对十几个科学研究领域开展了技术预见研究，如 2006年至 2007 年开展的纳米技术、安全技术、医疗、生物技术安全、能源效率、工程服务，2008 年至 2009 年开展的测量仪器、能源、E-mobility、光学技术等等。

德国的区域技术预见工作注重与国家创新系统的对接。在对接的纽带上主要考虑了多方面的需求和关联者的利益诉求，而在需求方面，则主要考虑了产业体系的需求、研究体系的需求和教育的需求。德国区域技术预见论证以上两类需求的信息来源主要是银行、专业的信息公司、创新和商业报道刊物、规范的调研活动等。

此外，德国区域技术预见在预见主题的选择上和在专家团队的组建上也考虑了和国家层面的对接。在研究的方法应用上，德尔菲调查法是德国的区域技术预见中会经常使用的一种方法。如，德国的巴登—符腾堡州（2005—2009）在研究中就多次应用了分组德尔菲调查法作为研究基础。这一研究由巴登—符腾堡州政府资助，由德国著名的弗朗霍弗协会承担组织开展，用于识别新市场的关键驱动力和潜在新市场，为面向 2020 年的巴登—符腾堡州的信息、通信与媒体技术发展提供战略方案。

（六）OECD

几乎所有的 OECD 国家都开展过技术预见活动，OECD 也在这一领域处于领先地位。OECD 在及时总结其成员国活动经验的基础上，还进一步将技术预见研究引向综合和深入。

1990 年，OECD 启动了"国际未来研究项目"(IFP)，并在秘书长负责下运转，以帮助政府部门和商业领域的决策者们迎接未来挑战。IFP 具有明确的特征，这就是研究关注的重点以及由此形成的结论，均与社会经济的长远发展相关。2005 年开始 OECD 每两年一届组织技术预见论坛。最近的一次是 2016 年 11 月由数字化政策委员会（CDEP）组织举办的"人工智能技术预见论坛"。这次论坛邀请了来自 IBM、Facebook、Google、微软、法国国家科学研究中心、日本内阁办公室科学技术政策委员会等多位专家学者发表观点。

三、国内技术预见发展及应用态势

我国技术预见研究与政府的科技决策关系密切，早在八十年代初就由科技部主导开展了技术预见（预测）的相关工作。当时的研究，主要是为了支撑国家相关科技计划、规划而开展，并多轮开展延续至今。进入 21 世纪后，上海市科学学研究所系统性的开展了区域技术预见方法的研究，到目前为止已经开展了三次大规模德尔菲调查和多次路线图研究。随后技术预见方法在北京、广东等地迅速发展，目前国内已经有约十个省、市、区开展过相关活动。中科院、中国科协、中国工程院和国家自然科学基金委等单位也开展了技术预见活动。

（一）科技部科技发展战略研究院

2013 年，战略院开展了第五次国家技术预测，本次技术预测选择了信息、生物、新材料、先进制造、能源、资源、环境、农业、交通、海洋、地球观测与导航、人口健康、公共安全、城镇化与城市发展十四个领域，时间跨度为五至十年。本次技术预测的目标是要完成：①明确我国当前重点领域关键技术现状；②运用路线图的理念和思路，预测未来五至十年制约经济社会发展的核心关键技术；③提出国家关键技术选择建议三大任务。

本次技术预测发放了大样本的调查问卷，并请国内外来自产学研多个领域的专家和学者进行交流和评定，也更加注重研究方法的规范性。和以往四次技术预测相比，本次参与调查的专家数量明显增多，是第四次的 10 倍；备选技术也明显增加，是第四次的 2.6 倍。这一方面说明科学技术交叉发展十分迅速，加大了预测难度，另一方面也说明计算能力增加，能处理更多的数据。

整个技术预测研究分为设计、评价、预测、选择四个大环节。在设计环节，一是选择了信息、生物等十四个领域。二是成立了领导小组、总体专家组和领域研究组三级组织，领域研究组根据重大方向和重大任务划分子领域。三是确定了技术预测方法，以科学性和先进性为主要观测指标，通过运用德尔菲调查法，并辅助文献分析、专利分析、顶层设计等十六种方法。

在评价环节，采用定性与定量相结合、主观与客观相结合、宏观与微观相结合等多种方法，通过对十二个领域、1527 项关键技术的评价对我国的科技竞争力现状进行了整体评价。

在技术预测调查环节，通过文献计量、广泛征集选择了十四个领域中对未来五至十年具有重大影响的 2087 项技术，同时构建了三万多人的咨询专家网络开展两轮调查，填写了 11.6 万份问卷。为了确保产学研相结合和企业专家的积极参与，本次调查要求来自企业的专家比例不少于 30%。此外，本次调查主要采用小同行调查，基本保证每一项技术至少有二十位同行专家参与评价，保证问卷的科学性。在第一轮调查基础上，根据专家意见进行了初步筛选，筛选出 1737 项技术进入第二轮调查。以两轮调查数据为基础，十四个领域组开展了领域关键技术选择。

关键技术的选择分为两个层面。一是领域关键技术选择。十四个领域研究组在两轮调查基础上，通过高层专家研讨遴选出本领域二十项领域关键技术，其中包括十项具有重大突破和具有重大效益的关键技术。二是国家关键技术选择。总体专家组邀请了经济社会专家、科技战略专家、企业专家等根据技术的战略性、紧迫性、可行性等重要特征对 14 个领域选择的 280 项领域关键技术进行进一步聚焦，最终选择出 120 项国家关键技术。其中，重大突破类 40 项、重大效益类 60 项、颠覆性技术 10 项、非共识技术 10 项。

（二）中国科学院

作为国内顶尖的科研机构，中科院以技术预见方式在 2011 年完成了"创新 2020"规划，并在在国内率先创新运用路线图形式编制了若干领域规划，之后引起了多家地方单位的仿效。中科院在"创新 2020"中，在空间、信息、能源、资源、农业、海洋、人口健康、生态与环境、先进材料与制造等领域，突出体现了一批关键技术，形成一批需要攻关的重大创新成果，有效解决一批事关我国现代化全局的战略性科技问题。

（三）上海市科学学研究所

上海是中国最早开展区域技术预见活动的地区之一。20 世纪 80 年代上海市科委技术预见处就为行业技术发展提供前沿报告。随后上海市科学学研究所承担了相关的研究工作。目前已经形成了以上海科技五年规划的编制和执行为核心，包括了中长期综合领域技术预见、重点领域路线图绘制等多种方法在内的滚动式工作方针，将技术预见工作同上海科技规划制定紧密结合。

2009 年以来，上海科学学研究所在产业技术路线图、产品技术路线图、战略性技术路线图等方面进行了较为深入地实践，先后在生物医药、信息技术、社会发展、高新技术等领域持续开展了技术路线图工作，并且把产业技术路线图的理念、方法、形式成功地运用到上海市"十二五"、"十三五"科技规划之中。在中长期技术预见的研究中则确定了从国际形势到国内态势、再到区域基础这一逐步递进的筛选方针，进而进行领域扫描、主题演绎，明确研究内容。在 2013—2014 年开展的中长期技术预见研究中所涉及的技术项目同上海建设具有全球影响力的科技创新中心提出的 22 项重大任务高度重合，也同上海"十三五"科技创新规划里重大专项的方向、内容高度重合。上海的技术预见研究为上海科技规划的制定提供了前瞻的、充分的论证。

（四）国内其他地区

2011 年前后，广东省陆续开展了四十多个不同领域的产业技术路线图的制定工作，这些路线图的分析单元涵盖了产业、公共创新平台和产业共性技术，重点关注产业发展对区域经济的促进作用，关注公共创新平台、产业共性技术和关键技术对企业技术创新的基础性支撑作用。从地理范围来看，广州、佛山、潮州、梅州、江门、东莞、汕头、中山、肇庆等十余个地市，都针对本地的优势产业或专业镇开展了产业技术路线图的制定工作。

同年，湖北省在汽车零部件、光伏、生物医药、氟化工、加工装备、光通信、重点污染行业节能减排等八个产业领域开展了技术路线图制定工作；福建省启动了组建福建省产业技术路线图战略研究基地的建设试点工作；黑龙江省对煤炭工业节能减排等科技攻关重点课题开展了路线图研究；陕西省对太阳能光伏和半导体照明、软件和物联网等产业领域看站技术预见工作。2010 年，河北省启动了首批八个重点产业领域的产业技术路线图编制工作；四川省启动了技术创新工程专项资金，专项支持四川省高钛型高炉渣综合利用技术创新联盟、卫星通信技术创新联盟等十个产业技术创新联盟开展产业技术预见研究工作。2015—2016 年，广西自治区科技厅联合科技部战略院、复旦大学、上海市科学学研究所先后开展了大规模的德尔菲调查工作以支持广西的科技"十三五"计划编制工作。

四、技术预见研究的发展趋势

（一）科学计量学方法逐渐推广和深化

半定量的德尔菲法作为技术预见研究最重要的研究方法，主要提供了一种高效的、通过群体交流与沟通来解决复杂问题的方法，同情景分析法、头脑风暴法等主观性较强的分析方法密切配合组成了传统技术预见的核心工具包在重大关键技术遴选、技术路线确定等方面发挥了重要作用。

近年来，随着技术预见的理论体系逐渐丰富，技术预见的方法也逐渐从定性方法，向定性定量综合应用和实践方向发展。科学计量学作为科学学的定量研究方面，主要包括引文分析、词频分析、聚类分析、专利计量、社会网络分析、科学知识图谱分析等。专利计量通过利用数学方法对专利信息进行分析加工，可以预测科学和技术发展趋势，确定快速发展的关键技术领域，具有预测短期内的技术发展趋势的特点，与德尔菲法进行长期预测具有时间范围上的互补性，可以提高技术预见的科学性、准确性。科学知识图谱将信息可视化技术和科学计量引文分析、共现分析、社会网络分析结合起来，可以形象的揭示知识的进化规律、发展历史、前沿领域以及整体知识架构，揭示知识领域的动态发展规律，可以有效弥补德尔菲法、情景分析法等定性方法的缺陷，提高了预见活动的精度和信度。社会网络分析法是通过借用图论和矩阵法等去表现社会关系及其结构的方法，其分析的重点是行动者之间的关系，将可视化网络分析技术与专利计量相结合，可以使专利技术间的关系图示更具有直观性和解释力。这些科学计量学分析方法能够同半定量的德尔菲法形成较好的互补关系，越来越多的出现在技术预见研究的方法体系中。对国际技术预见方法相关文献的分析也发现，2011 年以来作为技术预见核心方法的德尔菲法和情景分析法近年来逐渐退出热点主题，说明这些方法已经比较成熟，研究空间有限；与之相对的是以"知识"和"专利"为基础的新生热点地位不断上升。科学计量学自身的发展主要包括追求能够更加清晰地勾勒新兴学科领域边界的检索策略、更加精确的解读数据并得出关键性判断的分析模型算法等。

在规划相关的技术预见实践应用中，日本最早在第八次技术预见中就将定量的引文分析引入技术预见，通过一定时间内引文变化情况确定热点研究前沿和核心发展领域，通过与德尔菲法、社会经济需求调查、情景分析调查等方法的综合引用，提高了技术预见的客观性。科技部科技发展战略研究院在"十一五"期间的半导体照明领域路线图研究工作中引入了聚类算法、专利分析法，在 2013 年国家技术预测研究的技术筛选环节使用了文献计量法。上海在 2013—2014 年开展的中长期技术预见中也在技术筛选环节引入了文献分析、专利分析等定量化方法，作为专家意见的印证和补充。

（二）大数据技术蕴含变革机遇

随着信息爆发式增长，在宏观产业发展战略和技术预见中有效地使用大数据方法帮助专家完成信息的收集与筛选，数据的整理与分析，将信息与数据指标化、图表化，从而更好地凸显出规律、问题和奇点，帮助专家们解决信息的收集与分析问题，是技术预见的重要发展方向。大数据方法可以让专家们将更多精力投入到对技术预见和战略问题的判断与建议上，从而最终提高战略咨询服务的质量。在第十次技术预见调查中，日本将传统的德尔菲调查方法和大数据方法有机结合，使用在线调查和可视化结果呈现的方法，充分应用数据科学的最新成果，有效提高了技术预见调查的效率和预见结果的呈现效果。韩国科学技术政策研究所在第五次技术预见研究中也开发了人类专家和机器共同合作的德尔菲法，能够快速得到完整的分析结论。近期还获得了韩国国家超级计算中心的大数据技术支持，在超级计算、信息融合、融合技术、中小企业创新四个领域通过特定的大数据算法分析创造出新的服务和新的商业模型，进而为韩国科技和工业政策制订提供依据，也为社会提供咨询服务。

另一方面，大数据也能够开发以往难以利用的信息来源，使得技术预见更加科学和严谨。从论文分享开始，公开数据已经成为新的潮流，很多出版商都创建了自己新的共享商业模式。目前加拿大的研究理事会、国家公共卫生研究局都要求研究者进行数据分享；欧盟已经在 28 个成员国开展多个领域的数据分享；澳大利亚国家数据服务中心尝试革新的数据系统，建立一个标准化的数据基础设施，从而打通数据开放共享的通道，同时在政策和数据基础设施方面提供支持。这些新开放的数据来源无疑大大丰富了技术预见的研究对象范围，有可能催生出新的技术预见视角和方法。

（三）功能与影响不断拓展

技术预见方法被应用于政府规划领域以来，始终与政府的科技管理职能有密切关系，尤其是在科技规划和计划的制定中具有极其重要的作用。经过多年的发展，技术预见的应用范围与影响力也在不断外溢。

首先是社会效应的拓展。日本多轮技术预见成果始终坚持向产业界开放，并确实带动、影响了相关企业的发展；英国的技术预见活动非常重视预见文化的营造，积极组织技术预见成果的推广和实施活动，向社会发布各种技术预见研究报告，采取措施吸引媒体、企业、研究机构参与预见成果的应用和反馈，并根据反馈提出修正报告；韩国更是通过漫画等形式加强技术预见成果的公众宣传和利用。上海开展的技术预见研究也开展了公共愿景调查，加强技术预见在政府规划以外的影响力。

其次是实操性的拓展。技术预见方法被应用于政府规划领域以来，主要是以战略咨询成果的形式影响政府决策，其成果很难精确应用于实际操作环节的指导。随着路线图方法研究的不断深入，技术预见的研究对象逐渐不再局限于技术本身的遴选与评价，而是逐渐涉及到具体的政策措施。日本在第八轮技术预见中就加入了"政府介入该技术研发与应用的方式"的问题；上海市科学学研究所在已有产业技术路线图研究的基础上进一步提出了未来情境图、技术体系图、技术路线图三图合一的框架，可以直接用于区域层面的创新管理。

此外是国内应用主体的拓展。技术预见方法在国外是由企业发明，进而被政府所吸收。但在我国，主要是政府机构率先引入了这一研究方法，现对而言企业、社会中的应用并不普及。近年来国内相关机构在技术预见方法的推广上做出了很多尝试，逐渐影响了一系列大型企业的应用，加强了国内技术预见方法的研究和使用队伍。

五、技术预见的发展建议

第一，加强技术预见的开放性和包容性。随着创新管理水平的不断提高，我国的科技规划的发展也呈现出显著地开放化趋势，其核心理念经历了从指令性、指导性、统筹性、引导性最终到治理性的发展过程。技术预见研究也需要做出响应调整。应当以构建愿景、塑造未来的视角看待未来的形成过程，从而广泛包容科技创新、经济产业发展和社会环境文化等多方因素、多方意见参与这一过程。以多种方法的协同解决多方因素的综合，并从全球角度出发预见全国、区域或行业的发展趋势。从近年国内的技术预见相关文献分析来看，"评定""决定""关键"等指令性主题，逐渐让位于"规划""例子""价值""顺序"等引导性主题，说明相关理念正在逐步普及。

第二，加快完善技术预见方法体系。近年来我国的技术预见方法也逐渐出现了文献计量、专利分析、科学图谱、聚类分析、综合指数法等科学计量方法，以及将其与各种定性方法结合使用的研究。计量方法强调依托现有数据归纳趋势；定性方法则强调专家思维的发散与意见的统一。两者的结合目前仍较为初级，衔接不够严谨，尚缺乏较为完善和成熟的方法体系，需要继续进行理论和实践上的摸索及完善。

此外，多领域的中长期技术预见同专门性技术路线图之间同样存在衔接、配合不够密切的问题。二者如何互相支撑，在宏观层面支持政府科技决策、中观层面引领产业创新发展、微观层面推动企业技术创新仍然需要进一步的研究。

第三，重视技术预见的过程效应。技术预见是结论不断收敛的过程，也是形成共识、塑造未来的过程。因此在研究过程中应当广泛吸引经济社会领域、政府领域乃至社会公众等所有涉及技术创新、实现、应用的人群。网络手段、新媒体等途径能够吸引大量公众参与到技术预见研究中来，也是以技术预见来激发创新、引领未来的重要手段。

第四，警惕自我肯定误区。日本技术预见先后在高清电视、第五代计算机和互联网领域的判断中产生了重大失误，并且导致了极为严重的经济和社会影响。其原因一方面在于对自身创新实力的错误评估，另一方面则是由于对创新路线的惯性思维。我国的技术预见同样对政府科技政策具有重大的影响力，因此在研究过程中应当清醒认识到技术预见对未来的塑造并不能超越实际的创新发展阶段和规律，同时以开放视角和心态来对待充满不确定性的创新趋势，警惕盲目自我肯定的误区。

参考文献

［1］ Dixon T，Eames M，Britnell J，et al. Urban retrofitting: Identifying disruptive and sustaining technologies using performative and foresight techniques ［J］. Technological Forecasting & Social Change，2014，89: 131 — 144.

［2］ Mads Borup，Nik Brown，Kornelia Konrad，et al. The sociology of expectations in science and technology ［J］. Technology Analysis & strategic Management，2006，18(3 /4): 285 — 298.

［3］ Miles I. The development of technology foresight: A review [J].Technological Forecasting and Social Change, 2010, 77(9): 1448‑1456.

［4］ Robinson D K R, Huang L, Guo Y, et al. Forecasting innovation pathways (FIP) for new and emerging science and technologies[J]. Technological Forecasting and Social Change, 2013, 80(2):267‑285.

［5］ Phaal R, O'Sullivan E, Routley M, et al. A framework for mapping industrial emergence [J]. Technological Forecasting and Social Change, 2011, 78(2): 217‑230.

［6］ Jun S, Lee S J. Emerging technology forecasting using new patent information analysis [J]. International Journal of Software Engineering and Its Applications, 2012, 6(3): 107‑114.

［7］ Li X, Zhou Y, Xue L, et al. Integrating bibliometrics androadmapping methods: A case of dye‑sensitized solar cell technology‑based industry in China [J]. Technological Forecasting and Social Change, 2015, 97: 205‑222.

［8］ European Commission. The european innovation scoreboard 2016[R]. Brussels:European Commission Pbulications Office, 2016: 1‑95.

［9］李万. APEC、UNIDO、OECD 与技术预见［J］. 世界科学，2002（8）：40-41.

［10］刘宇飞，周源，廖岭. 大数据分析方法在战略性新兴产业技术预见中的应用［J］. 中国工程科学，2016，18（4）：121-128.

［11］张冬梅，曾忠禄. 德尔菲法技术预见的缺陷及导因分析：行为经济学分析视角［J］. 情报理论与实践，2009，32（8）：24-27.

［12］白光祖，郑玉荣，吴新年，等. 基于文献知识关联的颠覆性技术预见方法研究与实证［J］. 情报杂志，2017，36（9）：38-44.

［13］娄岩，傅晓阳，黄鲁成. 基于文献计量学的技术成熟度研究及实证分析［J］. 统计与决策，2010（19）：99-101.

［14］徐磊. 技术预见方法的探索与实践思考——基于德尔菲法和技术路线图的对接［J］. 科学学与科学技术管理，2011，32（11）：37-41.

［15］李国秋，龙怡. 近十年（2004—2013）国际技术预见研究的热点及动向分析［J］. 图书情报知识，2014（3）：104-116.

［16］姚缘，傅长军. 美国技术预见的发展综述［J］. 江苏科技信息，2016（20）：9-10.

［17］李万. 面向经济社会发展的技术预见需求研究——上海运用 DELPHI 调查法开展需求研究的探索与实践［J］. 科技进步与对策，2011，28（3）：7-11.

［18］张峰，邝岩. 日本第十次国家技术预见的实施和启示［J］. 情报杂志，2016，35（12）：12-15.

［19］孙胜凯，魏畅，宋超，裴钰. 日本第十次技术预见及其启示［J］. 中国工程科学，2017，19（1）：133-142.

［20］孟弘，许晔，李振兴. 英国面向 2030 年的技术预见及其对中国的启示［J］. 创新科技，2014，1（5）：155-160.

［21］崔文贞. 大数据在韩国技术预见中的应用［C］. 技术预见国际研讨会，2016.

［22］王旭超，吴腾枫，江小蓉，等. 面向技术预测的专利情报分析实证研究[J]. 情报科学，2014，32（7）：139-144.

［23］周频. 技术预见南方国家视野的困境［J］. 科技进步与对策，2017，34（15）：27-31.

［24］中国科学技术发展战略研究院. 国家创新指数报告 2015［M］. 北京：科技文献出版社，2016.

［25］任海英，于立婷，李振. 国内外技术预见研究的热点和趋势分析［J］. 情报杂志，2016（2）.

［26］上海科学学研究所. 上海科技发展重点领域技术预见研究报告（2013-2014）［M］. 上海：上海科学技术出版社，2015.

撰稿人：李　万

ABSTRACTS

Comprehensive Report

Report on Science of Science Policy

The science of science and technology policies is a multidisciplinary on the nature of science and technology policies, the way they are produced and their effects on science, technology and innovation. During 2011-2016, the research of the various areas of science and technology policies had made great progress and a specialized research team has formed. In the future, under the guidance of innovation-driven development strategy, science and technology policy research will surely make greater progress.

Written by Fan Chunliang, Tang Li

Reports on Special Topics

Report on Science of Science and Management of S&T

This report aims to reveal the hot-topics and productive academic groups in the field of science of science and management of science and technology. Firstly, conducting bibliometrics analysis on nine Chinese journals in this field, this report gives an overview of recent years from 2000 to 2016 through 200 highly cited literatures. Secondly, we list hottest topics, the most rising and falling keywords, the most productive authorship and institutions along with their research field from the perspective of keywords, authors, research institutes, and literature's popularity. New characteristics and new trend of management of science and technology in recent five years (2012-2016)are summarized in order to fully understand the status of the research, effectively promote development of the research and provide scholars with some references.

The Chinese data in this study come from nine Chinese journals *Studies in Science of Science, Science Research Management, Science of Science and Management of S.&T., Science and Technology Management Research, Science and Technology Progress and Policy, Scientific Management Research, R & D Management, China Soft Science*, and *Forum on Science and Technology in China*. All the literatures published in these nine journals during the period of 2012-2016 with a total number of 17381. The English data are from *Social Studies of Science, Science Technology & Human Values, Scientometrics, JASIST, Research Policy and R & D Management*. All information in the WOS database from literatures published in these six journals for the five years from 2012-2016 were downloaded with a total number of 4115.

In general, there is not much change in the research hot-topics in the field of science and technology management bothdomestic and abroad in recent years. The metabolism of high-yielding authors is still much faster than the metabolism of research topics. "Technological Innovation", "Independent Innovation", "Industrial Cluster" and "Intellectual Property" are still the hottest topics in management of science and technology, but there has been some change in the specific content of the related study.

Written by Yang Yang, Sun Xiaoling, Li Bing, Li Luying, Ding Kun

Report on Sociology of Science

This report reviews the recent development on the field of sociology of science, social studies of science and STS research, both domestically and in the international academia. On the domestic side, we not only carried out statistical analysis on the publications in the field in the most recent five years, but also reviewed the development on the conferences, research institutes, academic communities and key scholars. On the international academia, we mainly discuss classical theories and the most recent research frontier of STS, especially reviewed the top journal of Social Studies of Science and comment on its emerging topics and new trend of methods. Based on these analysis, it further reflects on the development and proposed several strategies in developing sociology of science in China.

Written by Miao Hang, Zhao Chao, Lu Xiao

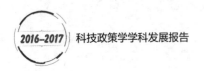
Report on Scientometrics

The domestic and overseas research progress, hotissues, international comparisons and future development trends of scientometrics in the past five years (2012-2016) are summarized and reviewed in this research report. Based on the combination of qualitative and quantitative analysis, the current situation of scientometrics at home and abroad is demonstrated by using the analysis of the word frequency, the co-occurrence analysis of the author and the organization, thesocial network analysis and the methods of knowledge mapping; This paper systematically summarizes the research contents of scientometrics at home and abroad. In recent years, the number of domestic and foreign research paperstends to be stable, and European scholars have a strong position in the field of scientometrics; Asian scholars are playing an increasingly important role in the international scientometrics stage. The domestic scientometrics authors mainly come from three major fields: Library and Information Science, Science and Technology Policy and Management, and Medical Community, and the representatives include Junping Qiu and Yishan Wu and other scholars.

There are many areas involved in the field of scientometrics in China. There arefivemajor hot topics at present: citationanalysis (citation behavior and citation network research, citation semantic analysis which is based on the content, citation analysis and scientific evaluation); H-index and scientific evaluation (the theoretical research of H-index, application research, thecorrection of H-index); Altmetrics in social media environment (theoretical discussion, index system research, data source analysis, paper level measurement, related application discussion); methods and techniques of scientific knowledge mapping (theoreticalanalysis of mapping knowledge domain, methods, tools and applications of mapping knowledge domain); patentometrics and mining analysis (patentometrics and patent strategy, patentometrics and patent cooperation, patentometrics and patent citation, theapplication research of patentometrics) .In the network environment, the combination of big data and scientometrics is the main trend, The future of scientometrics mainly develops toward automation, practicality, integration, intelligence, totalization and network.

Written by Yang Siluo, Qiu Junping

Report on Human Resources in Science and Technology

The research of Human Resources in Science and Technology has entered the stage of continuous optimization of theory and method. As the research is becoming deeper and deeper, the innovation of research theory and methods is obvious. At present, the research focuses on the situation of human resources in science and technology, and gradually expands to extensive aspects, such as the law of talent development and evaluation of their performance or output. The method of measurement continuous improvement, makingit more scientific and perfect. More new methods have been introduced in to the reseach field of Human Resouece in Science and Technology, such as sampling survey method, curriculum vitae method, the method of literature metrology, etc.. Meanwhile, the method and think of psychology, sociology and other subjects have been injected into this study, multidisciplinary andbig data mining exploration results in a series of unprecedented rich the research train of thought , which benefits the study of Human Resources inScience and Technology issues. At the same time, vigorously improvement on the academic organizational and platform come out, which help formed some stable and influential research team. By taking the related research tasks, they helped such studies played a huge role in decision-making consultation.

Written by Huang Yuanxi, Zhao Linjia, Shi Changhui, Lu Yangxu, Ma Ru

Report on Science and Technology Evaluation

In the last five years, with the increasing demand of economic and social development, Science and technology evaluation has become more and more widespread as a tool for judging the value of science and technology activities as well as their outcomes, outputs and impacts. Wide-used evaluation promotes social welfare, and also promotes the rapid development of evaluation

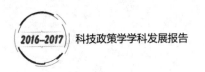

theory, method and model during the institutionalized activities.

Takes the evolution of science and technology policy in China into consideration, based on extensive literature research, this study reviews and summarizes the progress of evaluation theory in five major areas as follows: evaluation of science and technology policy and the reform of science and technology system in China; evaluation of S&T projects and their outputs or outcomes, evaluation of research institutes and universities, evaluation of talents and human resources. This study focuses on the flourishing of new theory, the expansion of new model and the application of a variety of methodsor interdisciplinary tools in China. With comments of international trend, this study also discussed the future development of science and technology as a research discipline.

Written by Li Qiang, Li Xiaoxuan

Report on Technological Innovation

Based on a brief review of the theory of technological innovation in our country since the 1980s, firstly this paper summarizes the scope of the theory of technological innovation into three aspects: enterprise technology innovation, industrial technology innovation and technology innovation system, which focus on three points respectivelyincluding the micro-level Innovation motives, mechanism and management of enterprises, the interconnection and interaction of innovationbodies at medium and macro levels, as well as the formation of an innovative network system. Secondly, it briefly reviews the recent progress in the theory of technological innovation in recent years, and focuses on two prominent research advances. The first one is the study of "the supporting system of industrial technological innovation", and the concept connotation of "the supporting system of industrial technological innovation" is proposed and explained, and a functional structure model is built. The second one is on the research and analysis of the "enterprise-centered technological innovation system", this paper proposes a policy concept with Chinese characteristics and constructs a theoretical analysis framework. Finally, focusing on a new round of technological revolution and industrial transformation, several trends in the study of technological innovation theory are explored.

Written by Li Xinnan, Liu Dong, Di Xiaoyan

Report on Regional Innovation

Regional innovation is an important part of National Innovation System. Recent years, the field of regional innovation has experienced vigorousdevelopment with the crossing and integrating of multi-discipline of economics, science of science, innovation, geography, and management. This report has analyzed progresses of regional innovation research, and discussed potential future research directions. The analysis of articles from Chinese Social Science Index database indicated that during year 2011 to 2016, these researches had focused on three areas- "Regional innovation capacity", "Regional innovation system", and "Regional innovation network". These researches had provide in-depth theoretical analysis and substantial empirical evidence on above topics. Many Chinese researchers also contribute to the field through writing reports and books on regional innovation, which provided valuable data and materials to other researchers, or prompted decisions of local government. The analysis of Social Science Index articles indicate that, foreign researches mainly focus on areas of "Regional innovation system", "Regional innovation network", and "Regional innovation policies". Comparing with Chinese counterparts, they had paid more attention to policies and their effects on regional innovation, and micro-level issues of regional innovation. This report also analyzes the requirements of Chinese social economic development on regional innovation research, namely, the integration of national and regional development strategies, the complementation between different regions, balanced development of different regions, and etc.. These requirements also shield light on future research directions.

Written by Yang Yaowu, Qiao Mingzhe, Wei Xiwu

Report on Entrepreneurship and Innovation

The policies of mass entrepreneurship and innovation of our country include national and local levels. The national policies are comprehensive while the local are pertinent. The research hotpots in our country focus on university graduates, scientific and technical personnel, essentials of starting and start-up, entrepreneurial carriers and service platforms. America, Germany and Japan have good experiences on innovation strategy, special plan, tax, finance and hatch. In the future, the policy of mass entrepreneurship and innovation of our country should focus on policy innovation and management innovation, the convert from old to new power to promote economic development sustainably, new work techniques and methods, and further reform of system of administrative and management.

Written by Zhang Shiyun, Li Xianzhen, Yuan Yanjun, Sun Wenjing

Report on Large Scale Scientific Facility

Large Scale Scientific Facility refers to a large and complex science research facility or system that conducts top-level science activities. In China, during 60 years of development, Large-scale Research Facilities have made brilliant achievements and draw more and more attention. The committee of science and technology infrastructure has also paid attention to Large Scale Scientific Facility as a social hot issue. Therefore, the current report focuses on the in-depth analysis and research on the development of Large Scale Scientific Facility. We have reviewed the related literature at home and abroad from Large Scale Scientific Facility's governance structure, economic and social effect, cluster and regional innovation, international cooperation, open and sharing policy, etc. And finally, the research directions in the next five years are put forward including international cooperation strategies, governance structure, cluster layout, facilities economic overflow and quantitative research about return of Large Scale Scientific Facility on investment. The current report tries to provide different angles for the research of Large Scale Scientific Facilityin order to make the macro policy makers and the micro executive level understand Large Scale Scientific Facility, a highly complex system, objectively and rationally and eventually promote environmental friendly atmosphere for its development.

Written by Xu Wenchao, Sun Dongbai

Report on Management of Major Scientific and Technological Projects

The research report mainly focuses on the research progress and development trend of the management of major scientific and technological projects. By studying the status of the management of major scientific and technological projects both at home and abroad, the problems existing in the management of major scientific and technological projects in China are summarized. It is suggested that an innovative ecological system should be established for the management of major scientific and technological projects.Besides, the management of major scientific and technological projects should be reformed from the aspects of management system, operation mechanism, management process, intellectual property rights, security risks and high-level personnel cultivation. Furthermore, it is proposed that the intelligent platform for management decision of major scientific and technological projects should be established on the basis of large data.

Written by Wang Changfeng

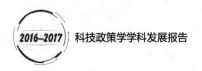

Report on Technology Foresight

As an innovative strategic management tool, technology foresight (TF) has received increasing interest. Many countries, regions and organizations have applied this method to the formulation of innovation management policies or technology plans for a long time and meaningfully promoted their development in science and technology. At the same time, there is a large number of related scholarship on technology foresight and its application. Instead of the single-qualitative-method-dominated situation in the past, now the comprehensive application of both qualitative and quantitative methods is popular. Delphi method, the core of TF is continue improving. Some new method, such as scenario analyses, bibliometrics and big data tools are used in TF researches and keep developing. This paper introduces the methodology, modes, implementation system, and survey process of many typical TF case, analyzes their experiences, problems and tendency.

Written by Li Wan

索 引